经典光学与天文光学系统

Classical Optics & Optical Systems in Astronomy

张思炯　朱永田　李常伟　李　顺　陆彦婷　著

科学出版社

北 京

内 容 简 介

天文光学是天文学和光学的交叉学科,是光学理论和技术在天文学领域的重要应用。本书立足于经典光学理论基础,着力于阐述广泛应用于天文学中的典型天文光学系统的基本结构和工作原理。内容主要包括以几何光学、波动光学和傅里叶光学为核心的经典光学理论基础,广泛应用于天文观测的光学/红外探测器,天文观测的重要工具——地基天文望远镜及其典型光学系统,克服大气湍流、提高地基天文望远镜成像质量的自适应光学系统,以及提高成像分辨率的天文干涉技术。

本书可以作为天文技术与方法领域的研究生、高年级本科生教材和参考书,也可以作为光学技术和光电仪器相关专业研究人员的入门参考书。

图书在版编目(CIP)数据

经典光学与天文光学系统 / 张思炯等著. —北京:科学出版社,2020.8
ISBN 978-7-03-065871-5

Ⅰ. ①经… Ⅱ. ①张… Ⅲ. ①天文光学-研究 Ⅳ. ①P1

中国版本图书馆 CIP 数据核字(2020)第 155783 号

责任编辑:陈艳峰 刘信力 / 责任校对:彭珍珍
责任印制:赵 博 / 封面设计:无极书装

科学出版社 出版
北京东黄城根北街 16 号
邮政编码:100717
http://www.sciencep.com

北京科印技术咨询服务有限公司数码印刷分部印刷
科学出版社发行 各地新华书店经销

*

2020 年 8 月第 一 版 开本:720×1000 B5
2025 年 1 月第三次印刷 印张:14 3/4
字数:286 000
定价:88.00 元
(如有印装质量问题,我社负责调换)

前　言

　　天文学是一门实测科学，与很多学科都存在交集，而天文光学就是其中最重要的领域之一。天文实测数据很多是通过天文光学仪器(如，天文光学望远镜及其后续的分析仪器)记录得到的。因此，为了更好地操作天文光学仪器以及处理相应的天文数据，天文学领域研究人员需要具备相当程度的光学知识。国内目前利用光学理论较系统地阐述天文光学实际应用的教材还比较少。光学领域的经典教材虽然很多，但是对于天文背景的学生而言，大多数光学教材的内容多而深奥，并且与天文学背景联系不多；天文光学望远镜方面的经典教材也有不少，但基本只专注于讲解望远镜原理及设计。考虑到天文光学教材的这种情况，作者特意为天文学背景的学生撰写了本书。本书集中讲述了天文光学仪器所涉及的光学理论基础以及几种典型的天文光学系统。

　　本书是作者在中国科学院大学研究生课程"天文光学系统"授课讲义的基础上撰写而成。本书首先用一定篇幅对几何光学、波动光学和傅里叶光学这三大经典光学理论进行概述，这部分内容是学习天文光学系统的理论基础；然后对几种典型的天文光学系统进行详细剖析。本书的特点是将光学理论和天文光学系统紧密地有机结合起来，读者通过两部分内容的学习，可相互促进对各自内容的理解。在理论基础部分，作者力求使用简单明了的物理图像对光学理论进行较为全面地阐述，以帮助有天文学背景的学生和研究人员迅速理解和掌握相关的光学理论；在天文光学系统部分，作者着力于利用基础理论详细分析几种典型天文光学系统的基本工作原理和性能，从而使读者在实际使用天文光学仪器时能够充分发挥出光学系统的功能。需要指出的是，本书着力于在统一的理论框架下阐述光学原理及系统，希望以此降低读者学习的难度，这也是本书的特色之一。例如，本书将几何光学中的符号规则推广至波动光学，读者在波动光学章节仍可利用符号规则分析光学现象，这样就可以很容易理解一些为处理方便而引入的约定，比如第 2 章中衍射光栅干涉级次的正负问题。

　　全书共 6 章。第 1 章简要概述了光学的发展历程和几种典型的天文光学系统；第 2 章讨论了经典光学理论基础；第 3 章重点介绍了天文观测中用到的光学/红外探测器；第 4 章简要概述了天文望远镜及其典型光学系统；第 5 章概述了自适应光学；第 6 章概述了天文中的干涉技术。

　　在本书编写过程中，宋静威、孔萌、刘兴军承担了第 2 章的部分绘图工作，同时在本书出版过程中，南京天文光学技术研究所同事们给予了许多支持，在此特致谢意；作者还要感谢中国科学院大学历届的同学们，他们在课堂上从不同视角提出的众多问题，对本书的不断完善大有裨益；最后，感谢科学出版社刘信力编辑对出版本书所做的工作和帮助。

　　本书可供高等院校天文技术与方法专业，以及光学技术与光电仪器专业的师生使用，同时也可供从事天文观测和光电专业的工程技术人员学习和参考。作者衷心希望本书能为读者理解经典光学理论和天文光学系统提供一定的帮助。

　　囿于作者的知识和研究水平，以及时间仓促，书中难免有不妥之处，恳请各位读者对本书提出宝贵意见。

张思炯　朱永田

中国科学院南京天文光学技术研究所

2020 年 3 月

目　　录

第1章 绪 论

人类一切的生产和生活活动几乎都离不开光，光与人类的这种密切关系促使人类对光进行孜孜不倦地探索。经过漫长而曲折的过程，光科学逐渐形成。光学作为物理学最古老的分支之一，主要研究光的性质和行为，以及与视觉相关的现象。社会的发展和科技的进步，特别是计算机技术、电子技术和集成电路技术的快速发展，极大地促进了光学与各领域的融合，许多新的研究方向逐渐兴起，如半导体光学、集成光学、光纤光学、计算光学、信息光学等。可以说，光学也是当前最活跃、最前沿的学科之一。

当今，光学的研究内容十分广泛，已经不仅仅局限于光学本身和对视觉的研究。光学的研究内容，既包括光的本质、光的产生、光的传播、成像等，也包括光与物质的相互作用，例如光的吸收以及高次谐波等强光下的光学非线性效应，还包括光学与其他学科的交叉领域，如生物光学、天文光学等。

天文光学以天文学为应用背景，属于天文学和光学的学科交叉。本章首先概述光学的发展历程；然后对在天文学中广泛使用的经典光学理论进行概述，进而介绍量子光学中的一些概念；最后概述天文观测中几个典型的天文光学系统。

1.1 光学的发展历程概述

光学的发展几乎贯穿了整个人类文明，光学作为一门科学是人类不断认识、探索自然的结晶。人类对光学的研究历程，可以概括地分为经典光学时期和现代光学时期。量子光学的提出，打破了传统的经典光学的一些概念，突破了经典光学理论的束缚，因此，我们将量子光学出现之前的时期统称为经典光学时期，将量子光学出现之后的时期统称为现代光学时期。

1) 经典光学时期

最早对光学进行系统论述的是古希腊的几位哲学家和数学家，他们的相关论著中已经出现对光的直线传播定律和光的折射定律的描述。但是直到 1621 年，斯涅耳才从实验室发现了光的折射定律，因此，折射定律又称为斯涅耳定律。

1666 年，英国物理学家牛顿发现白光可以被棱镜分为不同颜色的光，并发现不同颜色的光相对于入射光具有不同的偏折。牛顿认为光是由很小的微粒(minute particle)组成的，并且运用这种微粒说(corpuscular theory)成功地解释了光的直线传播、光的折射，以及光的色散。

与牛顿同时代的惠更斯则认为光是一种波动，认为光的传播服从子波叠加原理，即惠更斯原理。惠更斯原理认为，光在以太介质中传播，光在以太介质中传播的扰动波前上的每一点都是一个次级球面波扰动的新子波源，每个子波源发出的球面波的包络决定了下一时刻的波前扰动。根据该原理，惠更斯也成功解释了光的折射和光的反射，而且通过假设椭球面波的存在，惠更斯还可以解释光在晶体中的双折射现象。

牛顿在科学领域的诸多贡献，使其在科学界具有极高的权威，后辈诸多科学家都毫不动摇地支持牛顿的观点，这阻碍了人们对光的波动性的理解，使牛顿提出的光的微粒说在相当长的时间里都占据着统治地位，而光的波动说则不被接受。

随着光的波动现象不断在实验中被发现，牛顿的微粒说在许多新涌现的光学现象面前已经无能为力，波动学说理论体系开始形成。1801 年，托马斯·杨用双缝实验演示了光的干涉现象，还第一次成功测定了光的波长，这就是著名的"杨氏双缝干涉实验"。此外，托马斯·杨还首先用干涉原理完美地解释了白光照射下薄膜颜色的由来。1818 年，法国科学家菲涅耳利用杨氏提出的干涉原理完善了惠更斯原理，提出了惠更斯-菲涅耳原理。区别于惠更斯原理，惠更斯-菲涅耳原理认为波前上每一个子波源发出的球面波都有独立的振幅和相位，而且任意子波都可以按照杨氏双缝实验验证的干涉原理进行相互干涉，所有子波源干涉叠加的结果就是下一时刻的波前。惠更斯-菲涅耳原理可以解释所有光的传播行为，既可以从理论上解释光的直线传播，也可以解释光经过障碍物时的衍射现象，为光的波动学说的建立奠定了理论基础。但是，惠更斯和菲涅耳的波动说依旧存在着很大的局限性，例如，认为光是一种经典的机械波，需要在所谓的以太介质中传播等。

1865 年，英国物理学家麦克斯韦(Maxwell)在库仑定律、毕奥-萨伐尔定律、法拉第定律等电磁实验定律的基础上，建立了麦克斯韦方程组。麦克斯韦方程组的一个重要结论就是利用测量的物理常数可以从理论上计算出电磁波的传播速度。麦克斯韦理论计算的电磁波传播速度与实验测量的光速完全一致，因此，麦克斯韦提出光是一种电磁波。麦克斯韦的电磁波理论在 1888 年被赫兹的实验证实，实验中赫兹通过频率和波长的测量来测定电磁波的传播速度，发现理论预言的电磁波传播速度与光速惊人地一致。至此，研究人员确认了光的电磁波理论，光的波动学说也由此确立。

光的经典电磁波理论的确立，揭示了光的波动性，解释了众多之前难以解释的光学现象，而且被越来越多的实验所证实，逐渐被科学界广泛接受，并建立了牢固的统治地位。但是，光学领域依然出现了光的经典电磁波理论所不能解释的现象，如光的吸收、光的产生，以及光与物质的相互作用等。这些暂时无法解释的现象为人类进一步揭开光的本质问题埋下伏笔。

2) 现代光学时期

19 世纪末，德国物理学家维恩建立了黑体辐射能量按照波长分布的公式，但是该公式只是在波长较长、温度较低时才与实验结论符合得很好。因为根据维恩提出的公式，按照光的电磁波理论，在辐射频率趋向无穷大时，能量也会变得无穷大，而这显然与事实不符，因此被称为"紫外灾难"。为了解决这个问题，1900 年，德国物理学家普朗克提出了量子假设，认为对于频率一定的电磁波，物体对它的吸收和辐射都只能是一份一份的，即电磁波的能量是以量子化的形式存在的。每一份能量都与其频率成正比，频率越高，能量越大。普朗克的量子假设与维恩公式吻合得很好，并且解决了维恩公式在短波波段与实验结果相矛盾的问题。普朗克的量子假说，提出了能量量子化的概念，打破了经典理论认为的能量连续的概念，因此，尽管量子假设成功地解决了黑体辐射在短波波段理论与实验不吻合的问题，量子假设依然不被接受，甚至量子假设的提出者——普朗克本人也不愿接受。

1905 年，爱因斯坦发展了普朗克提出的量子假设，提出了光量子理论，把光量子的概念贯穿于光的辐射和吸收过程，成功解释了与经典电磁辐射理论相悖的实验现象——光电效应。爱因斯坦的光量子理论认为，光的能量是一份一份的，即光量子或者光子，光子的能量与其频率成正比。爱因斯坦的光量子理论不仅成功解释了光电效应，也被后来的许多实验现象所证实，将人们对光的本质的认识推到了前所未有的高度。由于对光电效应的成功解释，爱因斯坦获得了1921 年的诺贝尔物理学奖。

随着研究的深入，人们发现光和电子等基本物理粒子存在着相似的性质，即它们既不是经典的粒子，也不是经典的电磁波，而是存在着波粒二象性，是一种几率波。物理学家对光的本质的认知，极大地推动了光学理论的发展，使量子光学理论得以迅速发展和成熟。20 世纪 60 年代，梅曼成功研制出了第一台红宝石激光器，验证了爱因斯坦受激辐射理论的正确性。激光器的问世，不仅再一次证明了爱因斯坦光量子理论的正确性，还派生了众多崭新的光学分支，如非线性光学、激光光谱学、激光物理学等。激光被广泛应用于各个领域，例如，半导体激光器在通信领域的迅猛发展，激光导星在天文学中的成功应用，以及在化学催化、同位素分离等领域的应用。与此同时，随着工业技术和电子技术的迅猛发展，与光电效应密切相关的光电探测器开始出现。光电探测器的特点是响应速度快、灵敏度高，它的出现，使光学的记录和探测以及光学的研究进入了新的历史时期。

1.2　光学理论概述

随着人类对光学现象和光的本质的不断探索，系统的光学理论逐渐形成。目前比较成熟的光学理论主要有几何光学、波动光学、量子光学、统计光学、非线性光学等。本书讲述的天文光学系统主要涉及几何光学、波动光学和量子光学。几何光学主要在第 4 章望远镜光学系统中涉及，波动光学主要在第 5 章自适应光学和第 6 章天文中的干涉技术中涉及，第 3 章光学/红外探测器中会涉及量子光学的部分概念。因此，本书的第 2 章对经典光学理论基础进行简明而又全面地阐述。本节主要概述几何光学和波动光学的基本理论，以及量子光学的基本概念。

1.2.1　几何光学

几何光学将光源抽象为点或者点的集合，将光抽象为带能量的直线(即光线)，用几何语言描述光的直线传播、光的折射和光的反射等行为，解释成像、像差等光学现象。

费马原理高度概括了光线的传播规律，从它可以推导出光的直线传播定律、光的反射定律和光的折射定律。费马原理虽然没有直接给出在几何光学中光线传播的方式，但是浓缩了光线传播的基本定律，准确描述了光线在介质中的传播行为。一旦明确了光线在均匀介质中和不同介质界面处的传播行为，就可以利用光线的传播来解释成像等光学现象。

成像光学系统的性质一般比较复杂，但是在近轴近似下，可以用非常简洁的几何相似关系描述光学系统的成像性质，而且近轴近似下，光学系统可以成理想像。如果近轴近似的光学特性对光学系统的整个视场与孔径都成立，则光学系统被称为理想光学系统。理想光学系统的物像关系和成像特性可以通过近轴光学来描述，理想光学系统的理论又称为高斯光学。高斯光学能够快速确定光学系统的基点和基面，如主点、主面、焦点、焦面、入瞳、出瞳等，从而简化光学系统的分析，对于分析和设计光学系统具有重要意义。

矩阵光学采用矩阵方法来描述光线在介质中的传播，以及在不同介质界面上的折射和反射，可以准确描述理想光学系统的特性。通过操作光线变换矩阵，可以追迹近轴光线在光学系统中的传播，是分析和设计光学系统的重要而且十分有效的手段。

高斯光学描述的是理想光学系统，但是现实中理想光学系统是不存在的，实际光学系统相对于理想光学系统存在的偏差，称为几何像差。几何像差主要包括球差、彗差、像散、畸变、色差等。几何像差的存在，使光学系统不能够成理想像，为了尽量改善光学系统的成像质量，需要在设计光学系统时对像差进行平衡和校正。几何像差的平衡和校正是光学系统设计的重要内容。

几何光学虽然可以解释大部分的光学现象，为光学系统的分析、设计、加工提供理论指导，但是几何光学没有涉及光的本质，一旦遇到涉及光的本质的问题，几何光学就不再适用。

1.2.2 波动光学

波动光学认识到光的波动本质，在光是一种电磁波的前提下讨论光的波动特性。

麦克斯韦方程组全面描述光作为电磁波的所有特性，从中可以推导出光的波动方程、光波的解析表达式，以及瑞利-索末菲公式。瑞利-索末菲公式描述了光的传播，即光的衍射。衍射现象充分展现了光的波动本质，是几何光学所不能描述的。

近轴条件下，瑞利-索末菲公式可以得到更简化的表达，即菲涅耳衍射和夫琅禾费衍射。菲涅耳衍射和夫琅禾费衍射分别描述了光的近场和远场衍射。

除了衍射，干涉是光的另一个重要特性。光的干涉体现了光场之间的相关性，即光的相干性。光的相干性可以分为时间相干性和空间相干性，相干性可以用复相干度来表征。

傅里叶光学是用二维傅里叶变换理论研究光和光学系统特性的一种方法。傅里叶光学认为单色光场可以看作许多沿着不同方向传播的单色平面波的叠加，不同的传播方向对应单色光场不同的空间频率，而各空间频率权重的集合就是单色光场的傅里叶频谱。傅里叶光学可以准确地描述相干光和非相干光光学系统的成像过程。利用傅里叶光学可以计算出非相干光光学系统的点扩散函数和光学传递函数。非相干光光学系统的点扩散函数和光学传递函数是一个傅里叶变换对，都描述了光学系统的成像特性。

由于光的波动本质，准确地说，是由于光的衍射，光学系统的分辨率存在极限，这个限制就是衍射极限分辨率。光学系统的衍射极限分辨率与光学系统的工作波长成正比，与光学系统的口径成反比。

相比几何光学，虽然波动光学可以解释涉及波动性的光学现象，但是由于波动性不是光的本质的全部，波动光学无法解释光与物质发生相互作用时所产生的现象。

1.2.3 量子光学

量子光学认为光既不是经典的粒子，也不是经典的波，而是一种几率波，具有波粒二象性。具体来说，光在传播以及与光的相互作用过程中，更多地体现出光的波动性，而在与物质的相互作用过程中，如光的吸收和辐射过程中，更多地体现出光的粒子性。

新型光源——激光器的发明就是光的量子理论成功描述光的吸收和辐射的最好证明。

光学理论的成熟，促进了光学与其他领域的融合，出现了诸如光纤光学、傅里叶光学、量子光学、统计光学、纳米光学、光学信息处理、集成光学、空间光学、天文光学等众多学科分支，使得光学在通信、光存储、信息处理、环境监测、遥感遥测、导弹制导、显微、医疗、测距等众多领域都有极为广泛的应用，促进了光学的大发展。此外，光学与其他学科的交叉融合，也促进了光学在交叉学科的深入发展和研究，如生物光学、天文光学等。下面将对天文学中与经典光学结合紧密的几个典型的天文光学系统进行简要概述。

1.3 典型天文光学系统概述

天文学是一门实测科学，天文学的发展离不开天文观测。光学波段是天文观测的重要波段，光学方法也是迄今为止天文观测最直接、最主要、最有效的方法。关于宇宙探测的很多重要成果都是在光学波段观测获得的。随着天文学发展，天文学对光学的依赖性越来越强，光学技术的每一次变革都会促进天文学研究的进步，光学与天文学的交叉科学也成为光学研究和应用的重要前沿。

天文光学系统主要是为了满足天文观测的需要而设计和研制的光学系统。与其他光学系统相比，天文光学系统具有鲜明的特点，例如，天文光学系统的体量一般都比较大，而且系统各方面的参数相对于一般的光学系统都比较极端等。

光学在天文中的实际应用有很多，最常用的光学系统主要包括光学/红外望远镜以及直接用于天文观测的光学仪器终端，如天文光谱仪等。此外，随着光学望远镜技术的不断变革，为了进一步提高望远镜的观测效率和性能，出现了众多望远镜辅助光学系统，如自适应光学系统、主动光学系统、大气色散改正系统等，这些技术的发展同时也促进了光学技术的革新。

根据本书的内容安排，本节将分别就光学/红外探测器、天文望远镜光学系统、自适应光学系统和天文干涉技术四个方面进行简要概述。

1.3.1 光学与红外探测器

望远镜发明之后，为了更好地对天文观测数据进行记录和分析，天文学家使用探测器来记录望远镜收集到的天体辐射。最早的探测器是感光胶片。感光胶片在天文观测的早期能基本满足天文观测的需要。但感光胶片的制作工序复杂，使用和操作不便，而且灵敏度不高，对暗弱天体的曝光不够，逐渐不能满足天文观测的需求。

爱因斯坦的光量子理论成功解释了光电效应，推动了量子光学理论的建立和发展。量子光学的发展和微电子技术、集成电路技术的成熟，极大地推动了光电探测器的发展。光电探测器的迅速发展，特别是在灵敏度、响应速度和探测效率等指标上的提高，进一步增强了望远镜对天体的探测效率，特别是对暗弱天体的探测。此外，光电探测器的使用也使强度干涉技术在光学波段的应用成为可能，为天文观测新技术的使用提供了契机，促进了天文观测技术的飞跃。

1.3.2　天文望远镜光学系统

望远镜是除人眼外，最早应用于天文观测的光学系统。1609 年，伽利略制成了世界上第一架天文望远镜，并利用这架望远镜成功地进行了一系列的天文观测。伽利略望远镜是天文光学系统的始祖，它的发明极大地促进了天文学的发展，使天文观测从此进入望远镜时代，在天文学的发展史中具有重要意义。

最早的望远镜是折射式的。玻璃材料对不同波长的光有不同的折射率，导致折射式望远镜存在色差，而且随着望远镜口径的增大，色差也越来越大。折射式望远镜需要质地均匀、透过率高的大块玻璃材料，即使是在制造技术已经达到很高水平的今天，这也是个不小的难题。此外，折射式望远镜每一个元件都需要加工、抛光两个表面，这不仅增加了工作量，还容易在加工过程中对材料造成损害。因此，折射式望远镜的研制瓶颈迫使天文学家采用新的望远镜结构——反射式望远镜。相比于折射式望远镜，反射式望远镜有很多优点。第一个优点是反射镜面可以将所有波长的光会聚到焦点上，不存在色差，不需要额外的色差校正设计。第二个优点是反射镜面只需要加工一个表面，大大减少了镜面加工的工作量，也降低了镜面加工过程中被损坏的风险。第三个优点是相比折射式望远镜，镜胚材料的门槛更低，更容易找到合适的镜胚。因此，自从反射式望远镜发明之后，天文望远镜得到了迅速发展。反射式望远镜的设计主要关注两个方面。一个方面是望远镜镜面的设计和加工中，必须尽量减小系统像差，以获得接近衍射极限的分辨率；另一个方面是尽量提高望远镜反射镜面的反射率，从而提高望远镜的光能收集能力。所以说，反射式望远镜的飞速发展，离不开光学设计、加工、镀膜等技术的发展。

此外，为了满足大视场天文观测和巡天观测的需要，科学家还发展出折反射式的大视场天文望远镜。

从最早的伽利略望远镜和开普勒望远镜，到牛顿式望远镜，到地基大口径、极大口径望远镜，再到空间望远镜，天文望远镜经历了从无到有、从小到大、从地基到空间的巨变。在这个过程中，望远镜的发展与光学技术的进步相互见证、相互促进。

1.3.3　自适应光学

天文望远镜发明之初，天文学家就发现望远镜的分辨率会受到大气湍流的影响，因此，牛顿建议将天文望远镜建在高山上，以尽量降低大气湍流对天文观测的影响。但是，即使将望远镜建在高山上，大口径望远镜的分辨率也会受到大气湍流的影响，而且望远镜口径越大，大气湍流对望远镜成像质量的影响也越大。大气湍流在相当长的一段时间内都制约着大口径望远镜的发展。

为了克服大气湍流对望远镜成像质量的影响，天文学家巴布考克(Babcock)于 1953 年提出了自适应光学技术的构想，即通过实时补偿大气湍流引起的波前畸变来改善望远镜的成像质量。虽然自适应光学的原理并不复杂，但是其涉及流体力学、光学、电子学、自动控制等多个领域，而且需要系统实时快速运行，因此自适应光学系统是一套非常复杂的系统，直到自适应光学理论提出的 30 多年后的 20 世纪 90 年代，人们才制造出第一套自适应光学系统，应用在天文观测中。

自适应光学技术成功克服了大气湍流的影响，极大地改善了大口径天文望远镜的成像质量，使建造大口径、极大口径天文望远镜成为可能，而自适应光学系统也成为地基大口径天文望远镜的必备配套系统之一。

1.3.4　天文干涉技术

虽然自适应光学技术能够成功克服大气湍流对大口径天文望远镜分辨率的影响，但是天文望远镜的口径不可能无限制地增大，因为随着望远镜口径的增大，望远镜的建造、系统装调、运行维护、经济成本等各方面都面临巨大的挑战。在这样的背景下，为了进一步提高天文观测的分辨率，就需要在新的光学技术领域进行突破。

随着光的干涉理论的成熟和发展，突破望远镜自身口径的限制，获得更高分辨率的天文观测成为可能。光的干涉描述了光场之间或者强度之间的相关性，利用光场之间的相关性实现天文观测的技术称为振幅干涉术，利用强度相关性实现天文观测的技术称为强度干涉术。而光学与红外波段光电探测器的发展使强度干涉术的实现成为可能。

干涉技术是进一步提高天文观测分辨率的重要手段。干涉技术的分辨率取决于工作波长和子孔径间的最大基线长度，只要子孔径间的基线距离足够大，理论上就可以达到预期的观测分辨率。

从上述四种天文光学系统的发展历程可以看到，光学理论和光学技术的发展，极大地推动了天文观测技术的进步，促进了天文学的发展。同时，天文观测需求的不断提高，也不断地促进光学技术的进步和光学理论的完善。这也是光学技术和光学理论能够在天文学中不断应用、不断发展的内在原因。

光学的发展历程围绕着揭开光的本质这个问题，大体上经历了经典光学时期和现代光学时期两个阶段。经典光学时期围绕着光的微粒说和波动说，主要对光的传播行为进行了一系列的解释和论证，最终凭借麦克斯韦方程组明确了光是一种电磁波，确立了光的电磁理论，明晰了光的波动本质。现代光学时期主要建立了光的量子理论，对光与物质的相互作用给出了解释，明晰了光具有波粒二象性的本质。

对光的本质的探索促进了光学理论的发展和成熟。目前，比较成熟的理论包括几何光学、波动光学、量子光学等。几何光学采用几何语言描述光的行为和性质，解释光的直线传播、光的折射、光的反射和成像等光学现象。波动光学以电磁波理论，解释光的衍射和干涉，并采用傅里叶光学描述成像光学系统的特性。量子光学认为光既不是传统的粒子，也不是传统的波，而是一种几率波。

光学与天文学的交叉融合，使光学理论和光学技术广泛应用到了天文观测中，同时也促进了天文观测的迅速发展。光学技术的发展促进了天文望远镜的发展；量子光学理论的成熟，促进了光电探测器的发展，而光电探测器的发展极大地提高了天文观测的灵敏度、速度和效率；自适应光学技术的发展极大地促进了大口径望远镜的发展，使地基大口径天文望远镜的建造和使用成为现实；光干涉理论和技术的发展促进了天文光干涉技术的发展，使天文观测可以突破望远镜自身口径对分辨率的限制。

第 2 章　经典光学理论基础

经典光学涵盖了光学学科中丰富的内容，是从事光学领域科学研究的必备理论知识，也是工程中进行光学设计和光学制造的重要理论基础。本章介绍经典光学的基本理论，主要包括几何光学、波动光学和傅里叶光学三部分。每部分内容的阐述均侧重于光学理论的基础内容，并对部分内容给出了实例，以加深读者对相应理论的理解。

2.1　几　何　光　学

几何光学是将光近似为光线来研究光的传播规律和光学系统成像规律的理论。尽管几何光学的物理基础不准确，但是对于几何尺寸远大于其工作波长的研究对象来说，光线的近似已足够准确，几何光学的结论已经能够满足实际需求。因此，几何光学中光的传播规律和光学系统成像规律是进行光学系统设计、光学元件加工和制造的重要基础，同时也是理解和使用天文光学仪器的基础。本节将从费马原理开始，以费马原理为基础导出几何光学的基本定律，然后介绍光学系统成像的概念，以及辐射度学和光度学的基本概念，最后阐述光线传播的矩阵方法和基本几何像差理论。

2.1.1　费马原理

在阐述费马原理之前，我们首先引入折射率和光程的概念。

介质折射率的定义为光在真空中的传播速度与光在该种介质中的传播速度之比，通常用 n 表示。显然，根据折射率的定义，真空中的折射率为 1。

在光学中，光程是一个非常重要的物理量。光程的定义为光在介质中传播的距离与介质折射率的乘积。假设均匀介质的折射率为 n，光在介质中的传播距离为 L，则光在介质中所经历的光程为 nL。按照折射率的定义 $n = c/v$，其中 c 为光在真空中的光速，v 为光在所传播介质中的速度。于是光程 $nL = cL/v$，而光在介质中的传播时间为 $t = L/v$，于是光程又可写为 $nL = ct$。可见，光在介质中所经历的光程等价于同样时间 t 内，光在真空中传播的几何距离。光速在真空中恒定，所以光在介质中通过不同路径所经历的光程相等表示光在不同路径上的传播时间相等。换句话说，这就意味着光在真空中通过长度为 nL 几何距离的路径和在介质中通过光程为 nL 路径(在介质中路径的几何距离则为 L)时所需的时间是相同的。所以可以认为光程与光的传播时间在物理意义上是等效的。从某种意义上说，光程只是将光在介质中传播所需的时间转换为同样时间内光在真空中的传播距离，也可以认为是光传播所需时间的另一种表达方式。因此，等光程面(或者等相位面)也可以理解为光到达该面所需的时间相同。

费马原理是描述光线传播规律的基本原理，可以简要表述为最短时间原理(许多光学书籍也称其为最短光程原理[1-3])，具体是：在从空间一点到另一点的所有可能路径中，光实际传播的路径是需时最短的路径。然而最短时间的表述其实并不准确[4]，不能概括所有光线传播的情况。费马原理准确的表述应为光的实际传播路径为平稳路径。平稳路径的意思是，如果我们用任何方式使该路径做微小的改变，光通过路径所需的时间或者对应光程的一阶变分为零。

费马原理仅指出了光传播的路径，而没有解释为什么光要沿着这条路径传播。要解释为什么，需用到光的量子理论。利用光量子理论可以证明，费马原理指出的光实际传播路径对应着光子几率波叠加干涉最大的方向。因此，费马原理可以认为是光量子理论所预言的光子在几何尺寸相对于光波长较大的对象中行为规律的总结。在几何光学中，我们可以将费马原理作为一个自然现象(光传播规律)的基本原理来使用，而不去探究其物理根源。

利用费马原理可以解释许多常见的光学现象。例如，炎热的夏天，经常看到前面的路面上明晃晃的，好像有一滩水，可是走近一看，却什么都没有。这是由于路面在太阳暴晒下温度很高，高温的路面加热附近的空气，使路面附近的空气温度升高，高温的空气上升，导致路面附近的空气密度变低。相比上层空气来说，路面附近的空气由于密度低，折射率变小。按照费马原理，光在传播过程中会沿着平稳路径(光程最短路径)传播，即会尽量在折射率较低的空气中传播。如图 2.1 所示，在这种情况下，光线不是沿直线传播到人眼，而是沿如图中所示的曲线路径传播到人眼，因为沿曲线传播所需的时间要少于沿直线传播到人眼所需的时间。所以看起来光就像从地面发射出来似的，造成了路面上有一滩水存在的假象。

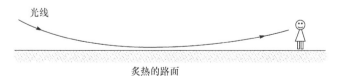

图 2.1　夏天路面的反射

利用费马原理还可以得到会聚透镜的基本形状。如图 2.2 所示，设想有一种光学元件，可以使所有发自 P 点的光都会聚到 P' 点。按照费马原理，光总是按照平稳路径传播。要使 P 点发出的光能够会聚到 P' 点，则要求，P 点到达 P' 点的众多路径都是平稳路径。也就是说光通过这些路径所需的时间相同，换言之，就是光沿这些路径传播的光程相同。如何使图 2.2 中所示两条路径 PP' 和 PQP' 的光程相同呢？从几何路径上来看，PP' 的直线距离要比 PQP' 的距离短。要使它们的光程相等，可以采用在 PP' 的路径上增加一定厚度的透明介质(如玻璃)的方法，来补偿直线上的光程，使 PP' 的直线光程与 PQP' 的光程相等。由于通过透镜中心附近路径的几何长度与通过透镜边缘路径的几何长度差别较大，所需补偿的光程就多，而越远离透镜中心靠近透镜边缘，几何长度差别越小，所需补偿的光程就少。这样 PP' 直线上所需的玻璃最厚，越靠近边缘，所需玻璃越薄，最终得到一个中间厚两边薄的元件，这就是常见的会聚透镜。

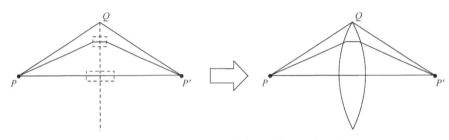

图 2.2　利用费马原理得到会聚透镜的基本形状

2.1.2　几何光学基本定律

本小节将从费马原理出发，导出几何光学的三个基本定律：光的直线传播定律、光的折射定律和光的反射定律。在深入讨论这些内容之前，有必要对几何光学中各种长度及角度的符号做统一的约定。为这些量定义正负是为了便于从符号立即判断出所涉及的量相对于参考点(或者参考线、参考面)的位置。光路图中这些量均为几何量，用绝对值表示，因此对于负值的量，光路图中相应量前均加负号以使所标注的长度和角度为正。需要注意的是，这些符号并没有统一的约定，不同的书籍或者文献可能有不同的约定，但只要处理同一问题时前后遵循同样的约定，就可以得到正确的结论。本书中，如无特殊说明，都遵守如下约定：

(1) 光轴(通过光学系统各表面曲率中心的直线)沿坐标系的 z 轴，光线初始传播方向为由左至右，并在传播中以较早经过的位置为参考位置。

(2) 垂轴线段：光轴之上的高度为正，光轴之下的高度为负。

(3) 沿轴线段：终点在起点右侧为正，终点在起点左侧为负。

(4) 光线与法线或光轴的夹角：由法线或光轴以锐角方向转向光线，逆时针为正，顺时针为负。

(5) 光轴与法线的夹角：由光轴以锐角方向转向法线，逆时针为正，顺时针为负。

(6) 一次反射后，光线传播方向改变，折射率和沿轴线段改变符号。(即光线由右向左传播，折射率为负值。请注意，这里的负折射率只是为了将反射定律和折射定律在形式上统一，由前面所规定的角度符号规则所致，其目的是为计算方便，不是物理上的负折射率，此处的负号没有物理意义。)

(7) 曲面的曲率半径以曲面与光轴的交点(顶点)为起点，以曲面的曲率中心为终点，曲面的曲率中心在顶点右侧时，曲率为正，曲率中心在顶点左侧时，曲率为负。

光在均匀介质中沿直线传播。根据费马原理，光按照平稳路径传播，在均匀介质中，空间两点之间的直线为平稳路径，光沿该路径传播所需的时间最短。因此在均匀介质中，光沿直线传播。

光的反射现象是指光从一种介质射向该介质与另一种介质的界面，改变传播方向，返回该介质的情况。反射定律主要描述了光在两种介质的界面上改变传播方向的规律。下面我们由费马原理出发，利用几何知识，推导出反射定律的基本内容。

如图 2.3 所示，假设一束光通过 A 点，被两种不同介质的界面(平面 MN)反射后，通过 B 点出射。光可能通过界面上任何一点反射，ACB ，ADB ，AEB 都是可能的传播路径。需要注意的是，D 和 E 可以是平面 MN 上的任一点，不一定在如下定义的法线和入射光线确定的平面内。根据费马原理，光按照平稳路径传播。由于光在均匀介质中传播，速度为定值，所以平稳路径即最短几何路径，所需时间就最小。以界面 MN 为轴，作 B 点的对称点为 B'。由几何关系可知 $CB = CB'$ ，$DB = DB'$ ，$EB = EB'$。根据三角形任意两边之和大于第三边的性质可得，若 ACB' 在一条直线上，则该路径为最短路径，即 ACB 为实际光线的传播路径。为了研究光通过平面反射的特点，过反射点 C 作垂直于界面 MN 的直线，称为法线。由上述分析可知，入射光线、反射光线和法线在同一平面内，否则 ACB 就不是最短路径。法线与入射光线 AC 的夹角称为入射角，记为 θ_i。法线与出射光线 CB 的夹角称为出射角，记为 θ_o。根据前文符号规则，θ_o 为负值。由于法线垂直于界面，可得 $\angle ACM + \theta_i = 90°$ 和 $\angle BCN - \theta_o = 90°$。而且 $\angle ACM = \angle B'CN = \angle BCN$。因此，可得

$$\theta_i = -\theta_o \tag{2.1.1}$$

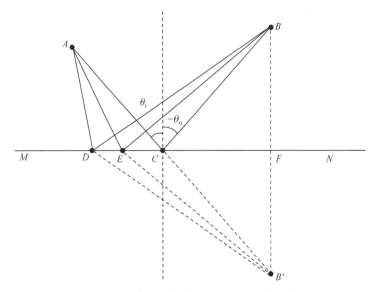

图 2.3　光在不同介质分界面 MN 上的反射

　　由此可得光的**反射定律**：光被一界面反射时，入射光线、反射光线和法线在同一平面内，入射角和反射角绝对值相等，符号相反。注意，尽管光的反射定律是在界面为平面的情况下获得的，但是它同样适用于界面为曲面的情况。

　　光的折射现象是指光由一种介质进入另一种介质，通过两种介质的分界面后，改变传播方向，继续在另一介质中传播的现象。折射定律指出了光通过两种介质界面后改变传播方向的规律。

　　如图 2.4 所示，一束光由折射率为 n_1 的均匀介质中的 A 点射向折射率为 n_2 的均匀介质，经过两种介质的界面折射后，在第二种介质中，通过 B 点继续向前传播。如果光线实际经过的路径为图中所示 ACB，则根据费马原理，该路径应为从 A 点到 B 点的平稳路径，即传播时间最短的路径，等效为 ACB 路径上从 A 点到 B 点的光程最短。我们考察界面上 C 点附近的 C' 点(与推导反射定律时情况类似，C' 为两种介质的界面上任意一点)，当 C' 点在 C 点附近移动时，则通过路径 $AC'B$ 的光程将经历一个从大变小，又从小变大的过程。当 C' 点与 C 点重合时，该值最小。且在最小值附近，该光程值将几乎保持不变，即平稳路径。如图 2.4 所示，由 C' 点作一垂直于 AC 的直线，交点为 E。由 C 点作一垂直于 $C'B$ 的直线，交点为 F。若 C' 点在 C 点附近一极小位移处，可以认为 $AE = AC'$ 且 $BC = BF$，ACB 与 $AC'B$ 两条路径的光程差仅在 EC 与 $C'F$ 处。根据费马原理，在一阶变分近似下，此时两条路径的光程相等，即 $n_1EC = n_2C'F$。根据几何关系，$EC = C'C \times \sin\angle EC'C$，$C'F = C'C \times \sin\angle C'CF$。过 C 点作界面的法线(图 2.4 中虚线)，入射光线 AC 与法线的夹角为入射角，记为 θ_i，出射光线 CB 与法线的夹角为折射角，记为 θ_r。由此分析可知，入射光线、折射光线和法线在同一平面内，否则 ACB 就不是最短路径。根据前文符号规则，入射角和折射角都是正值。据图中几何关系，可得 $\angle EC'C = \theta_i$，$\angle C'CF = \theta_r$（$\angle CBF$ 很小，$\angle BCF$ 近似为直角）。因此，可以得到

$$n_1 \sin\theta_i = n_2 \sin\theta_r \tag{2.1.2}$$

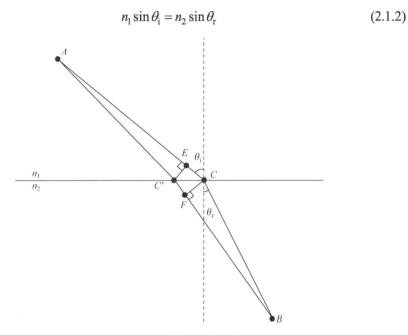

图 2.4　光在两种不同介质的折射

由此可以得到光的**折射定律**：入射光线、折射光线和法线在同一平面内，且入射光线所在介质的折射率与入射角正弦值的乘积与折射光线所在介质的折射率与折射角正弦值的乘积相等，即光线在传播过程中，光线与界面法线夹角的正弦值与它所在介质折射率的乘积为一个不变量。

利用前述符号规则，可以将折射定律与反射定律统一起来。对于反射情况，反射前后经过的介质折射率大小相同、符号相反，将 $n_2 = -n_1$ 代入式(2.1.2)，可得 $\theta_i = -\theta_r$，即将折射定律转化为反射定律。需注意，这种统一没有物理意义，只是形式和技术上的统一，但很多由折射定律得出的结论，通过令 $n_2 = -n_1$，就可以得到相应反射定律的结论。

2.1.3　成像的基本概念

本小节将介绍几何光学中理想成像的基本概念。如果由点光源 S 发出的光线，经过光学系统后，所有的出射光线都经过点 S'，则称 S' 为点光源 S 的理想

像。此时，经过点 S 到点 S' 的所有光线具有完全相同的光程。对于扩展光源，可以将扩展光源看作由无数个点光源组成的集合，集合中的每一个点光源发出的光，经过光学系统后，都对应一个理想像，这些理想像的集合就是扩展光源理想像[5]。物体所在的空间称为物空间，而像所在的空间称为像空间。

几何光学中，实际光线经过的物点称为实物点，实际光线经过的像点称为实像点；实际光线的反向延长线经过的物点称为虚物点，实际光线反向延长线经过的像点称为虚像点。实像点的集合称为实像，虚像点的集合称为虚像。实像是由实际的光线会聚而成，因此，不仅可以被人眼观测到，也可以通过接收屏接收，同时还可以通过感光胶片和光电探测器记录；而虚像由于没有实际光线经过，只能通过人眼观测到，不能被接收屏接收，也不能通过感光胶片和光电探测器记录。

2.1.4　近轴与理想光学系统

由于光学系统光轴附近的光线入射角很小，在研究其成像行为时可以将折射定律中入射角和折射角的正弦值用其角度值(使用弧度制单位)近似，即将正弦函数进行泰勒级数展开

$$\sin\theta = \theta - \frac{\theta^3}{3!} + \frac{\theta^5}{5!} - \frac{\theta^7}{7!} + \cdots \tag{2.1.3}$$

取上式等号右边的第一项，即 $\sin\theta = \theta$ 。此时折射定律变为

$$n_1\theta_i = n_2\theta_r \tag{2.1.4}$$

在泰勒近似下，入射角和折射角之间呈线性关系。根据公式(2.1.4)可以便捷地对入射到光学系统的光线进行追迹，从而快速确定物体通过光学系统成像的位置和大小。这个近似仅在光学系统的近轴区域有效，所以近轴区域的成像规律又被称为近轴光学。如果忽略折射带来的非线性关系，认为入射角和折射角之间的线性关系在光学系统中任何区域都成立，则这种光学系统称为理想光学系统，这种研究成像规律的方法被称为高斯光学。有些光学书籍中也称这种研究光学系统性质的方法为初级光学或一阶光学。

现实中，满足高斯光学成像规律的理想光学系统并不存在。但是通过高斯光学可以更容易地得到光学系统的成像规律，高斯光学成像规律是衡量实际光学系统成像质量的重要基准。

下面我们利用高斯光学讨论理想光学系统的成像规律。

2.1.4.1　理想光学系统的基点和基面

在高斯光学中，由光学系统光轴上几个点的位置可以很容易地计算出该光学

系统的成像性质(即像的位置、大小及方位)，这些点就是光学系统的基点。光学系统的基点包括像方焦点和物方焦点、像方主点和物方主点、像方节点和物方节点。所有平行于光轴的入射光线经过理想光学系统后会聚于光轴上的点称为光学系统的焦点。如图 2.5 所示，S_1 和 S_k 分别表示理想光学系统的第 1 个和第 k 个面(光学系统的最后一个面)。图中，平行于光轴的光线自物空间通过理想光学系统后，在像空间与光轴交于一点 F'，点 F' 即为像方焦点，或第二焦点。过 F' 作垂直于光轴的平面，该平面被称为像方焦平面。这个平面与物空间无穷远处垂直于光轴的物平面共轭(即互为物像关系)。如果将平行入射的光线正向延长，并将对应的出射光线反向延长，两条光线相交于一点 Q'，过此点作垂直于光轴的平面交光轴于 P' 点，P' 点称为像方主点。过 P' 点且垂直于光轴的平面称为像方主平面。与确定像方焦点和主点的情况类似，从像空间入射一条平行于光轴的光线到物空间，就可以用同样的方法确定物方焦点(或第一焦点)、物方焦平面、物方主点和物方主平面的位置，如图 2.5 所示。(光学系统的主平面和焦面都是虚拟面，一般情况下与物理面不重合。)

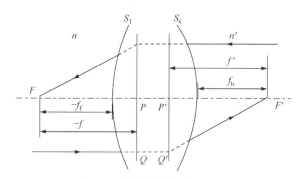

图 2.5　光学系统的基点和基面

光学系统的节点是一对位于光轴上的共轭点，分别为物方节点和像方节点。入射到物方节点的光线在通过理想光学系统后由像方节点出射，并且平行于原入射方向。当理想光学系统两侧的介质相同时，节点和主点重合。

主点、焦点和节点统称为理想光学系统的基点，主平面和焦平面统称为理想光学系统的基面。基点的位置决定了理想光学系统的成像性质，利用基点和基面，可将一个复杂的光学系统等效为一个薄透镜，并确定等效透镜的焦距和光焦度。

光学系统的焦距定义为主点到相应焦点的距离，焦距的起点为相应的主点。像方焦距指像方主点至像方焦点的距离，物方焦距指物方主点至物方焦点的距离。如果光学系统物空间和像空间的介质折射率相同，则物方焦距和像方焦距大小相同。光学系统的有效焦距是指光学系统置于空气中时的像方焦距。如果光学系统物空间和像空间的折射率分别为 n 和 n'，则系统的有效焦距 f_e、像方焦距 f' 和物方焦距 f 之间具有如下关系(具体推导过程，可见参考文献[6])：

$$f_e = \frac{f'}{n'} = -\frac{f}{n} \tag{2.1.5}$$

光学系统的后焦距是指光学系统中最后一个表面到像方焦点的距离，如图 2.5 中所示的 f_b；光学系统的前焦距是光学系统第一个表面至物方焦点的距离，如图 2.5 中所示的 f_f。光学系统的光焦度是系统有效焦距的倒数。通常用希腊字母 ϕ 表示光焦度，即

$$\phi = \frac{1}{f_e} \tag{2.1.6}$$

有效焦距的单位是米(m)，光焦度的国际单位是屈光度(D)。光焦度表征了光学系统偏折光线的能力。光学系统的光焦度数值越大，其对光线的偏折就越厉害。光焦度大于零时，系统对光线的偏折是会聚性的；光焦度小于零时，系统对光线的偏折是发散性的。有效焦距与光焦度互为倒数，遵循同样的规律：系统的有效焦距大于零时，平行光入射系统后变为会聚光；系统的有效焦距小于零时，平行光入射系统后变为发散光。

2.1.4.2　物方主平面和像方主平面的关系

如图 2.6 所示，在物空间，过物方主平面上一点 Q，作平行于光轴的光线 l_1。根据焦点的定义，该光线通过光学系统后将发生偏转射向像方焦点 F'，记为 l_1'。根据像方主平面定义，l_1' 的反向延长线与 l_1 相交于像方主平面上的 Q' 点。因此，QQ' 与光线 l_1 重合并平行于光轴，$QP = Q'P'$（P 点和 P' 点分别为物方主点和像方主点）。然后通过物方焦点 F 和 Q 点，作一光线 l_2。根据焦点定义，该光线通过光学系统后将平行于光轴出射，记为 l_2'。根据物方主平面的定义，光线 l_2 和 l_2' 交物方主平面于 Q 点，因此 l_2' 也通过 Q' 点。这样在物空间，两条

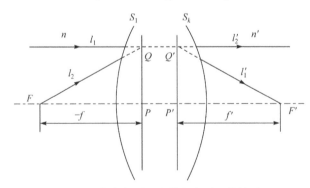

图 2.6　物方主平面和像方主平面的关系

光线都通过 Q 点，在像空间都通过 Q' 点。因此 Q 点和 Q' 点是一对共轭点，而物方主平面和像方主平面是一对共轭面，且其垂轴放大率(垂轴放大率的定义在 2.1.5 小节)为 1。单个薄透镜的主平面，一般位于透镜表面附近，如果忽略透镜的厚度，可以认为物方主平面和像方主平面重合，且在透镜表面上。

2.1.5　理想光学系统的物像关系

本节将讨论理想光学系统的物像关系。图 2.7 为一个理想透镜对物体成像的示意图。图中各量均按照前面符号约定的正负号规则进行了标注。根据符号规则，图中 h'、f'、x' 和 l' 都是正值，是与像相关的量，分别表示像高、像方焦距、像方焦点到像的距离和像距(像方主平面到像面的距离)，h、f、x 和 l 都是负值，是与物相关的量，分别表示物高、物方焦距、物方焦点到物的距离和物距(物方主平面到物面的距离)。需要注意的是，物距和像距的定义以相应主平面为起点，与前述对于光线符号规则定义的起点不统一，属于特殊约定。

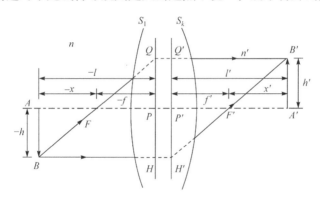

图 2.7　理想光学系统间的物像关系

现在，我们根据图中的几何关系，求解物像位置间的关系。根据图中三角形相似，可以得到

$$\frac{-h}{h'} = \frac{-x}{-f} = \frac{f'}{x'}$$

经整理后可以得到

$$xx' = ff' \qquad\qquad (2.1.7)$$

这个以对应焦点为参考点的物像公式，称为**牛顿公式**。

物和像的位置关系也可以相对于光学系统的主点来确定，即以物距 l 和像距 l' 为变量的物像公式。根据图中几何关系，容易得到 $x = l - f$ 和 $x' = l' - f'$，将它们代入牛顿公式，可得

$$lf' + l'f = ll'$$

两边同除 ll' 有

$$\frac{f'}{l'} + \frac{f}{l} = 1 \tag{2.1.8}$$

这就是以对应主点为参考点的物像公式的一般形式，称为**高斯公式**。将式(2.1.5)代入上式，高斯公式可以写成如下形式：

$$\frac{n'}{l'} - \frac{n}{l} = \frac{1}{f_e}$$

光学系统的**垂轴放大率**定义为光学系统中像高与物高之比，又称为横向放大率。根据图 2.7 中三角形相似关系，可以得到垂轴放大率为

$$\beta = \frac{h'}{h} = -\frac{f}{x} = -\frac{x'}{f'}$$

将牛顿公式、$l = x + f$ 和 $l' = x' + f'$ 与上式联合，通过进一步转化，可以得到垂轴放大率的另一种形式，

$$\beta = -\frac{f}{f'} \cdot \frac{l'}{l} = \frac{n}{n'} \cdot \frac{l'}{l}$$

当光学系统物空间和像空间的介质折射率相同时，上式可简写为

$$\beta = \frac{l'}{l} \tag{2.1.9}$$

由上式可知，垂轴放大率随物体的位置变化，某一垂轴放大率只对应一个物体位置。在一对共轭面上，β 是常数。

纵向放大率是沿光轴方向的放大率，即物体纵向厚度的放大率，或者沿轴向运动的放大率。对于确定的理想光学系统，像平面的位置是物平面位置的函数，具体函数关系就是高斯公式和牛顿公式。当物体的纵向厚度或沿轴的移动量很小时，可以对牛顿公式微分来求出纵向放大率。由微分牛顿公式可得

$$\alpha = \frac{\mathrm{d}x'}{\mathrm{d}x} = -\frac{x'}{x}$$

将 $\beta = -f/x = -x'/f'$ 代入上式，可得

$$\alpha = -\beta^2 \frac{f'}{f} = \frac{n'}{n} \beta^2$$

如果光学系统的物方空间和像方空间的介质折射率相等，则上式可以简化为

$$\alpha = \beta^2 \tag{2.1.10}$$

即纵向放大率是横向放大率的平方。

2.1.6　光阑与光瞳

所有光学系统都需要光阑来限制通过光学系统的光束大小。光阑是指光学系统中限制光线通过的孔径，具体可以是光路中的孔或者光学元件的内边框等。光学系统中常用的光阑有两种，分别是孔径光阑和视场光阑。孔径光阑限制了光学系统中参与成像光束的大小，决定了到达像面上光通量的大小。孔径光阑的尺寸决定了像面的辐射照度(这个概念 2.1.7 小节介绍)。在光学系统中，视场光阑限制了光学系统的成像范围。视场光阑一般位于像面上，可以是探测器感光面的边缘或感光胶片的边缘。孔径光阑和视场光阑对光学系统的性能都十分重要，本小节以简单照相系统为例，讲述这两种光阑的性质。

照相系统一般可以简化为照相镜头 L、可变光阑 A 和感光底片 B 三部分，如图 2.8 所示。其中，照相镜头 L 将外面的景物成像在感光底片 B 上；可变光阑 A 是一个开口大小可变的圆孔，可以改变到达感光底片 B 的光束的大小；感光底片 B 用来记录系统像面上所成的像。由图可见，随着圆孔 A 的缩小或增大，参与成像的光束的宽度就相应减小或加大，从而达到调节到达胶片上光能量的目的。所以，在这个光学系统中可变光阑 A 就是系统的孔径光阑。而光学系统的成像范围，则由系统感光底片 B 的大小确定，超出感光底片的范围因为没有底片，会聚到此处的光线无法被记录下来。因此感光底片 B 就是光学系统的视场光阑。

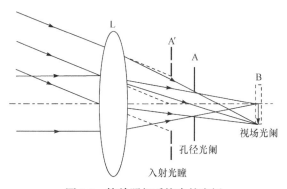

图 2.8　简单照相系统中的光阑

当然，并非所有的光学系统的光阑都像上述照相系统那样明显。大部分光学系统由多个透镜组成，孔径光阑可能位于这些透镜之间、之前或之后，或者在某个透镜上。在光学系统中，为了方便分析孔径光阑对光学系统的作用，将孔径光阑通过其前面光学系统(光学系统中位于孔径光阑前面的光学元件)所成的像，称为**入射光瞳**(简称入瞳)。孔径光阑通过其后面光学系统所成的像称为**出射光瞳**(简称出瞳)。在图 2.8 所示的光学系统中,孔径光阑 A 通过物镜 L 所成的像为虚像 A′,则 A′ 就是光学系统的入瞳。由于孔径光阑 A 后面没有光学系统,所以出瞳就是孔径光阑 A 本身。

在研究光学系统成像规律时,通常把起源于视场边沿而且通过孔径光阑中心的斜光线称为**主光线**。可以用主光线(或者其延长线)与光轴的最初和最终交点确定入瞳和出瞳的位置。由于光学系统的入瞳和出瞳分别是孔径光阑在物空间和像空间的像,因此它们互为共轭关系。由光瞳的定义可知,只有通过光瞳的光线才能通过光学系统最终到达像面参与成像,因此,物体上任何一点所发出的能量有多少可以被系统接收和出射都取决于光瞳的尺寸和位置。

入射窗和出射窗与视场光阑的关系类似于入瞳和出瞳与孔径光阑的关系,即视场光阑通过其前面光学系统所成的像称为**入射窗**,通过其后面光学系统所成的像称为**出射窗**。在图 2.8 所示的光学系统中,入射窗位于无穷远,而出射窗就是感光底片。光学系统的**视场角**,取决于视场光阑的尺寸,等于入射窗相对于入瞳中心的张角(物方视场角),或出射窗相对于出瞳中心的张角(像方视场角)。

2.1.7　辐射度学与光度学

光是一种电磁波,从本质上讲,光的传播就是电磁辐射能量的传播。而所有的光学探测器,如电荷耦合器件(charge-coupled device, CCD)、感光胶片和人眼,其工作原理都基于对光所携带能量的响应。因此,电磁波辐射能量的研究对研究光学和光学仪器十分必要。辐射度学和光度学是研究电磁辐射能量问题的学科。辐射度学研究的是所有波段电磁波辐射能量的计量问题,而光度学研究可见光波段内(380~780 nm)电磁波辐射能量对人眼刺激强弱的计量问题。所有的辐射度量都有一个对应的光度量,为了便于区分,辐射度量通常用下标 e 表示,光度量通常用下标 v 表示。本节将分别介绍辐射度学和光度学的基本概念。

2.1.7.1　辐射度量的名称和定义

1) 辐射能

以辐射形式发射、传输或接收的能量称为辐射能。辐射能通常用 Q_e 表示,单位为焦耳,符号是 J。

2) 辐射通量

在单位时间内通过某一面积的辐射能量称为经过该面积的辐射通量,而光源在单位时间内辐射出去的总能量被称为光源的辐射通量。辐射通量简称为辐通量,通常用 Φ_e 表示,单位为瓦特,符号是 W。辐通量是描述光源发射特性的一

个十分重要的辐射度量。根据定义,辐通量可以由辐射能随时间的变化率得到

$$\Phi_e = \frac{dQ_e}{dt} \tag{2.1.11}$$

3) 辐射强度

辐射强度是指光源在某方向单位立体角内的辐射通量。辐射强度通常用 I_e 表示,单位是瓦特每球面度,符号是 W/sr。考虑一个能够向周围辐射能量的光源,如果其在某方向立体角 $d\Omega$ 内所发射的辐射通量为 $d\Phi_e$,则该光源在该方向的辐射强度 I_e 可以用下式表示:

$$I_e = \frac{d\Phi_e}{d\Omega} \tag{2.1.12}$$

大多数光源向空间各个方向发出的辐射通量往往是不均匀的,而辐射强度为描述光源在空间不同方向上辐射通量大小和分布提供了可能。

4) 辐射亮度

辐射亮度是用来表征有限尺寸辐射源的辐通量空间分布情况的物理量。具体定义为某个辐射传播方向上单位面积面光源单位立体角内的辐通量。例如,面积为 dA 的辐射面,在和表面法线成 θ 角的方向上的立体角 $d\Omega$ 内发出的辐通量为 $d\Phi_e$,则辐射亮度 L_e 可以表示为

$$L_e = \frac{d\Phi_e}{\cos\theta dA d\Omega} \tag{2.1.13}$$

单位为瓦特每球面度平方米,符号是 W/(sr·m²)。

辐射亮度在光辐射的计算和测量中都具有重要作用,点光源的辐射特性通常用辐射强度描述,而较大的面光源则用辐射亮度描述其辐射特性[7]。例如,描述螺旋灯丝白炽灯时,常把它作为一个整体(即一个点光源),使用辐射强度描述其在给定观测方向上的辐射特性;而在描述天空辐射特性时,则用辐射亮度描述天空各部分辐射分布。

5) 辐射出射度

光源的辐射出射度定义为离开光源表面单位面元的辐射通量。如果光源的某发光微面 dA 向所有方向(指该面元所对应的半球空间)所发射的辐射通量为 $d\Phi_e$,则该微面的辐射出射度 M_e 可表示如下:

$$M_e = \frac{d\Phi_e}{dA} \tag{2.1.14}$$

单位为瓦特每平方米,符号是 W/m²。需要注意的是面元所对应的立体角是辐射的整个半球空间。例如,太阳表面的辐射出射度指太阳表面单位表面积向外部空间发射的辐射通量。

6) 辐射照度

物体的辐射照度定义为物体每单位面积所接收到的辐射通量，通常用符号 E_e 表示，单位为瓦特每平方米，符号是 W/m^2。根据定义，辐射照度可以表示为

$$E_e = \frac{\mathrm{d}\Phi_e}{\mathrm{d}A} \tag{2.1.15}$$

考虑一点光源，均匀向四周辐射能量。如果其辐射通量为 Φ_e，则其辐射强度为 $I_e = \Phi_e/(4\pi)$。考察与该点光源距离为 L 的表面，该表面中心位置单位面积($1\ \text{m}^2$)对点光源所张的立体角是 $1/L^2\ \text{sr}$，因此该表面的辐射照度可以表示为

$$E_e = I_e/L^2 = \Phi_e/(4\pi L^2)$$

该公式符合逆平方定律，可描述为被照明表面的辐照度反比于辐照面到光源距离的平方。

现将基本的辐射度量的名称、定义方程和单位总结如表 2.1，以供参考。

表 2.1 基本的辐射度量及其定义

名称	符号	定义方程	单位名称	单位符号
辐射能	Q_e	—	焦耳	J
辐射通量	Φ_e	$\Phi_e = \mathrm{d}Q_e/\mathrm{d}t$	瓦特	W
辐射强度	I_e	$I_e = \mathrm{d}\Phi_e/\mathrm{d}\Omega$	瓦特每球面度	W/sr
辐射亮度	L_e	$L_e = \dfrac{\mathrm{d}\Phi_e}{\cos\theta\mathrm{d}A\mathrm{d}\Omega}$	瓦特每球面度平方米	W/(sr·m^2)
辐射出射度	M_e	$M_e = \mathrm{d}\Phi_e/\mathrm{d}A$	瓦特每平方米	W/m^2
辐射照度	E_e	$E_e = \mathrm{d}\Phi_e/\mathrm{d}A$	瓦特每平方米	W/m^2

2.1.7.2 朗伯辐射体

大部分扩展辐射源都近似符合朗伯强度定律，即其辐射强度与空间方向的关系按如下简单规律变化：

$$I_\theta = I_N \cos\theta \tag{2.1.16}$$

其中 I_N 为面源法线方向的辐射强度，I_θ 为和法线成任意角度 θ 方向的辐射强度。辐射强度 I_θ 端点的轨迹是一个与辐射面相切的球面，球心在法线上，球的直径为 I_N，如图 2.9 所示。符合这种规律的辐射体称为余弦辐射体或朗伯辐射体。

利用辐射亮度定义，可以求出朗伯辐射体任何方向的辐射亮度为常数，即朗伯辐射体在各个方向上的辐射亮度相同，与方向角无关。一般的漫反射表面都具有余弦辐射或者近似余弦辐射的特性。

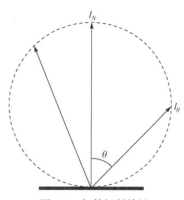

图 2.9　朗伯辐射特性

2.1.7.3　光度量的名称和定义

光度量表征的是电磁波对人眼的刺激程度。而对人眼产生刺激的强弱，不仅要考虑光辐射能量的大小，还应考虑人眼视觉的生理和心理因素。因为不同的人对完全相同的电磁辐射也可能会有不同的视觉感受，而且人眼在亮环境和暗环境下对光源亮度的感觉也是不同的。为了统一研究，国际照明委员会(CIE)根据大多数人对不同波长光的视觉感受，确定了平均人眼特性。根据平均人眼特性给出了明视觉和暗视觉的平均光谱光视效率函数(spectral luminous efficiency function)，又称为视见函数，分别记为 $V(\lambda)$ 和 $V'(\lambda)$。对于明视觉，某波长下的光谱光视效率函数值是对平均人眼产生相同光视刺激情况下对应 555 nm 波长的辐射通量 $\Phi_e(555)$ 与对应该波长的辐射通量 $\Phi_e(\lambda)$ 的比值。

需指出的是，任何光度量都可以通过对相应的辐射度量在 380～780 nm 的可见光波段内加权积分获得，而这个权函数就是光谱光视效率函数[8]。例如，在已知辐射通量 Φ_e 的情况下，可以通过下式得到对应的光通量 Φ_v。明视觉条件下，特定波长下的光通量为

$$\Phi_v(\lambda) = K_m V(\lambda)\Phi_e(\lambda) \tag{2.1.17}$$

光通量的总和为

$$\Phi_v = K_m \int_0^\infty V(\lambda)\Phi_e(\lambda)\mathrm{d}\lambda \tag{2.1.18}$$

式中 $V(\lambda)$ 是 CIE 推荐的明视觉条件下的平均光谱光视效率函数；K_m 是最大光谱光视效能常数，对于中心波长为 555 nm 的明视觉，$K_m = 683$ lm/W。计算暗视觉条件下的光通量，只需将上式中的 $V(\lambda)$ 和 K_m 替换为暗视觉的光谱光视效率函数 $V'(\lambda)$ 和最大光谱光视效能常数 K'_m。对于中心波长为 507 nm 的暗视觉，$K'_m = 1725$ lm/W。其他光度量的计算过程类似。下面逐一介绍光度量的名称和定义。

1) 光量

光源在某段时间内所发出且被人眼感受到的光能量的总和称为光量 Q_v，单

位为流明秒，符号是 lm·s。

2) 光通量

光源在单位时间内所发出的光量称为光源的光通量，用 Φ_v 表示，单位为流明，符号是 lm。光通量用来标度可见光对人眼的刺激程度，也可以用光量的变化率表示：

$$\Phi_v = dQ_v/dt \tag{2.1.19}$$

3) 发光强度

光源在给定方向单位立体角内发射的光通量称为发光强度，通常用符号 I_v 来表示。如果光源在元立体角 $d\Omega$ 内发出的光通量为 $d\Phi_v$，则光源的发光强度为

$$I_v = \frac{d\Phi_v}{d\Omega} \tag{2.1.20}$$

发光强度的单位是坎德拉，符号是 cd，它是光度量中的基本单位，是国际单位制中七个基本单位之一。

4) 光亮度

光亮度用来描述有限大小发光物体发出的可见光在空间的分布情况。具体定义为光传播方向上单位面积面光源往单位立体角内发射的光通量。例如，面积为 dA 的发光面，在和表面法线成 θ 角的方向上，在立体角 $d\Omega$ 内发出的光通量为 $d\Phi_v$，则光亮度 L_v 可以表示为

$$L_v = \frac{d\Phi_v}{\cos\theta dA d\Omega} \tag{2.1.21}$$

光亮度的单位是坎德拉每平方米，符号是 cd/m^2。

5) 光出射度

光源的光出射度定义为离开光源表面单位面积的光通量。如果光源上某发光微面 dA 向所有方向(在半个空间内)发射的光通量为 $d\Phi_v$，则其光出射度 M_v 可以表示为

$$M_v = \frac{d\Phi_v}{dA} \tag{2.1.22}$$

光出射度的单位为流明每平方米，符号是 lm/m^2。

6) 光照度

物体的光照度定义为物体每单位面积所接收到的光通量，通常用符号 E_v 表示，光照度定义方程如下：

$$E_v = \frac{d\Phi_v}{dA} \tag{2.1.23}$$

光照度的单位为勒克斯,符号为 lx , 1 lx=1 lm/m^2 。

现将基本的光度量的名称、定义方程和单位总结如表 2.2。

表 2.2　基本光度量及其单位

名称	符号	定义方程	单位名称	单位符号
光能	Q_v	—	流明秒	lm·s
光通量	Φ_v	$\Phi_v = \mathrm{d}Q_v/\mathrm{d}t$	流明	lm
发光强度	I_v	$I_v = \mathrm{d}\Phi_v/\mathrm{d}\Omega$	坎德拉	cd
光亮度	L_v	$L_v = \dfrac{\mathrm{d}\Phi_v}{\cos\theta \mathrm{d}A \mathrm{d}\Omega}$	坎德拉每平方米	cd/m^2
光出射度	M_v	$M_v = \mathrm{d}\Phi_v/\mathrm{d}A$	流明每平方米	lm/m^2
光照度	E_v	$E_v = \mathrm{d}\Phi_v/\mathrm{d}A$	勒克斯(流明每平方米)	lx(lm/m^2)

2.1.8　近轴光学的矩阵方法

本小节介绍利用矩阵方法处理理想光学系统成像问题。使用该方法可以进行光线追迹,得到光学系统的基本成像性质。

2.1.8.1　近轴光线追迹

近轴光线追迹就是在近轴近似下,由入射光线坐标和光学系统结构确定出射光线坐标的方法[9]。简单起见,本节所追迹的近轴光线,仅限于子午面(纸面)内传播的光线。按照前文定义的符号规则,子午面为坐标系的 yz 平面,光轴为 z 轴,正方向由左至右,y 轴正方向由下至上。在已知光学面位置的情况下,子午面内任意一条光线的坐标,都可以用该光线与光学面交点的高度 y,以及该光线传播方向与光轴的夹角 θ 来唯一确定。为了计算方便,通常将空间介质的折射率与光线传播方向的乘积(光学角)作为一个坐标值,即光线的坐标用矩阵 $[y, n\theta]$ 来表示。

1) 折射面的折射矩阵

首先考虑光线在两种介质分界面折射的情况。假设光线入射到一个半径为 r 的球面上,球面两侧介质的折射率分别为 n_1 和 n_2,球心在光轴上,如图 2.10 所示。入射前光线在球面的坐标为 $[y_1, n_1\theta_1]$,经过球面的折射后,光线的坐标为 $[y_2, n_2\theta_2]$。下面根据几何关系和光的折射定律,得到光线折射前后坐标之间的关系,进而得到光线传播的折射矩阵。

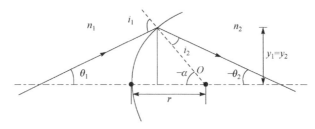

图 2.10　光线在球面的折射

如图 2.10 所示，光线在球面上发生折射，传播方向改变而交点位置不变。因此有

$$y_2 = y_1 \tag{2.1.24}$$

入射光线与折射光线与光轴的夹角分别为 θ_1 和 $-\theta_2$，根据图中三角关系有 $i_1 = \theta_1 - \alpha$，$i_2 = \theta_2 - \alpha$，其中 i_1 和 i_2 分别为入射角和折射角。利用近轴条件下的折射定律 $n_1 i_1 = n_2 i_2$，可得如下关系式：

$$n_2 \theta_2 = n_1 \theta_1 + (n_1 - n_2)(-\alpha)$$

又在近轴情况下有

$$-\alpha \approx \tan(-\alpha) = \frac{y_1}{r}$$

将上式代入 $n_2 \theta_2 = n_1 \theta_1 + (n_1 - n_2)(-\alpha)$ 可得

$$n_2 \theta_2 = \frac{n_1 - n_2}{r} y_1 + n_1 \theta_1 \tag{2.1.25}$$

将式(2.1.24)和式(2.1.25)联立并写成矩阵形式，可得

$$\begin{bmatrix} y_2 \\ n_2 \theta_2 \end{bmatrix} = \begin{bmatrix} 1 & 0 \\ \dfrac{n_1 - n_2}{r} & 1 \end{bmatrix} \begin{bmatrix} y_1 \\ n_1 \theta_1 \end{bmatrix} \tag{2.1.26}$$

式(2.1.26)中方阵即为该光学面对应的传递矩阵，又称为折射矩阵，常用符号 R 表示，即

$$R = \begin{bmatrix} 1 & 0 \\ \dfrac{n_1 - n_2}{r} & 1 \end{bmatrix} \tag{2.1.27}$$

利用曲面光焦度的定义，上式也可写成如下形式：

$$R = \begin{bmatrix} 1 & 0 \\ -\phi & 1 \end{bmatrix}$$

其中 $\phi = \dfrac{n_2 - n_1}{r}$ 是该曲面的光焦度[9]。后面可以看到，该公式也适用于薄透镜，式中 ϕ 为透镜的光焦度。

如图 2.10 所示情形，当 $n_2 > n_1$ 时，根据折射定律，$i_2 < i_1$，故折射面对光线的偏折是会聚性的，而此时由 $\phi = \dfrac{n_2 - n_1}{r}$ 得到该折射面的光焦度大于零，根据前述光焦度性质，光焦度大于零，系统对光线的偏折是会聚性的，这两方面得到的结论是统一的。当 $n_2 < n_1$ 时，类似地，两方面分析都将得到该折射面对光线的偏折是发散性的结论。

2) 光线传播的过渡矩阵

接下来考虑光线由一个参考面传播至另一个参考面时，坐标的变化情况。如图 2.11 所示，设两参考面的间距为 t，中间介质折射率为 n，光线在参考面 z_1 上的起始坐标为 $[y_1, n\theta_1]$。该光线传播一段距离后，到达参考面 z_2。在参考面 z_2 上的坐标为 $[y_2, n\theta_2]$，可以按以下方法求解两个坐标之间的关系。

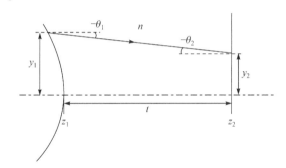

图 2.11 光在均匀介质中传播

由于光在均匀介质中沿直线传播，因此光线传播方向与光轴的夹角不变，即

$$\theta_2 = \theta_1 \tag{2.1.28}$$

根据图 2.11 中的三角关系，光线在参考面 z_2 上的高度，可以表示为

$$y_2 = y_1 + t\tan\theta_1$$

在近轴近似下，θ 很小，有 $\tan\theta \approx \theta$，因此上式可以近似为

$$y_2 = y_1 + t\theta_1 \tag{2.1.29}$$

将式(2.1.28)和(2.1.29)联立并写成矩阵形式，可得

$$\begin{bmatrix} y_2 \\ n\theta_2 \end{bmatrix} = \begin{bmatrix} 1 & \dfrac{t}{n} \\ 0 & 1 \end{bmatrix} \begin{bmatrix} y_1 \\ n\theta_1 \end{bmatrix} \tag{2.1.30}$$

上式中方阵即为光线在两参考面间传输的过渡矩阵，常用符号 T 表示，即

$$T = \begin{bmatrix} 1 & \dfrac{t}{n} \\ 0 & 1 \end{bmatrix} \tag{2.1.31}$$

其中 t 为传播距离，n 为两参考面间介质折射率，而 $\dfrac{t}{n}$ 称作光传播的约化距离。过渡矩阵仅与两个参考面间的距离和介质折射率有关。

　　3) 反射面的反射矩阵

　　图 2.12 为光线遇到半径为 $-r$ 的凹球面镜反射的情况，根据前文定义的符号规则，光线经过一次反射后，折射率和间隔都要改变符号。若反射面置于折射率为 n 的介质中，则反射前 $n_1 = n$，反射后 $n_2 = -n$。根据图示可得，反射后光线在镜面上的高度不变，即

$$y_2 = y_1 \tag{2.1.32}$$

光线传输的角度由图 2.12 中三角关系可得

$$\theta_2 = \theta_1 + i_2 - i_1, \quad \alpha = \theta_1 - i_1$$

在近轴近似下

$$\alpha \approx \tan\alpha = \frac{y_1}{-r}$$

根据反射定律

$$i_1 = -i_2$$

综合以上三式，可得

$$\theta_2 = -2\frac{y_1}{r} - \theta_1$$

上式两边同时乘以折射率 n，并利用 $n_1 = n$ 和 $n_2 = -n$，可得

$$n_2\theta_2 = y_1\frac{2n_1}{r} + n_1\theta_1 \tag{2.1.33}$$

将式(2.1.32)和(2.1.33)写成矩阵形式，可得

$$\begin{bmatrix} y_2 \\ n_2\theta_2 \end{bmatrix} = \begin{bmatrix} 1 & 0 \\ \dfrac{2n_1}{r} & 1 \end{bmatrix} \begin{bmatrix} y_1 \\ n_1\theta_1 \end{bmatrix} \tag{2.1.34}$$

可得反射镜的传递矩阵为

$$S = \begin{bmatrix} 1 & 0 \\ \dfrac{2n}{r} & 1 \end{bmatrix} \tag{2.1.35}$$

反射镜的传递矩阵也可以通过将 $n_2 = -n_1$ 代入折射矩阵中直接得到。按照前述折射矩阵的左下元素为系统光焦度负值的性质，则系统的光焦度 $\phi = -\dfrac{2n}{r}$，对于图 2.12 所示情形，此球面镜的光焦度大于零，即对光线起会聚作用，与图 2.12 中所示凹球面镜性质一致。同时，由前述光焦度及有效焦距的定义可知，该凹球面镜的有效焦距 $f_e = -\dfrac{r}{2n}$，像方焦距 $f' = \dfrac{r}{2}$。

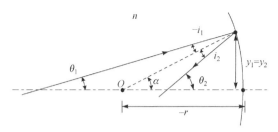

图 2.12　球面镜的反射

4) 光学系统的传递矩阵

大部分的光学系统可以认为是由相隔一定距离的若干光学面(折射面或反射面)组成的，因此我们可以用折射矩阵、反射矩阵和过渡矩阵的组合来描述光学系统传播光线的能力，即光线每到达或者经过一个光学面就乘以一个与该面对应的矩阵。下面以单透镜为例来讲述怎样利用折射矩阵和过渡矩阵描述光学系统的性质。由于下面的讨论涉及多个光学表面的折射和反射，有必要对光线坐标标识进行约定。在下面的讨论中，如果没有特殊说明，入射到第 k 个光学面的光线坐标用 Y_k 表示，经该光学面折射或反射后该光线的坐标用 Y_k' 表示。

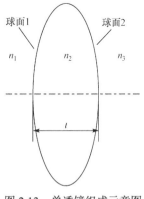

图 2.13　单透镜组成示意图

如图 2.13 所示，一个双凸单透镜可以认为是由距离为 t 的两个折射球面组成的。光线在通过该透镜时，先通过球面 1，直线传播一段距离 t，再通过球面 2 折射出，若用矩阵方法描述该过程，可以表示如下：

$$Y_2' = R_2 T R_1 Y_1 \tag{2.1.36}$$

其中，Y_1 和 Y_2' 分别表示入射光线和出射光线的坐标矩阵，R_1 和 R_2 分别表示第一个球面和第二个球面的折射矩阵，T 表示传播距离为 t 的过渡矩阵。需要注意的是，光线传播由先到后依次经过若干光学面或间隔，对应矩阵相乘的顺序是由后至前，即光线最先到达的表面或间隔，其对应的矩阵最先与入射光线坐标矩阵相乘，再顺次左乘下一个间距或表面对应的传递矩阵。将具体的参数代入上式，则可以将该透镜的传递矩阵表示如下：

$$H = R_2 T R_1 = \begin{bmatrix} 1 & 0 \\ \dfrac{n_2 - n_3}{r_2} & 1 \end{bmatrix} \begin{bmatrix} 1 & \dfrac{t}{n_2} \\ 0 & 1 \end{bmatrix} \begin{bmatrix} 1 & 0 \\ \dfrac{n_1 - n_2}{r_1} & 1 \end{bmatrix} \tag{2.1.37}$$

式中 r_1 和 r_2 分别表示第一个球面和第二个球面的半径，n_1 表示第一个球面左边介质的折射率，n_2 表示第一和第二个球面之间介质的折射率，n_3 表示第二个球面右边介质的折射率。如果该透镜置于空气中，则 $n_1 = 1$，$n_2 = n$，$n_3 = 1$。将上述折射率的值代入式(2.1.37)，并整理可得

$$H = \begin{bmatrix} 1 - \dfrac{n-1}{r_1} \cdot \dfrac{t}{n} & \dfrac{t}{n} \\ -\dfrac{n-1}{r_1} - \dfrac{1-n}{r_2} + \dfrac{n-1}{r_1} \cdot \dfrac{1-n}{r_2} \cdot \dfrac{t}{n} & 1 - \dfrac{1-n}{r_2} \cdot \dfrac{t}{n} \end{bmatrix}$$

如果分别用 ϕ_1 和 ϕ_2 代表两个球面的光焦度，即

$$\phi_1 = \frac{n-1}{r_1}, \quad \phi_2 = \frac{1-n}{r_2}$$

将两个球面的光焦度代入上式，可得

$$H = \begin{bmatrix} 1 - \phi_1 \dfrac{t}{n} & \dfrac{t}{n} \\ -\phi_1 - \phi_2 + \phi_1 \phi_2 \dfrac{t}{n} & 1 - \phi_2 \dfrac{t}{n} \end{bmatrix}$$

这就是单个透镜的传递矩阵，我们可以利用该矩阵和入射光线的坐标，得到相应出射光线的坐标。对于薄透镜，t 可以近似为零，此时上式可变为以下简单形式：

$$H = \begin{bmatrix} 1 & 0 \\ -\phi_1 - \phi_2 & 1 \end{bmatrix}$$

薄透镜的光焦度可由两个表面光焦度相加获得，$\phi = \phi_1 + \phi_2$。因此上式又可以写为

$$H = \begin{bmatrix} 1 & 0 \\ -\phi & 1 \end{bmatrix} \tag{2.1.38}$$

将该方法进一步扩展,可以通过计算得到任何由折射面、反射面及间隔组成的光学系统(包括多个元件)的传递矩阵。如果一个光学系统由 k 个光学面组成,则可以将式(2.1.36)扩展,将光线通过该光学系统的传输过程描述如下:

$$Y'_k = R_k T_{k-1} R_{k-1} \cdots R_1 Y_1$$

因为反射矩阵可由折射矩阵导出,故上式中仅使用了折射矩阵和过渡矩阵。利用上式可以追迹任意一条进入光学系统的近轴光线。如果将上式中的折射矩阵和过渡矩阵乘在一起,可以得到一个用于描述光学系统性能的方阵,该矩阵通常被称为光学系统的传递矩阵,又被称为 $ABCD$ 矩阵,定义如下:

$$\begin{bmatrix} A & B \\ C & D \end{bmatrix} = R_k T_{k-1} R_{k-1} \cdots R_1$$

根据折射矩阵、反射矩阵和过渡矩阵的定义,其行列式都等于 1,因此由这三种矩阵相乘得到的光学系统的传递矩阵的行列式也等于 1,即

$$\begin{vmatrix} A & B \\ C & D \end{vmatrix} = |R_k||T_{k-1}||R_{k-1}|\cdots|R_1| = 1 \tag{2.1.39}$$

如果已知一个光学系统的 $ABCD$ 矩阵,则可以利用下式进行任意近轴光线的追迹:

$$\begin{bmatrix} y'_k \\ n'\theta'_k \end{bmatrix} = \begin{bmatrix} A & B \\ C & D \end{bmatrix} \begin{bmatrix} y_1 \\ n\theta_1 \end{bmatrix} \tag{2.1.40}$$

2.1.8.2 利用光学系统传递矩阵导出其性质

根据前文所述,光学系统的传递矩阵能够完全描述光学系统传输光线的能力,因此也完全确定了光学系统的成像性质。本部分将介绍如何根据光学系统的传递矩阵确定光学系统的性质。

设已知一光学系统的传递矩阵为 H,入射光坐标和出射光坐标矩阵分别为 Y 和 Y'。根据公式(2.1.40),可得其出射光线坐标如下:

$$\begin{cases} y' = Ay + Bn\theta \\ n'\theta' = Cy + Dn\theta \end{cases} \tag{2.1.41}$$

下面分析传递矩阵中的元素值分别为 0 时,对应光学系统的性质。

如果元素 $A = 0$,由式(2.1.41)可得 $y' = Bn\theta$。该式说明出射光线的位置仅与入射光的倾角有关,与入射光的位置无关。也就是说,某个方向入射的平行光都聚焦于系统后表面同一点。因此,该系统的出射面为光学系统的像方焦面,如图 2.14(a)所示。

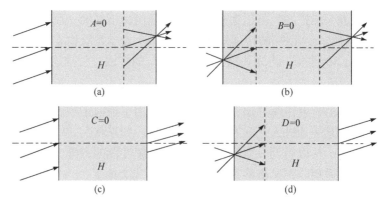

图 2.14　传递矩阵各元素值为零时光学系统的性质

如果元素 $B=0$ ，由式(2.1.41)可得 $y'=Ay$ 。该式说明，出射光的位置仅与入射光的位置有关，与入射光的角度无关。也就是说，通过系统前表面 y 位置处的光，全部通过后表面 y' 位置处，如图 2.14(b)所示。因此该系统的入射面和出射面是互为物像关系的共轭面，且横向放大率为 A 。

如果元素 $C=0$ ，由式(2.1.41)可得 $n'\theta'=Dn\theta$ 。该式说明，系统出射光的角度仅与入射光角度有关，与入射光位置无关。也就是说，如果入射光为某一角度的平行光，则出射光为另一角度的平行光，如图 2.14(c)所示。因此该系统为一个无焦系统，且系统的角放大率为 $\dfrac{\theta'}{\theta}=D\dfrac{n}{n'}$ 。

如果元素 $D=0$ ，由式(2.1.41)可得 $n'\theta'=Cy$ 。该式说明，系统出射光的角度仅与入射光位置有关，与入射光方向无关。也就是说，入射面上某一位置发出的光，将以相同的方向出射，即出射平行光，因此可以认为系统的入射面为物方焦面，如图 2.14(d)所示。

2.1.8.3　利用光学系统传递矩阵确定其基点

如果已知一个光学系统的 $ABCD$ 矩阵，则可以根据该矩阵各个元素的值确定系统的基点位置。设光学系统物空间和像空间的折射率分别为 n 和 n' 。如图 2.15 所示，一条平行于光轴的光线，由物空间入射到光学系统的第一表面 S_1 上，经过光学系统后，从光学系统的 S_k 面上出射。入射光线在 S_1 面上的坐标为 $y_1=h$ ，$\theta_1=0$ ，将入射光线坐标代入式(2.1.40)，可以得到出射光线的坐标如下：

$$y'_k=Ah,\quad n'\theta'_k=Ch$$

根据焦距的定义，可以得到该系统的像方焦距为

$$f'=\frac{y_1}{-\theta'_k}=-\frac{n'}{C} \tag{2.1.42}$$

光学系统的有效焦距为

$$f_e = \frac{f'}{n'} = -\frac{1}{C} \tag{2.1.43}$$

根据前文中后焦距定义，系统的后焦距为

$$f_b = \frac{y_k'}{-\theta_k'} = -\frac{n'A}{C} \tag{2.1.44}$$

对于像方主点，由图 2.15 中的几何关系，可得从系统后表面到像方主点的距离 (起点是系统后表面的顶点)为

$$d' = f_b - f' = n'\frac{1-A}{C} \tag{2.1.45}$$

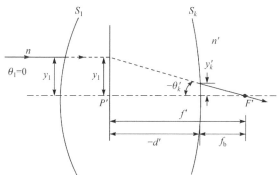

图 2.15　由光学系统传递矩阵确定基点示意图

类似地，由像空间倒追一条平行于光轴的光线至物空间，可以获得系统的物方焦距和前焦距。

2.1.8.4　应用实例

本小节给出两个利用矩阵光学方法确定光学系统基点的实例。

1) 折射光学系统实例

已知一摄远系统由一正透镜和一负透镜组成(图 2.16)，正透镜焦距 180 mm，负透镜焦距 –150 mm，两透镜间距 120 mm，试利用矩阵光学方法，确定该系统的主点、焦点位置，以及后焦距和有效焦距的大小。

该系统由两个薄透镜和它们之间的间距构成，因此，系统的传递矩阵可以由薄透镜的传递矩阵和过渡矩阵表示如下：

$$H = H_2 T H_1 = \begin{bmatrix} 1 & 0 \\ -\phi_2 & 1 \end{bmatrix} \begin{bmatrix} 1 & \dfrac{t}{n} \\ 0 & 1 \end{bmatrix} \begin{bmatrix} 1 & 0 \\ -\phi_1 & 1 \end{bmatrix}$$

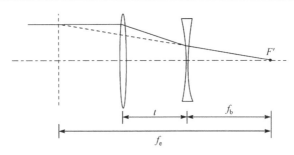

图 2.16　摄远系统

其中 $\phi_1 = 1/180$ 和 $\phi_2 = -1/150$，$t = 120$，系统置于空气中 $n = 1$。经计算可得

$$H = \begin{bmatrix} \dfrac{1}{3} & 120 \\[2mm] -\dfrac{1}{300} & \dfrac{9}{5} \end{bmatrix}$$

利用公式(2.1.43)，可得系统的有效焦距

$$f_e = f' = -\frac{1}{C} = 300 \text{ mm}$$

将像空间折射率 $n' = 1$ 代入公式(2.1.44)，可得系统的后焦距为

$$f_b = -\frac{n'A}{C} = 100 \text{ mm}$$

即系统焦点位于负透镜右侧 100 mm 处。根据公式(2.1.45)，可得系统主点位置：

$$d_2 = \frac{1 - A}{C} = -200 \text{ mm}$$

说明系统的像方主平面在负透镜左边 200 mm 处。

2) 反射光学系统实例

下面利用一个卡塞格林望远镜的例子，介绍利用矩阵光学方法，求解反射式系统像方主点、焦点位置和后工作距的方法。如图 2.17 所示，为一个卡塞格

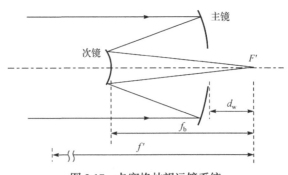

图 2.17　卡塞格林望远镜系统

林远镜系统，其中主镜的曲率半径为 200 mm，次镜的曲率半径为 50 mm，两个反射镜之间的间隔为 80 mm，曲率半径和间隔的符号稍后分析。

首先，根据图 2.17 所示光学系统结构，可以判断该系统由两个反射镜及它们之间的间隔组成。光线入射后，先经过主镜反射，再经过间隔 t 到达次镜，经次镜反射后由主镜开孔处射出。因此，该光学系统的传递矩阵可以由主镜的反射矩阵、间隔 t 的过渡矩阵和次镜的反射矩阵相乘获得。设主镜前介质的折射率为 n_1，主镜和次镜之间介质的折射率为 n_2，次镜后介质的折射率为 n_3，则可得到系统的传递矩阵为(主镜和次镜的有效焦距近似为其曲率半径的一半)

$$H = R_2 T R_1 = \begin{bmatrix} 1 & 0 \\ \dfrac{2n_2}{r_2} & 1 \end{bmatrix} \begin{bmatrix} 1 & \dfrac{t}{n_2} \\ 0 & 1 \end{bmatrix} \begin{bmatrix} 1 & 0 \\ \dfrac{2n_1}{r_1} & 1 \end{bmatrix} \tag{2.1.46}$$

首先根据前述符号规则，判断反射镜半径以及间隔的符号。系统置于空气中，折射率 $n_1 = 1$；主镜的曲面中心在表面顶点左边，该半径为负值 $r_1 = -200$ mm；经一次反射后，折射率变为负值 $n_2 = -1$；下一个表面在左侧，间隔为负值 $t = -80$ mm；次镜的曲面中心在顶点左边，该半径为负值 $r_2 = -50$ mm；经次镜反射，折射率再次变号，$n_3 = 1$。将以上数值代入式(2.1.46)，可得

$$H = \begin{bmatrix} A & B \\ C & D \end{bmatrix} = \begin{bmatrix} 0.2 & 80 \\ -0.002 & 4.2 \end{bmatrix}$$

根据公式(2.1.42)，系统的像方焦距为

$$f' = -\frac{n_3}{C} = 500 \text{ mm}$$

像空间折射率为 1，有效焦距等于像方焦距，为 500 mm。根据公式(2.1.44)可得系统的后焦距为

$$f_b = -\frac{n_3 A}{C} = 100 \text{ mm}$$

需注意，后焦距的起点为次镜表面的顶点，所以系统的焦点在次镜右侧 100 mm 处。因主次镜间隔为 80 mm，因此焦点位置也是在主镜右侧 20 mm 处，即后工作距 $d_w = 20$ mm。根据公式(2.1.45)，可得像方主点距离系统后表面的距离为

$$d_2 = \frac{1-A}{C} = -400 \text{ mm}$$

说明像方主点在次镜左侧 400 mm 处。

2.1.8.5 光学系统传递矩阵元素 A，B，C 和 D 的实验确定

本小节将给出一种通过实验获得光学系统传递矩阵的方法[10]。设某光学系统的传递矩阵为

$$H = \begin{bmatrix} A & B \\ C & D \end{bmatrix}$$

如果已知两条光线的入射坐标和出射坐标矩阵分别为 $Y_a = [y_a, \theta_a]$，$Y_a' = [y_a', \theta_a']$ 和 $Y_b = [y_b, \theta_b]$，$Y_b' = [y_b', \theta_b']$。根据系统传递矩阵定义，可以得到以下等式(光学系统置于空气中，物空间和像空间折射率都为1)：

$$\begin{bmatrix} y_a' \\ \theta_a' \end{bmatrix} = \begin{bmatrix} A & B \\ C & D \end{bmatrix} \begin{bmatrix} y_a \\ \theta_a \end{bmatrix} \quad \text{和} \quad \begin{bmatrix} y_b' \\ \theta_b' \end{bmatrix} = \begin{bmatrix} A & B \\ C & D \end{bmatrix} \begin{bmatrix} y_b \\ \theta_b \end{bmatrix}$$

将上式中 A、B、C、D 作为未知数，并重新排列，可得以下线性方程组：

$$\begin{bmatrix} y_a & \theta_a & 0 & 0 \\ y_b & \theta_b & 0 & 0 \\ 0 & 0 & y_a & \theta_a \\ 0 & 0 & y_b & \theta_b \end{bmatrix} \begin{bmatrix} A \\ B \\ C \\ D \end{bmatrix} = \begin{bmatrix} y_a' \\ y_b' \\ \theta_a' \\ \theta_b' \end{bmatrix}$$

由线性方程组知识，若 $\begin{vmatrix} y_a & \theta_a \\ y_b & \theta_b \end{vmatrix} \neq 0$，上述方程组有唯一解，且方程组的解可表示如下：

$$A = \begin{vmatrix} y_a' & \theta_a \\ y_b' & \theta_b \end{vmatrix} \bigg/ \begin{vmatrix} y_a & \theta_a \\ y_b & \theta_b \end{vmatrix}$$

$$B = \begin{vmatrix} y_a & y_a' \\ y_b & y_b' \end{vmatrix} \bigg/ \begin{vmatrix} y_a & \theta_a \\ y_b & \theta_b \end{vmatrix}$$

$$\qquad\qquad\qquad\qquad\qquad\qquad\qquad\qquad (2.1.47)$$

$$C = \begin{vmatrix} \theta_a' & \theta_a \\ \theta_b' & \theta_b \end{vmatrix} \bigg/ \begin{vmatrix} y_a & \theta_a \\ y_b & \theta_b \end{vmatrix}$$

$$D = \begin{vmatrix} y_a & \theta_a' \\ y_b & \theta_b' \end{vmatrix} \bigg/ \begin{vmatrix} y_a & \theta_a \\ y_b & \theta_b \end{vmatrix}$$

前述方程有解的必要条件为 $\begin{vmatrix} y_a & \theta_a \\ y_b & \theta_b \end{vmatrix} \neq 0$，即要求两条光线线性无关即可。测量时，可以选择两条线性不相关的入射光线(比如主光线和一条与光轴平行的光线)，测量它们的入射和出射坐标，利用公式(2.1.47)求解系统的传递矩阵。

2.1.9　几何像差概述

前面我们讨论了理想光学系统的成像规律，并指出这些成像规律仅仅局限于光轴附近的很小范围内，称之为近轴区域。根据实践经验，经过良好校正的光学系统的成像性质几乎完全符合近轴成像规律。因此，在研究光学系统的成像性能时，通常以光学系统所成的理想像作为评价研究的基准，而实际光学系统所成的像和理想像之间的差异即是光学系统的几何像差。

在近轴光学中，利用公式(2.1.3)中的第一项 θ 代替折射定律中的 $\sin\theta$，得到了高斯成像公式。在实际光学系统中，$\sin\theta$ 和 θ 的差异，并不能完全忽略。公式(2.1.3)中的高次项就是光学系统中产生几何像差的原因。通常情况下，我们所说的初级几何像差由公式(2.1.3)中的三次项部分产生，高级几何像差则由五次及以上项产生。从这个角度出发，可以得出一个结论：入射角 θ 越小，高次项的值就越小，系统的几何像差也就越小。这就是光学系统在近轴区域能够成理想像的根本原因。

本小节将对光学系统的基本几何像差做简单介绍。

2.1.9.1　单色几何像差

通常情况下，我们可以用数学方法，通过追迹光线来确定光学系统的几何像差。如果物体上某一点发出的光线，在像面上的交点与理想像点不重合，则交点与理想像点之间的距离就是该光线产生的几何像差。一般来说，光学系统的几何像差是光学系统结构参数和所追迹光线初始状态的复杂函数，该函数通常无法得到解析表达式。为了对几何像差进行研究，人们通常将其表示成幂级数和的形式。通过对不同光学系统的几何像差进行研究，发现五种性质不同的三阶像差最普遍，对几何像差的贡献也最大。这五种三阶像差对应五种不同的初级单色像差，分别是球差、彗差、像散、场曲和畸变。历史上，赛德尔(Seidel)首先对光学系统的几何像差进行了系统的研究，推导并确定了五种初级几何像差的解析表达式，因此，初级几何像差又称为赛德尔几何像差。

实际的光学系统中，这些几何像差并不能完全区分开，只是其中的某一种或几种像差占主导地位。研究几何像差的意义在于：根据几何像差自身的特点和几何形状，判断占主导地位的几何像差，并根据其产生的原因，对光学系统进行改进和校正，使其实现期望的成像质量。

下面我们将一一介绍球差、彗差、像散、场曲和畸变这五种单色初级几何像差的特点。

1) 球差

球差是一种轴上几何像差，定义为焦点随孔径的变化。图 2.18 是单透镜的球差示意图。平行于光轴的一束光经过光学系统后，不同孔径处入射的光线交光轴于不同的点，这些交点偏离理想像点的距离就是球差。球差产生的原因可以归结为不同孔径处的光线在透镜表面入射角的不同，导致透镜对不同孔径处的入射光线偏折不同，如图 2.18 所示。注意到，图中靠近光轴的光线的交点非常接近理想焦点。随着光线远离光轴，光线经透镜折射后与光轴的交点距离理想焦点也越来越远。仔细观察图中光路，随着光线远离光轴，光线在透镜表面的入射角也在不断增大。入射角的增大，意味着采用公式(2.1.4)描述远离光轴光线的偏折已经不准确，因此，远离光轴的光线与光轴的交点必然会偏离理想焦点，而且入射角越大，透镜对光线的偏折越大，其偏离理想焦点的距离也越大。

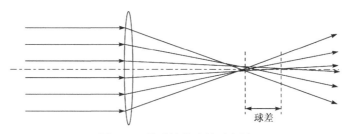

图 2.18　单透镜的球差示意图

在光学系统设计中，要使球差小，就要使光线入射到光学系统的入射角尽量小，这样公式(2.1.3)中高阶项的数值就可以忽略，使光线在系统中折射时满足公式(2.1.4)。既要入射光线实现既定的偏折量，又要使入射角小，折中的办法是使光线多次偏折较小的角度从而在每个折射面上基本满足线性关系(2.1.4)，在光学设计中就是采用多个折射面或者反射面来分担光线的偏折量，这种做法也称为分担光焦度。实际上，采用多个面分担光焦度不仅适用于减小球差，也适用于减小其他几何像差，是光学设计中一个普遍的做法。

2) 彗差

彗差是一种轴外几何像差，具有彗星的形状，因此称为彗差。彗差定义为放大率随孔径的变化。如图 2.19 所示，当一束斜光束入射到一个具有彗差的透镜上时，与通过透镜中心的斜光线相比，通过透镜边缘的斜光线将会成像在不同高度。具有彗差的光学系统，光线通过系统孔径的位置与其在彗差图形中的位置具有对应的关系。在孔径上形成一个圆圈的光线在彗差图形上也形成一个圆圈，但光线绕孔径转一圈，而在彗差图上转两圈，而且孔径外围的光线形成的圈大，内侧的光线形成的圈较小，中心光线位于彗差图形的顶端。因此彗差可以看作由一系列不同尺寸的圆圈组成，这些圆圈的切线成 60°夹角。彗差是一种与系统孔径光阑位置有关的几何像差，如果系统孔径光阑的位置发生变化，彗差的大小也会发生变化。

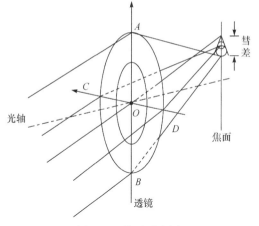

图 2.19　彗差示意图

3) 像散

像散同样是一种轴外几何像差。下面以轴外光束倾斜入射薄透镜为例解释像散的成因。如图 2.20 所示，轴外物点发出一束光倾斜入射薄透镜，光束与透镜相交的截面为椭圆而不是圆形，故光束与透镜交界面在子午面和弧矢面方向上的光焦度不同，导致子午面上光束所成的像和弧矢面上光束所成的像会聚于光轴上不同的位置。图 2.20 所示情况为子午面方向上的光焦度大于弧矢面方向上的光焦度，导致子午面上的光线先会聚，而弧矢面上的光线后会聚。因此，可以认为子午面上的焦距相对弧矢面小。由于焦距不同，子午面上的光线和弧矢面上的光线将聚焦在不同的位置，从而产生像散。光学系统具有像散时，轴外点物的子午光线和弧矢光线分别聚焦在不同的位置，在两个焦点处形成相互垂直的两个短线段。两个焦点间的距离就是系统像散的大小。

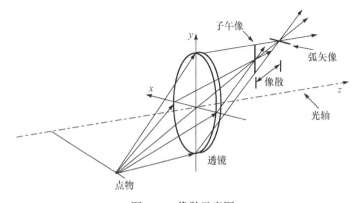

图 2.20　像散示意图

4) 场曲

光学系统中场曲产生的原因与像散类似：来自不同视场的光线在透镜上的入射角不同，由于折射定律的非线性，入射角大的光线和入射角小的光线经过透镜后的偏折角度之比不同于相应的入射角之比，于是来自不同视场的光线会聚于与透镜不同距离的位置。如图 2.21 所示，光线实际会聚的像面不再是平面而是曲平面，场曲的名字因此而来。场曲的产生可以等效为系统对不同角度入射光线的焦距不同，因而像面相比理想像面位置也会发生变化。理想像面(高斯像面)是垂直于光轴的平面，具有场曲的像面会弯曲成曲面，弯曲像面和理想像面的差异就是场曲。

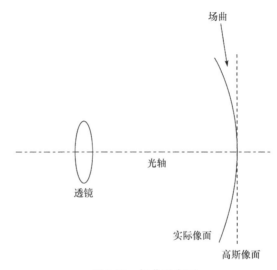

图 2.21　场曲示意图

5) 畸变

畸变是描述光学系统对轴外点和轴上点的成像放大率不同而导致的图像失真。畸变的成因同样可以归结为：光学系统对轴外不同入射角入射的光束偏折不同，导致不同入射角的光线会聚于不同的位置，引起不同入射角的入射光线具有不同的焦距，焦距的变化必然引起系统放大率的改变，光学系统对轴上点和轴外点的不同放大率导致了图像的畸变。针对不同的光学系统，有的轴外点放大率变大，有的轴外点放大率变小，这就分别导致系统具有枕形畸变和桶形畸变(图 2.22)。

2.1.9.2　色差

由于介质的折射率是波长的函数，所以光学元件的性质会随波长变化。纵向色差是焦点(或成像)位置随波长的纵向变化。一般来说，光学材料对短波长光的折射率要比长波长光大，从而造成短波长光在透镜的每个表面都有更强的折射，因此，对一个简单透镜，蓝光会比红光聚焦在更靠近透镜的位置，两个焦点沿光轴的距离就是纵向色差，如图 2.23(a)所示。光学系统存在色差时，在垂直于光轴的成像平面上，被准确聚焦和近乎准确聚焦的光线形成亮点，没有准确聚焦的光线形成光晕，最终形成一个中心为亮点外围被一层光晕环绕的像，如图 2.23(b)所示。一个透镜系统对不同波长的光线形成不同尺寸的像，不同颜色像高之间的差称为横向色差，或放大率色差。一般情况下，可以利用胶合透镜以及衍射光学元件来校正系统的色差。

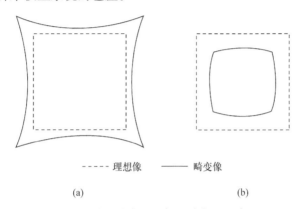

图 2.22　枕形畸变(a)和桶形畸变(b)示意图

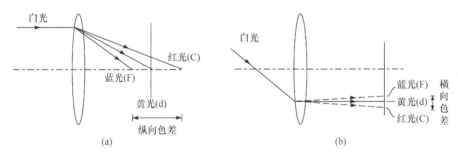

图 2.23　纵向色差(a)和横向色差(b)示意图

2.2　波动光学

　　波动光学认为光是一种电磁波，服从麦克斯韦电磁场方程组，其研究内容涉及光的干涉、衍射、偏振等物理现象。19 世纪中叶，麦克斯韦在电磁学理论的研究基础上，从理论上推导出电磁波的传播速度与光速完全相同，由此麦克斯韦推测：光是一种电磁波。二十年后，赫兹第一次在实验上确认了光是一种电磁波，证实了麦克斯韦的预言，产生了光的电磁理论。光的电磁理论阐述了光的波动性的本质，推动了光学及整个物理学的发展。尽管现代光学产生了许多新的领域，并且许多光学现象需要用量子理论来解释，但是光的电磁理论仍然是阐明大多数光学现象以及掌握现代光学的一个重要基础。本节将从光的电磁理论出发，阐述光的波动特性、波动光学的基本原理及一些重要应用，内容主要包括：光的电磁理论基础、光的衍射、光学系统的分辨能力、光波的叠加——群速度和相速度、光波的相干性等。

2.2.1　光的电磁理论基础

光是一种电磁波，可见光特指波长 380～780 nm 的电磁辐射，光的行为规律符合电磁波的基本规律。本节将由远离辐射源的麦克斯韦方程组出发，推导描述电磁场波动性的波动方程。

麦克斯韦在前人电磁学研究成果的基础上，对恒定电磁场和似稳电磁场的基本规律进行总结和推广，提出了时变场情况下电磁场的传播规律，并把它归结为一组表达式，称之为**麦克斯韦方程组**。远离辐射源的麦克斯韦方程组可以表述为

$$\begin{cases} \nabla \cdot \boldsymbol{E} = 0 \\ \nabla \cdot \boldsymbol{B} = 0 \\ \nabla \times \boldsymbol{E} = -\dfrac{\partial \boldsymbol{B}}{\partial t} \\ \nabla \times \boldsymbol{B} = \varepsilon \mu \dfrac{\partial \boldsymbol{E}}{\partial t} \end{cases} \tag{2.2.1}$$

式中 $\boldsymbol{E}$ 和 $\boldsymbol{B}$ 分别表示电场强度和磁感应强度(电场的振动方向称为光的偏振方向)，ε 和 μ 分别为电磁波所在介质的介电常数和磁导率，$\nabla \cdot \boldsymbol{E}$ 和 $\nabla \times \boldsymbol{E}$ 分别表示对电场取散度和旋度操作。对方程组(2.2.1)中的第三式取旋度，并将第一式和第四式代入，同时利用场论公式 $\nabla \times (\nabla \times \boldsymbol{E}) = \nabla (\nabla \cdot \boldsymbol{E}) - \nabla^2 \boldsymbol{E}$，可以得到关于电场强度 $\boldsymbol{E}$ 的波动方程。类似地，对方程组第四式采取相应的操作和代换，可以得到关于磁感应强度的波动方程。关于 $\boldsymbol{E}$ 和 $\boldsymbol{B}$ 的**波动方程**表示如下：

$$\begin{cases} \nabla^2 \boldsymbol{E} - \dfrac{1}{v^2} \dfrac{\partial^2 \boldsymbol{E}}{\partial t^2} = 0 \\ \nabla^2 \boldsymbol{B} - \dfrac{1}{v^2} \dfrac{\partial^2 \boldsymbol{B}}{\partial t^2} = 0 \end{cases} \tag{2.2.2}$$

其中 $v = 1/\sqrt{\varepsilon \mu}$，表示电磁波在介质中的传播速度，$\nabla^2 = \dfrac{\partial^2}{\partial x^2} + \dfrac{\partial^2}{\partial y^2} + \dfrac{\partial^2}{\partial z^2}$ 是拉普拉斯算符。式(2.2.2)具有矢量波动微分方程的形式，表明 $\boldsymbol{E}$、$\boldsymbol{B}$ 随时间和空间的

变化遵循波动规律。电磁场 $\boldsymbol{E}$ 和 $\boldsymbol{B}$ 以波动的形式在空间传播,其传播速度是 $v = 1/\sqrt{\varepsilon\mu}$,与周围介质的电学和磁学性质有关。当电磁波周围的介质为真空时,电磁波的传播速度为 $c = 1/\sqrt{\varepsilon_0\mu_0}$,其中 ε_0 和 μ_0 分别为真空中的介电常数和磁导率。

在笛卡儿坐标系中,矢量波动方程(2.2.2)可以分解成六个形式完全相同的标量波动方程,形式如下:

$$\nabla^2 u - \frac{1}{v^2}\frac{\partial^2 u}{\partial t^2} = 0 \tag{2.2.3}$$

其中 u 为标量,代表任意一个方向分量的电场或磁场。在一般的光学材料中,标量波动方程就可以很精确地描述电磁场的分布特性。在不影响准确性的前提下,如无特殊说明,本书以后的讨论将采用标量波动方程进行。

由公式(2.2.3)可知,标量场 u 随时间和空间位置变化,按照偏微分方程求解中的分离变量法,标量场 u 可以表示为时间函数和空间位置函数的乘积。对于频率为 ν 的单色光,其标量场可以表示成 $u(P,t) = U(P)\exp(-\mathrm{i}2\pi\nu t)$,将其代入标量波动方程(2.2.3),可以得到

$$\nabla^2 U + k^2 U = 0 \tag{2.2.4}$$

其中 $k = 2\pi/\lambda$,上式推导的过程中用到了 $\omega = 2\pi\nu$ 和 $v = \omega/k$, ω 为角频率, v 为单色光传播的速度。公式(2.2.4)称为**亥姆霍兹方程**,描述了电磁场在某一时刻的空间分布情况。

利用不同的坐标系和边界条件对亥姆霍兹方程进行求解,可以得到多种形式的光波表达式,下面将给出标量波两种简单的解析表达式。

平面波是标量波动方程(2.2.3)最简单、最基本的解,其特点在于:在与其传播方向垂直的平面内,具有相同的振幅和相位。利用几何光学规定的符号规则,单色平面波具体可以写成如下形式:

$$u(\boldsymbol{r},t) = A\cos(\boldsymbol{k}\cdot\boldsymbol{r} - \omega t) \tag{2.2.5}$$

或者考虑平面波的虚部,可以写成解析函数的复指数形式

$$u(\boldsymbol{r},t) = A\exp\left[\mathrm{i}(\boldsymbol{k}\cdot\boldsymbol{r} - \omega t)\right] \tag{2.2.6}$$

式中 A 是单色平面波的振幅,表示平面波振动的强弱, $\boldsymbol{k}$ 是波矢量, $|\boldsymbol{k}| = k = 2\pi/\lambda$,其方向代表单色平面波的传播方向, $\boldsymbol{r}$ 是位置矢量, $\boldsymbol{k}\cdot\boldsymbol{r}$ 表示 $\boldsymbol{k}$ 与 $\boldsymbol{r}$ 的内积,代表光波传播时空间距离带来的相位变化, $\omega = 2\pi\nu = 2\pi v/\lambda$,是单色平面波的角频率, t 是时间, $\boldsymbol{k}\cdot\boldsymbol{r} - \omega t$ 是单色平面波的相位,是时间和空间坐标的函数,描述了平面波在不同时刻空间各点的振动状态。

虽然，现实中单色平面波是不存在的，但是单色平面波是形式最简单的光波表达式，任何复杂形式的波动都可以分解成不同频率的单色平面波的组合，这也是傅里叶光学的重要理论基础之一，在 2.3 节傅里叶光学中我们将会进一步讨论。

球面波是另一种简单的波动形式。球面波的特点在于其等相位面的形状是球面。球面波分为会聚球面波和发散球面波，球面波的能量均匀地分布在球面上。显然，随着球面波的传播，球面波距其辐射源越远，球面上各点的能量越低，距其辐射源越近，球面上各点的能量越高。从辐射源发出的发散球面波的一般表达式可以写成如下的形式：

$$u(\boldsymbol{r},t) = \frac{A}{r}\exp\left[\mathrm{i}(\boldsymbol{k}\cdot\boldsymbol{r} - \omega t)\right] \qquad (2.2.7)$$

其中 $r = |\boldsymbol{r}|$，表示球面波与其辐射源的距离，同时也是球面波的曲率半径。

当辐射源发出的球面波距离辐射源足够远时，球面波上一部分区域可以近似看作平面波。例如，我们在处理太阳光或星光时，经常把接收到的光场当作平面波。

平面波和球面波是两种最简单的光波形式，除此之外，还有柱面波、高斯光束等，本书主要涉及平面波和球面波。

2.2.2 标量衍射理论

2.2.1 小节讨论了光的电磁理论，根据远离辐射源的麦克斯韦方程组得到了电磁场的波动方程，并给出了标量波动方程两种最简单形式的解，即平面波和球面波的具体表达式。本小节将在标量波动理论的基础上讨论光由一个面到达下一个面的传播问题，即光的衍射问题。

光的衍射问题研究光在介质中的传播规律。例如，在图 2.24 中，求解光经过 z_1 面上的孔径 S 后，在 P 点的振动情况。这个问题，可以利用格林函数和边界条件对标量波动方程求解[11]，这里只给出最后的结果，不详细讨论细节。

根据标量衍射的结果，在 z_2 面上 P 点的光场可以利用下式求得

$$U(P) = \frac{1}{\mathrm{i}\lambda}\iint\limits_{S} U(P_1)\frac{\exp(\mathrm{i}kr)}{r}\cos(\boldsymbol{n},\boldsymbol{r})\mathrm{d}s \quad (2.2.8)$$

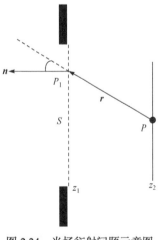
图 2.24　光场衍射问题示意图

其中 λ 为光的波长，$U(P_1)$ 表示 z_1 面上孔径 S 内 P_1 点的光场，r 是点 P_1 至点 P 的距离，$\cos(\pmb{n},\pmb{r})$ 是由点 P 至点 P_1 的位置矢量 $\pmb{r}$ 与孔径外法线 $\pmb{n}$ 夹角的余弦值，如图 2.24 中所示。积分区域是孔径透光的部分，用 S 表示。公式(2.2.8)就是著名的**瑞利-索末菲公式**。虽然，严格上来讲，瑞利-索末菲公式只是标量衍射理论的一种近似，但是当光的波长远小于传播距离和孔径的时候，瑞利-索末菲公式可以给出足够精确的结果。

虽然瑞利-索末菲衍射公式能够给出大部分衍射问题较为精确的解，但是一般情况下，瑞利-索末菲积分公式的计算比较困难。在实际应用时，通常需要针对不同的情况，对公式(2.2.8)进行近似处理，以简化运算，例如，菲涅耳近似和夫琅禾费近似，相应的近似公式分别称为菲涅耳衍射和夫琅禾费衍射。下面将分别讨论菲涅耳衍射和夫琅禾费衍射。

2.2.2.1 菲涅耳衍射

首先讨论菲涅耳衍射积分公式。光场由一个平面传播到另一个平面的几何关系如图 2.25 所示。已知平面 x_1y_1 上孔径 S 内点 P_1 的光场为 $U(P_1)$，求光场传播一定的距离 Δz 后，与孔径所在平面平行的观察平面 xy 上 P 点处的光场。由于观察平面 xy 和孔径所在的平面 x_1y_1 平行，可知公式(2.2.8)中孔径上外法线与点 P 至点 P_1 的位置矢量的夹角即为图 2.25 中角 θ。P 点是观测面上的任意一点，根据符号规则，θ 可正可负，由于后续的推导只涉及此角度的余弦值，因此此处只关注角度的大小，忽略角度的符号。根据图中几何关系，可知 $\cos\theta = \Delta z/r$，将其代入瑞利-索末菲公式(2.2.8)，容易得到图 2.25 中 P 点的光场为

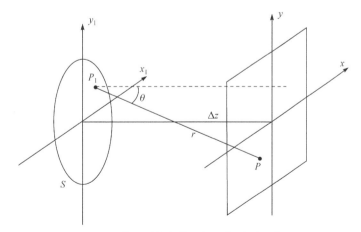

图 2.25 菲涅耳的衍射近似几何关系示意图

$$U(P) = \frac{\Delta z}{i\lambda} \iint\limits_{S} U(x_1, y_1) \frac{\exp(ikr)}{r^2} dx_1 dy_1 \tag{2.2.9}$$

其中 λ 为传播光场的波长，$k = \dfrac{2\pi}{\lambda}$ 为光场波矢量的模，P 点坐标为 (x, y)，P_1 点坐标为 (x_1, y_1)，两点之间的距离为 $r = \sqrt{\Delta z^2 + (x - x_1)^2 + (y - y_1)^2}$。

下面我们根据情况对公式(2.2.9)中的积分展开近似。根据图 2.25 中的几何关系，点 P_1 与点 P 的距离可以表示为

$$\begin{aligned} r &= \sqrt{\Delta z^2 + (x - x_1)^2 + (y - y_1)^2} \\ &= \Delta z \left[1 + \left(\frac{x - x_1}{\Delta z} \right)^2 + \left(\frac{y - y_1}{\Delta z} \right)^2 \right]^{1/2} \end{aligned}$$

考虑光场传播的具体场景，对于大部分光学系统，光场在其中的传播距离都大于光学系统的口径。因此，很容易得到上式中 $\left(\dfrac{x - x_1}{\Delta z} \right)^2 + \left(\dfrac{y - y_1}{\Delta z} \right)^2 < 1$，根据泰勒多项式展开，$r$ 用平方根的二次级数展开($\sqrt{1 + \delta} = 1 + \dfrac{1}{2}\delta - \dfrac{1}{8}\delta^2 + \cdots$)，可以得到

$$r = \Delta z \left\{ 1 + \frac{1}{2}\left[\left(\frac{x - x_1}{\Delta z} \right)^2 + \left(\frac{y - y_1}{\Delta z} \right)^2 \right] - \frac{1}{8}\left[\left(\frac{x - x_1}{\Delta z} \right)^2 + \left(\frac{y - y_1}{\Delta z} \right)^2 \right]^2 + \cdots \right\}$$

$$\tag{2.2.10}$$

下面利用 r 的泰勒多项式展开，对式(2.2.9)进行近似。

首先，考虑公式(2.2.9)被积函数中的分母 r^2。由于 $\left(\dfrac{x - x_1}{\Delta z} \right)^2 + \left(\dfrac{y - y_1}{\Delta z} \right)^2 < 1$，对分母中的 r^2 项，仅保留公式(2.2.10)的第一项进行近似，结果已经足够准确，因此 $r^2 \approx \Delta z^2$。

然后，考虑公式(2.2.9)被积函数分子中的 $\exp(ikr)$。由于光波的波长很小，所以光波波矢的模 k 很大，仅仅保留公式(2.2.10)的第一项进行近似不够准确。为此，保留泰勒展开的前两项近似，即当 $\dfrac{1}{8} k \Delta z \left[\left(\dfrac{x - x_1}{\Delta z} \right)^2 + \left(\dfrac{y - y_1}{\Delta z} \right)^2 \right]^2 \ll 1$ 时，

$\exp(ikr) \approx \exp\left\{ ik\Delta z + \dfrac{ik}{2\Delta z}\left[(x - x_1)^2 + (y - y_1)^2 \right] \right\}$。

根据前面的分析，分别将 r^2 和 $\exp(ikr)$ 的泰勒展开近似代入公式(2.2.9)，可

以得到 P 点的光场近似为

$$U(x,y) = \frac{\exp(ik\Delta z)}{i\lambda\Delta z}\iint_S U(x_1,y_1)\exp\left\{i\frac{k}{2\Delta z}\left[(x-x_1)^2+(y-y_1)^2\right]\right\}dx_1dy_1$$

(2.2.11)

公式(2.2.11)就是**菲涅耳衍射近似**，或者称为菲涅耳衍射积分。从公式(2.2.11)可以看出，到达 P 点的光场是源光场 $U(x_1,y_1)$ 经传播因子 $\frac{\exp(ik\Delta z)}{i\lambda\Delta z}\times$ $\exp\left\{i\frac{k}{2\Delta z}\left[(x-x_1)^2+(y-y_1)^2\right]\right\}$ 加权后的线性叠加。利用卷积的概念，公式(2.2.11)也可以理解为菲涅耳衍射光场是源光场 $U(x_1,y_1)$ 与卷积核 $\frac{\exp(ik\Delta z)}{i\lambda\Delta z}\times$ $\exp\left\{i\frac{k}{2\Delta z}\left[x^2+y^2\right]\right\}$ 的二维卷积。

将式(2.2.11)中被积函数中指数函数的相位因子展开并整理，可以得到菲涅耳衍射的另一种形式：

$$U(x,y) = \frac{\exp(ik\Delta z)}{i\lambda\Delta z}\exp\left[i\frac{k}{2\Delta z}(x^2+y^2)\right]$$
$$\times\iint_S\left\{U(x_1,y_1)\exp\left[i\frac{k}{2\Delta z}(x_1^2+y_1^2)\right]\right\}\exp\left[-i\frac{2\pi}{\lambda\Delta z}(xx_1+yy_1)\right]dx_1dy_1$$

(2.2.12)

根据前面对公式(2.2.10)的泰勒多项式展开，菲涅耳衍射成立的前提是必须满足条件

$$\frac{1}{8}k\Delta z\left[\left(\frac{x-x_1}{\Delta z}\right)^2+\left(\frac{y-y_1}{\Delta z}\right)^2\right]^2 \ll 1$$

通过整理，可得

$$\Delta z^3 \gg \frac{\pi}{4\lambda}\left[(x-x_1)^2+(y-y_1)^2\right]_{max}^2 \qquad (2.2.13)$$

其中下标 max 是指孔径上点与观测点之间在垂直于光轴平面上的最大相对距离。实际上并不需要这么严苛的条件。一般情况下，菲涅耳衍射积分在距离孔径大于 50 倍波长的区域都能得到较为准确的结果。关于该衍射区域准确大小的具体解释，可见参考文献[6]。

2.2.2.2　夫琅禾费衍射

如果光场传播得足够远，即图 2.25 中平面 x_1y_1 与平面 xy 的距离 Δz 足够大，菲涅耳衍射积分就可以进一步近似，这就是夫琅禾费近似。将公式(2.2.9)中的

$$\exp(\mathrm{i}kr) \approx \exp\left\{\mathrm{i}k\Delta z + \frac{\mathrm{i}k}{2\Delta z}\Big[(x-x_1)^2 + (y-y_1)^2\Big]\right\}$$ 展开，可得

$$\exp(\mathrm{i}kr) \approx \exp\left\{\mathrm{i}k\Delta z + \frac{\mathrm{i}k}{2\Delta z}\Big[(x^2+y^2) - 2(xx_1+yy_1) + (x_1^2+y_1^2)\Big]\right\}$$

当 Δz 足够大时，如果上式中方括号内的第三项满足 $\dfrac{k}{2\Delta z}\left(x_1^2+y_1^2\right) \ll 1$，菲涅耳衍射公式(2.2.12)就可以进一步近似为

$$U(x,y) = \frac{\exp(\mathrm{i}k\Delta z)}{\mathrm{i}\lambda\Delta z}\exp\left[\mathrm{i}\frac{k}{2\Delta z}(x^2+y^2)\right]$$

$$\times \iint\limits_{S} U(x_1,y_1)\exp\left[-\mathrm{i}\frac{2\pi}{\lambda\Delta z}(xx_1+yy_1)\right]\mathrm{d}x_1\mathrm{d}y_1 \tag{2.2.14}$$

这就是**夫琅禾费衍射近似**，或者夫琅禾费衍射积分。显然，由式(2.2.14)右侧可看出，夫琅禾费衍射就是孔径上光场分布的傅里叶变换与一个相位因子的乘积。

通过上面的讨论可知，在夫琅禾费近似下，传播距离 Δz 必须满足 $\dfrac{k}{2\Delta z}\left(x_1^2+y_1^2\right) \ll 1$，即

$$\Delta z \gg \frac{\pi\left(x_1^2+y_1^2\right)_{\max}}{\lambda}$$

可见，夫琅禾费衍射的近似条件比菲涅耳衍射的近似条件更为严苛，夫琅禾费衍射可以看作菲涅耳衍射的一种特殊情形。

夫琅禾费衍射的强度分布，又称为夫琅禾费衍射图样。虽然，夫琅禾费衍射的近似条件很严苛，要求光场传播的距离很远，但是借助正透镜的傅里叶变换特性(见 2.3.4 小节)，可以很容易实现满足夫琅禾费近似条件的光场传播。图 2.26 是夫琅禾费衍射实验的示意图。入射光场照射到孔径上，经过正透镜后，被正透镜会聚到位于其像方焦面的衍射屏上。衍射屏上的光场分布取决于入射光场和衍射孔径的形状，可以表示如下：

$$U_1(x_1,y_1) = U_i(x_1,y_1)t(x_1,y_1)$$

其中 $U_i(x_1,y_1)$ 表示入射到孔径上的光场，$t(x_1,y_1)$ 表示衍射孔径形状的透过率函数。通常情况下，入射光场分布可能十分复杂，为了总结夫琅禾费衍射的一般性规律，这里我们仅考虑比较简单的情况，即单色平面波垂直入射时的夫琅禾费

衍射。

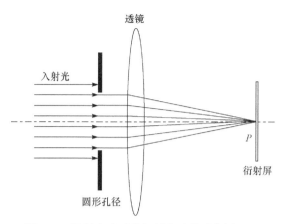

透镜

入射光

P

衍射屏

圆形孔径

图 2.26　孔径夫琅禾费衍射实验的示意图

当单色平面波垂直入射到孔径上时，入射光场可以写成

$$U_i(x_i, y_i) = A$$

若以单位振幅平面波入射，$A = 1$，则

$$U_1(x_1, y_1) = U_i(x_1, y_1)t(x_1, y_1) = t(x_1, y_1)$$

对于大多数光学系统而言，光学系统的孔径都是圆形的，因此圆形孔径的夫琅禾费衍射图样对分析光学系统的分辨率和成像特性具有重要的现实意义。下面讨论圆形孔径的夫琅禾费衍射。

假设图 2.26 中的孔径为半径为 ρ 的圆孔，圆孔中心位于光轴上，则圆孔上距离孔径中心为 $r_1 = \sqrt{x_1^2 + y_1^2}$ 的点的透过率函数可以用圆域函数表示为

$$t(r_1) = \text{circ}\left(\frac{r_1}{\rho}\right)$$

其中 circ(·) 表示圆域函数，其定义如下：

$$\text{circ}(x) = \begin{cases} 1, & x \leqslant 1 \\ 0, & x > 1 \end{cases}$$

将圆形孔径的透过率函数代入夫琅禾费衍射积分公式，可以得到衍射屏上 P 点的夫琅禾费衍射图样的强度分布为

$$I(P) = |U(P)|^2 = I_0 \left[2 \frac{J_1(k\rho\theta)}{k\rho\theta} \right]^2 \tag{2.2.15}$$

其中 $I_0 = \dfrac{\pi^2 \rho^4}{\lambda^2 f^2}$，$J_1(\cdot)$ 是一阶第一类贝塞尔函数；$\theta = \dfrac{r}{f}$ 是衍射位置方向与光轴的夹角，称为衍射角，表示光场的衍射方向；f 是孔径后透镜的焦距；r 是衍射

屏上 P 点到光轴的距离。公式(2.2.15)描述的光场强度分布称为艾里斑,公式的详细推导过程,可见参考文献[2]。

　　根据公式(2.2.15)可知,衍射屏上 P 点光强是衍射角 θ 的函数。衍射屏上各点若其衍射角相同,即 P 点到光轴距离相同的点,它们的强度也相同。因此,衍射屏上的强度分布为圆或者圆环。此外,衍射屏上的强度分布为第一类一阶贝塞尔函数的平方。由此,可以判断,艾里斑由中心亮度最大的圆斑和明暗相间的圆环构成,其示意图如图 2.27 所示。

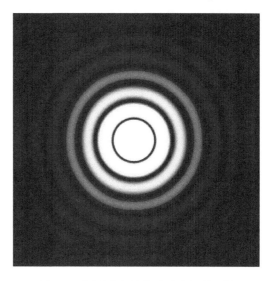

图 2.27　圆形孔径的夫琅禾费衍射图样

　　图 2.28 是通过衍射图样中心的亮度截面图。由该截面图可以看出,在圆孔的衍射图样中,强度分布作振荡变化。根据第一类一阶贝塞尔函数的性质可知,艾里斑强度分布的第一个亮度为零的点,对应 $k\rho\theta = 1.22\pi$ 的位置。因此,中心亮斑的角半径为

$$\theta = 0.61\frac{\lambda}{\rho} \tag{2.2.16}$$

可见,光学系统的艾里斑的大小取决于光学系统的工作波长和孔径。换言之,光学系统的成像性能受到衍射的限制,因为衍射现象的存在使得光学系统对点物所成的像是一个艾里斑,而对扩展物体所成的像则是艾里斑的叠加。衍射对光学系统成像性能的影响可以用衍射极限分辨率描述,2.2.3 小节讨论光学系统成像分辨率。

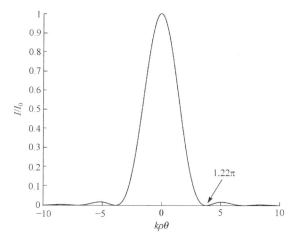

图 2.28 圆孔夫琅禾费衍射图样的亮度截面图

2.2.3 光学系统的分辨本领

在光学成像系统中,光学系统的分辨本领是衡量光学系统分开相邻两个物点的像的能力。如 2.2.2 小节所述,由于衍射的限制,即使是理想光学系统,也不可能对点物成点像,而是成一个与系统工作波长和孔径有关的艾里斑,这个艾里斑的大小就是该光学系统的衍射极限。如果一个光学系统对两个强度相同的点光源所成的两个艾里斑彼此分开,互不重叠或者重叠部分很少,那么该光学系统就可以很容易地分辨出这两个点光源。随着两个物点之间距离的逐渐减小,它们通过这个光学系统所成的两个艾里斑的重叠部分越来越多,当其中一个艾里斑的中央主极大位置和另一个艾里斑的第一极小位置发生重合时,可以认为这两个点光源刚好可以被该光学系统所分辨。如果两个物点继续靠近,这两个点光源通过该光学系统所成的艾里斑几乎重叠在一起,此时则称该光学系统无法区分这两个点光源。

两个点光源刚好被光学系统分辨时,认为光学系统达到了其衍射极限分辨率,这个判断两个点光源被分开的标准,即当一个点光源艾里斑的中央主极大位置和另一个点光源艾里斑的第一极小位置发生重合时,被称为**瑞利判据**,瑞利判据是鉴别非相干光学成像系统分辨本领的重要依据。

对望远镜来说,一般物镜框是系统的孔径光阑,起到限制入射光束直径的作用。考虑到望远镜通常用口径,即通光口径的直径,根据公式(2.2.16),望远镜的艾里斑在像面上的角半径为

$$\theta = 1.22 \frac{\lambda}{D}$$

其中 $D = 2\rho$ 为物镜的直径。可见望远镜的理论分辨率只与口径和工作波长有

关，工作波长越短，口径越大，望远镜的理论分辨率越高。对于其他非相干光学成像系统也是如此。

2.2.4　光波的叠加——群速度和相速度

前面我们讨论的是单色光的衍射。实际上，纯粹的单色光是不存在的。单色光是指光只有一个频率或者波长，非单色光是指光有多个频率(或有一定的频率分布)或者波长。为了讨论问题方便，通常将频率变化范围很小的非单色光看作准单色光(quasi-monochromatic light)。准单色光可以看成具有不同频率的单色平面光波的叠加[2]，可表示为如下的解析函数：

$$U(\boldsymbol{r},t) = \int_0^\infty U(\boldsymbol{r},\omega)\exp\left[-\mathrm{i}(\boldsymbol{k}\cdot\boldsymbol{r}-\omega t)\right]\mathrm{d}\omega$$

其中$U(\boldsymbol{r},\omega)$的非零取值范围为$\bar{\omega}-\dfrac{1}{2}\Delta\omega \leqslant \omega \leqslant \bar{\omega}+\dfrac{1}{2}\Delta\omega$，$\bar{\omega}$为准单色光的平均频率，$\Delta\omega$为准单色光的频率变化范围，$\Delta\omega/\bar{\omega}\ll 1$。根据上式积分的结果可知，对于准单色光，其振幅不再是常数，而会随时间和空间变化。从波的形态上看，光波叠加而成的准单色光会形成波包，而波包的传播速度就是群速度。

为了便于理解，我们首先考虑两列振幅相同、频率相差很小、沿z轴传播的单色平面波的叠加。由于光波的叠加服从波的叠加原理，即几列波在相遇点产生的合振动是各个波单独在该点产生的振动的矢量和，所以上述两列单色平面波的叠加可以表示为

$$U(z,t) = A\left[\cos(k_1 z - \omega_1 t) + \cos(k_2 z - \omega_2 t)\right]$$

其中下角标 1 和 2 分别表示不同的单色平面波。利用三角公式，上式可以进一步表示为如下形式：

$$U(z,t) = 2A\cos\left(k_{\mathrm{m}} z - \omega_{\mathrm{m}} t\right)\cos\left(\bar{k} z - \bar{\omega} t\right) \tag{2.2.17}$$

其中$k_{\mathrm{m}} = \dfrac{k_1 - k_2}{2}$，$\omega_{\mathrm{m}} = \dfrac{\omega_1 - \omega_2}{2}$，$\bar{k} = \dfrac{k_1 + k_2}{2}$，$\bar{\omega} = \dfrac{\omega_1 + \omega_2}{2}$。式(2.2.17)表明，合成波是一个振幅受调制、频率为$\bar{\omega}$、沿z轴传播的平面波。显然，合成波的振幅不再是常数，而是以ω_{m}为频率变化。参与合成的单色平面波频率相差越大，合成波振幅包络的周期越短，其振幅变化越快；而参与合成的单色平面波频率相差越小，合成波振幅包络的周期越长，其振幅变化越缓慢。当$\omega_1 \approx \omega_2$时，合成波的振幅变化很缓慢，使得检测出振幅变化的频率成为可能。虽然光波本身的频率很大，目前无法被检测到，但是上述两列波的频率差却可以被精确地检测到。公式(2.2.17)又被称为光学拍频，利用光学拍频和锁频技术，可以检测和校正激

光器的微小频率漂移，使激光器的输出频率稳定。

现在我们讨论这种合成波(可以称之为波包或者波群)的传播速度问题。对于单色波，光波的速度指单个光波的传播速度，是其等相位面的传播速度，即相速度。对于波包，其传播速度有两个。一个是波包的相速度，即组成波包的所有单色波叠加所形成的合成波的相位传播速度。波包的相速度一般用平均相速度表示。对于上文讨论的两列单色波叠加形成的波包，根据公式(2.2.17)，其相速度可以表示为

$$v_{\mathrm{p}} = \frac{\bar{\omega}}{\bar{k}}$$

另一个速度是波包的群速度，即指组成波包的所有单色波叠加所形成的合成波的振幅最大值点传播的速度。根据两列单色平面波的合成波的表达式(2.2.17)，对比单色平面波的表达式(2.2.5)，可以得到，该合成波振幅最大值点的移动速度为

$$v_{\mathrm{g}} = \frac{\omega_{\mathrm{m}}}{k_{\mathrm{m}}} \tag{2.2.18}$$

对于频率成分很多的波包(很多单色光叠加而成)，如图 2.29 所示，波包的传播速度是怎样的呢？虽然一般很难得到这种波包速度的准确表达式，但是按照上述关于两个单色波叠加所得波包速度的讨论，波包的传播速度应该是波包振幅最大值点的移动速度，也就是群速度。光波所携带的能量与振幅的平方成正比，所以群速度代表了光能量或光信号的传播速度。为了得到波包的群速度，我们先思考这样一个问题：什么情况下，合成波的振幅会有最大值？根据波的矢量叠加原理，只有组成波包的所有单色波相位相等时，波包的振幅才会达到最大值。也就是说，波包振幅最大值点的位置，一直处于所有组成波包的单色波相位相同的位置，即极值点，可以用数学公式表述如下：

$$\frac{\mathrm{d}\phi}{\mathrm{d}k} = 0$$

将 $\phi = kz - \omega t$ 代入上式可得

$$z - t\frac{\mathrm{d}\omega}{\mathrm{d}k} = 0$$

由上式可得，波包振幅最大值点的移动速度(即群速度)为

$$v_{\mathrm{g}} = \frac{z}{t} = \frac{\mathrm{d}\omega}{\mathrm{d}k} \tag{2.2.19}$$

式(2.2.19)就是波包群速度的一般表达式。

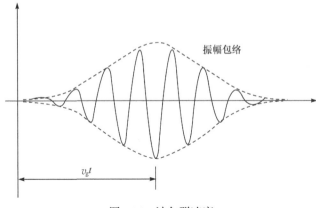

图 2.29　波包群速度

下面讨论群速度和相速度(平均相速度)之间的关系。将 $\omega = kv_p$ 代入式(2.2.19)可得

$$v_g = v_p + k\frac{dv_p}{dk} = v_p - \lambda\frac{dv_p}{d\lambda}$$

上式表明群速度与像速度的关系与介质的色散能力有关，即，若 $\dfrac{dv_p}{d\lambda} > 0$，相速度正比于波长，即长波的相速度大于短波的相速度(正常色散)，则群速度小于相速度；若 $\dfrac{dv_p}{d\lambda} < 0$，相速度反比于波长，即长波的相速度小于短波的相速度(反常色散)，则群速度大于相速度；若 $\dfrac{dv_p}{d\lambda} = 0$，介质无色散，则群速度等于相速度。

必须指出，自然界中，单色光(频率和振幅不变的无穷的正弦波)是不存在的，而且也无法传递信号，要实现信号传递，必须对光波的振幅或频率进行调制，这就涉及不止一个频率的波所组成的波包，而群速度就描述了波包传播光能量或信号的速度。通常实验中测量到的光脉冲的传播速度就是群速度，而不是相速度。

自然界中，真正大量存在的是由多个单色平面波组成的波包。波包具有部分相干的特性，2.2.5 小节将讨论光波的相干性。

2.2.5　光波的相干性

如前文所述，两个或多个光波可以叠加在一起，在光波叠加的区域，某些点的振动始终加强，另一些点的振动始终减弱，在该区域内形成稳定的光强强弱分布，这种现象称为光的干涉。然而，并不是任意两束光叠加都能产生干涉现象，只有互相相关的光波叠加才会产生稳定的干涉现象。光波的相关程度也被称为光的相干性，光波的相干性可以通过干涉条纹的条纹可见度进行量化。本节利用随机光场的相关性来定义和处理光的干涉现象，而干涉现象正是随机过程在光学中的具体体现。利用随机过程来研究光的相干性属于统计光学或者相干光学的范畴。

从物理上讲，真实光波都是复色光，由一系列不同频率的光波成分组成。因此真实光波的行为包含随机性，不可准确预测[12]。设在 t 时刻，一个通过 P 点的波列为 $U(P,t)$。对固定的点 P，波 $U(P,t)$ 只是时间的函数，这样一个波被称为通过 P 点的波列。如果两个波列分别是完全统计相关的、完全统计不相关的和部分统计相关的，则相应认为这两个波列分别是完全相干的、完全不相干的和部分相干的。下面我们以两个波列叠加为例，利用统计互相关函数讨论两个光波的相干性。

如图 2.30 所示，两个分别通过 K_1 和 K_2 点的波列记为 $U_1(K_1,t)$ 和 $U_2(K_2,t)$。这两个波列传播到 P 点，则 P 点的光场是这两个波列在该点光场的和，可以表示为

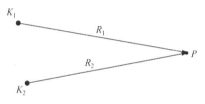

图 2.30　两个波列的相干性

$$U(P,t) = G_1 U_1(K_1, t-t_1) + G_2 U_2(K_2, t-t_2)$$

$$(2.2.20)$$

其中 t_1 是波列 $U_1(K_1,t)$ 由 K_1 点传播到 P 点所需的时间，t_2 是波列 $U_2(K_2,t)$ 由 K_2 点传播到 P 点所需的时间，G_1 和 G_2 分别是光从 K_1 和 K_2 点传播到 P 点的衍射因子。对于近轴近似，可忽略衍射的倾斜因子，G_1 和 G_2 可以表示为[13]

$$G_1 \approx -\frac{\mathrm{i}}{\bar{\lambda} R_1}, \quad G_2 \approx -\frac{\mathrm{i}}{\bar{\lambda} R_2}$$

其中 $\bar{\lambda}$ 为波列中的平均波长，R_1 和 R_2 分别为 K_1 和 K_2 点到 P 点的距离。于是，P 点的光强可表示如下：

$$I(P) = \left\langle U(P,t) U^*(P,t) \right\rangle$$

$$(2.2.21)$$

其中 $\langle \cdot \rangle$ 表示由探测器的积分时间引起的时间平均，将式(2.2.20)代入，可得

$$I(P) = \left| G_1 \right|^2 I_1(K_1) + \left| G_2 \right|^2 I_2(K_2) + 2\mathrm{Re}\left\{ G_1 G_2^* \left\langle U_1(K_1, t-t_1) U_2^*(K_2, t-t_2) \right\rangle \right\}$$

$$(2.2.22)$$

其中 $I_1(K_1) = \left\langle U_1(K_1, t-t_1) U_1^*(K_1, t-t_1) \right\rangle$，$I_2(K_2) = \left\langle U_2(K_2, t-t_2) U_2^*(K_2, t-t_2) \right\rangle$，$\mathrm{Re}\{\cdot\}$ 表示取实部。公式(2.2.22)中的第三项表征了 U_1 和 U_2 的统计相关，令

$$\Gamma_{12}(\tau) = \left\langle U_1(K_1, t-t_1) U_2^*(K_2, t-t_2) \right\rangle$$

其中 $\tau = t_1 - t_2$ ，为两列波到达 P 点的时间间隔；$\Gamma_{12}(\tau)$ 称为这两个波列的互相关函数，也被称为互相干函数。将互相关函数进行归一化，可以得到两个波列的**复相干度**，定义如下：

$$\gamma_{12}(\tau) = \frac{\Gamma_{12}(\tau)}{\sqrt{\Gamma_{11}(0)}\sqrt{\Gamma_{22}(0)}} = \frac{\Gamma_{12}(\tau)}{\sqrt{I_1(K_1)}\sqrt{I_2(K_2)}} \tag{2.2.23}$$

将其代入公式(2.2.22)，并令 $I_1(P) = |G_1|^2 I_1(K_1)$ ，$I_2(P) = |G_2|^2 I_2(K_2)$ ，可以将 P 点光强表示如下：

$$I(P) = I_1(P) + I_2(P) + 2\sqrt{I_1(P)}\sqrt{I_2(P)}\,\mathrm{Re}\{\gamma_{12}(\tau)\} \tag{2.2.24}$$

式中第一项表示仅通过 K_1 点的波列在 P 点产生的光强；第二项表示仅通过 K_2 点的波列在 P 点产生的光强；第三项称为干涉项，或者相干项，是两个波列的统计相关。公式(2.2.24)从两个波列的叠加导出，但其也适用于两个光场叠加的情况。实际上，公式(2.2.24)就是两个光场干涉的一般表达式，等号右边的第三项表示两束光的统计相关。式(2.2.24)表明，干涉场中某一点的光强，由两束光的光强和它们的复相干度共同决定。为了描述干涉图案的对比度，P 点附近条纹可见度可定义为

$$V = \frac{I_{\max} - I_{\min}}{I_{\max} + I_{\min}} \tag{2.2.25}$$

其中 $I_{\max}$ 和 $I_{\min}$ 分别为 P 点附近干涉条纹最大和最小光强。显然，条纹可见度 V 是大于 0 小于 1 的数值。

由复相干度的定义(2.2.23)可知，复相干度的模大于 0 小于 1，即

$$0 \leqslant |\gamma_{12}(\tau)| \leqslant 1$$

根据公式(2.2.24)，如果 $|\gamma_{12}(\tau)|=0$ ，则 P 点的光强仅仅与两列波在该点的强度和有关，表明两个波列不相干；如果 $|\gamma_{12}(\tau)| \neq 0$ ，则 P 点的光强不仅与两列波在该点的强度和有关，还与两列波的相关性有关，表明两列波是部分相干或者完全相干的：$0 < |\gamma_{12}(\tau)| < 1$ 表明两波列部分相干，$|\gamma_{12}(\tau)|=1$ 表明两个波列完全相干。

本节提到的干涉条纹都是指稳定的条纹，即在一段时间内条纹是不变的，因此可以通过探测器或者人眼观察到这种干涉条纹。其实，任意两列光波的叠加(只要其光场矢量不是正交状态)都可以产生明暗相间的条纹，只不过条纹是瞬时变化的，不稳定。这些条纹变化得非常快，而探测器或者人眼的响应速度相对于条纹的变化速度很慢，因此记录到的强度分布是大量瞬时条纹的平均，观测不到明暗相间的干涉条纹。

2.2.5.1　完全相干光的干涉及性质

为了便于对干涉直观理解，本节仅讨论完全相干光的干涉，即 $|\gamma_{12}(\tau)|=1$ 的理想情况。假设空间中两个单色平面波分别经过 K_1 点和 K_2 点后在 P 点相遇，不影响一般性，假设这两个平面波在 K_1 点和 K_2 点的相位相同，它们的光场可分别表示如下：

$$U_1(P) = A_1 \exp\left[\mathrm{i}(\boldsymbol{k}_1 \cdot \boldsymbol{r}_1 - \omega_1 t)\right]$$

$$U_2(P) = A_2 \exp\left[\mathrm{i}(\boldsymbol{k}_2 \cdot \boldsymbol{r}_2 - \omega_2 t)\right]$$

其中 $\boldsymbol{A}_1$ 和 $\boldsymbol{A}_2$ 为这两个平面波的振幅(此处的振幅为矢量，所以这两个单色平面波为矢量波，是矢量波动方程的解，而 2.2.1 小节介绍的平面波解析式为标量波，是标量波动方程的解)，$\boldsymbol{k}_1$，$\boldsymbol{k}_2$ 和 ω_1，ω_2 分别为平面波的传播方向和角频率，$\boldsymbol{r}_1$ 和 $\boldsymbol{r}_2$ 分别为 K_1 点到 P 点和 K_2 点到 P 点的位置矢量。根据复相干度的定义(2.2.23)，这两个平面波的复相干度可表示如下：

$$\gamma_{12}(\tau) = \frac{\boldsymbol{A}_1 \cdot \boldsymbol{A}_2}{A_1 A_2} \left\langle \exp\left\{\mathrm{i}\left[(\boldsymbol{k}_1 \cdot \boldsymbol{r}_1 - \boldsymbol{k}_2 \cdot \boldsymbol{r}_2) - (\omega_1 t - \omega_2 t)\right]\right\}\right\rangle$$

其中 A_1 和 A_2 分别表示矢量 $\boldsymbol{A}_1$ 和 $\boldsymbol{A}_2$ 的模。

现在，考虑一种特殊情况：这两个平面波的振幅 $\boldsymbol{A}_1$ 和 $\boldsymbol{A}_2$ 振动方向相同(光波偏振方向相同)；$\boldsymbol{k}_1 = \boldsymbol{k}_2$ (传播方向相同，波长相同)，$\omega_1 = \omega_2$ (角频率相同)。在这种情况下，它们的复相干度可表示为

$$\gamma_{12}(\tau) = \exp(\mathrm{i}k\Delta l)$$

其中 k 表示波矢的模，Δl 表示两个波列到达 P 点的光程差。根据 $\tau = \Delta l / c$，可以得到两个波列传播到 P 点的时间差。由于这两列波的复相干度为 $\exp(\mathrm{i}k\Delta l)$，它的模为 1，因此这两个单色光波是完全相干的。将这两列波的复相干度代入公式(2.2.24)，可得干涉条纹的强度分布为

$$I = I_1 + I_2 + 2\sqrt{I_1 I_2}\cos(k\Delta l) \tag{2.2.26}$$

当 $k\Delta l = m\pi$，$m = 0, \pm 2, \pm 4, \cdots$ 时，P 点的光强取最大值，为

$$I_{\max} = I_1 + I_2 + 2\sqrt{I_1 I_2}$$

当 $k\Delta l = m\pi$，$m = \pm 1, \pm 3, \pm 5, \cdots$ 时，P 点的光强取最小值，为

$$I_{\min} = I_1 + I_2 - 2\sqrt{I_1 I_2}$$

将干涉条纹的最大值和最小值分别代入公式(2.2.25)，则 P 点条纹可见度为

$$V = \frac{2\sqrt{I_1 I_2}}{I_1 + I_2}$$

显然，当两列波的光强相等时，即 $I_1 = I_2$ 时，条纹可见度最大，数值为 1，此时，条纹对比度最高；当两列波的光强不相等时，条纹可见度会随着两列波强度差的增大而减小，条纹的对比度也越来越低。

需要注意的是，光波的频率相同、振动方向相同和相位差恒定只是相干光的理想情况，实际中是不存在的。现实中真实存在的光都是部分相干光。

两个没有关联的光波一般不能产生干涉的原因，可以从光源本身的发光特性去理解。光源中单个原子的发光是间歇的，每一次发光的持续时间约为 1 ns，在这段时间内原子发射了一列光波，停顿若干时间之后，再发出另一列光波。原子前后发出的两列光波是完全独立的，它们的相位没有固定的关系。不同原子发出的波列也是独立的，相互间也没有固定的相位关系。因此，两个发光原子同时发出的波列形成的干涉图样只能在极短的时间(约纳秒)内存在，而在另一个时刻将被对应于另一个相位差的两列波形成的干涉图样所取代。在一定的观察或测量时间内干涉图样几乎更迭无穷多次，任何一种接收器都不可能反应得这样快来记录这种图样的更迭，正如眼睛不能觉察到交流电供电的白炽灯的亮度变化，而只能看到某一不变的平均亮度。因此，接收器记录到的只是光强在某一段时间内的平均值，而瞬时的干涉条纹被探测器的平均效应平均掉了。

如上所述，若要产生稳定可观测到的干涉图样，干涉的光束要有相关性。在实验室中，实现光干涉的基本方法是将同一光源发出的一个波列分开成两个或多个波列，并让它们经过不同的路径后再次相遇，产生干涉，进而形成稳定的干涉条纹。根据参与干涉的光束的不同，可以将光的干涉大体分为双光束干涉和多光束干涉两大类。下面分别进行讨论。

1) 双光束干涉：分波面、分振幅干涉

双光束干涉中，根据将波列分开的方法不同，可以分为分波面干涉和分振幅干涉。通常，分波面干涉是使波列通过对称、并排放置的两个针孔(或狭缝)，利用针孔将同一个波面分成两个子波面，使分出的这两个子波面的光发生干涉；分振幅干涉是使波列通过一个半透半反的光学表面，然后使透射光和反射光进行叠加干涉。本小节将分别介绍分波面干涉和分振幅干涉。

分波面干涉中最具代表性的就是杨氏干涉实验。

杨氏干涉实验的原理如图 2.31 所示。位于光轴上的点光源 S_0 发出的光，通过大小相等、关于光轴对称的两个针孔 K_1 和 K_2 后，在观察屏上产生干涉条纹。我们以屏上位于光轴附近的一点 P 来分析观察屏上的条纹分布。由于针孔 K_1 和 K_2 大小相等，且关于光轴对称，可以认为由针孔 K_1 和 K_2 发出的两列光波在 P

点的强度相等，即 $I_1 = I_2 = I_0$，根据公式(2.2.26)，P 点的干涉条纹强度分布为

$$I = I_1 + I_2 + 2\sqrt{I_1 I_2}\cos\delta = 4I_0 \cos^2\frac{\delta}{2}$$

若 r_1 和 r_2 分别表示针孔 K_1 和 K_2 至 P 点的距离，则 $\delta = k(r_2 - r_1)$。代入上式可得

$$I = 4I_0 \cos^2\left[\frac{\pi(r_2 - r_1)}{\lambda}\right]$$

上式表明 P 点的光强取决于两光波在该点的光程差。若设两个针孔连线的中点位于坐标原点，观察屏位于 $z = D$ 处，P 点的坐标为 (x, y, D)，小孔 K_1 和 K_2 间距为 d。由于，$d \ll D$，$x, y \ll D$，所以 $r_1 + r_2 \approx 2D$，再利用图 2.31 中的几何关系可得

$$r_1^2 = D^2 + y^2 + \left(x - \frac{d}{2}\right)^2$$

$$r_2^2 = D^2 + y^2 + \left(x + \frac{d}{2}\right)^2$$

$$\Delta l = |r_2 - r_1| = \frac{2xd}{r_2 + r_1} \approx \frac{xd}{D} \tag{2.2.27}$$

将公式(2.2.27)代入 $I = 4I_0 \cos^2\left[\dfrac{\pi(r_2 - r_1)}{\lambda}\right]$，于是有

$$I = 4I_0 \cos^2\left(\frac{\pi x d}{\lambda D}\right) \tag{2.2.28}$$

因此，当 $x = \dfrac{m\lambda D}{d}$ $(m = 0, \pm 1, \pm 2, \cdots)$ 时，观察屏上有最大光强 $I = 4I_0$，为亮纹；

当 $x = \left(m + \dfrac{1}{2}\right)\dfrac{\lambda D}{d}$ $(m = 0, \pm 1, \pm 2, \cdots)$ 时，观察屏上为光强极小值 $I = 0$，为暗条纹。由公式(2.2.25)可知，干涉条纹的条纹可见度为 1，条纹对比度最高。

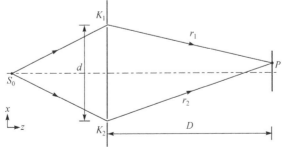

图 2.31 杨氏干涉实验原理图

　　上述结果表明，屏幕上 z 轴附近的干涉图样由一系列平行等距的明暗直条纹组成，条纹的分布呈余弦变化规律，条纹的走向垂直于小孔 K_1 和 K_2 的连线方向。我们称相邻两个亮条纹或暗条纹间的距离为条纹间距，由公式(2.2.28)可得条纹间距为

$$e = D\lambda/d \tag{2.2.29}$$

一般，称到达屏上某点的两条相干光线之间的夹角为相干光束的会聚角，记为 η。在杨氏干涉装置中，当 $d \ll D$，且 $x, y \ll D$ 时，可有 $\eta = d/D$，代入上式，可得

$$e = \lambda/\eta \tag{2.2.30}$$

可见，条纹间距正比于相干光的波长，反比于相干光束的会聚角。

　　由前面的分析可知，干涉条纹是空间位置相对于针孔 K_1 和 K_2 的等光程差轨迹。点光源发出的光是由针孔 K_1 和 K_2 分波面后在空间形成的干涉条纹，显然应该是距 K_1 和 K_2 为等光程差点的集合，这是一簇以 K_1 和 K_2 为公焦点的双曲面集合。而在某个观察屏上的干涉条纹，相当于观察屏所在平面与双曲面簇的交线。

　　分振幅干涉最典型的例子是由光学平板或者薄膜不同表面的反射光叠加产生的干涉现象。下面以光学平行平板的等倾干涉为例，讲述分振幅干涉的基本原理。

　　图 2.32 所示为一光学平行平板在单色光照明下产生等倾干涉的原理示意图，一束光被平板玻璃上下表面反射后，被透镜会聚在 P 点。根据光程差的定义，两个路径上的光程差为

$$\Delta l = n(AB + BC) - n'AN + \frac{\lambda}{2}$$

其中 n' 为周围介质折射率，n 为平板折射率，$\frac{\lambda}{2}$ 为半波损失的附加光程[2]。由图中几何关系可得

$$AB = BC = \frac{h}{\cos\theta_2}$$

$$AN = AC\sin\theta_1 = 2h\tan\theta_2\sin\theta_1$$

结合折射定律，可将光程差表示如下：

$$\Delta l = 2nh\cos\theta_2 + \frac{\lambda}{2}$$

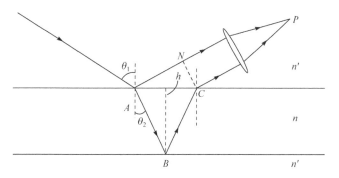

图 2.32 等倾干涉示意图

由于光学平行平板各处厚度相同，所以光程差只取决于折射角。因此，相同入射角的光构成同一干涉条纹，这种干涉现象叫等倾干涉。等倾干涉的典型应用是法布里-珀罗标准具。法布里-珀罗标准具由两块固定间距放置的光学平行平板构成，光在两块光学平行平板之间多次反射和透射，形成多光束干涉，在像面上得到很锐利的干涉条纹。通过选取合适的间距，法布里-珀罗标准具可以用来筛选透过光的频率。

2) 多光束干涉：光栅

下面以衍射光栅为例介绍多光束干涉的特点。衍射光栅是一种常用的分光元件，它基于单缝衍射和多光束干涉的原理进行工作。图 2.33 为一典型的透射型平面光栅，由许多等宽、等间距的平行狭缝构成。光栅的缝宽(透光部分)为 a，狭缝之间不透光部分的宽度为 b，光栅周期为 $d(d = a + b)$。单色平行光入射到光栅上，入射宽光束将被光栅分成多个窄光束，这些窄光束交叠后就会干涉，在光栅的后方产生干涉条纹。

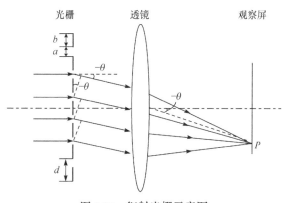

图 2.33 衍射光栅示意图

为了更方便地观测光栅形成的干涉条纹，通常使用透镜将光束聚焦到位于透镜焦面的观察屏上，如图 2.33 所示。根据光的衍射和干涉理论可知，平行光透过光栅后，每个窄光束都会发生衍射，多个窄光束的衍射光场在观察屏上叠加即发生多光束干涉，从而在观察屏上产生干涉条纹分布。观察屏位于透镜焦面处，该装置与夫琅禾费衍射装置一样。因此，观察屏上的光强分布，也可以由夫琅禾费衍射公式计算，根据公式(2.2.14)，可得观察屏上任一点 P 的光强分布为

$$I(P)=I_0\left[\frac{\sin\left(\dfrac{ka\sin\theta}{2}\right)}{\dfrac{ka\sin\theta}{2}}\right]^2\left[\frac{\sin\left(\dfrac{Nkd\sin\theta}{2}\right)}{\sin\left(\dfrac{kd\sin\theta}{2}\right)}\right]^2 \tag{2.2.31}$$

式中 I_0 为常数，$k=\dfrac{2\pi}{\lambda}$ 是波矢量的模，θ 表示衍射方向(如图 2.33 所示，在光栅狭缝排列方向上，点 P 的位置与 θ 一一对应)，N 是入射光能够照亮的光栅狭缝数目。

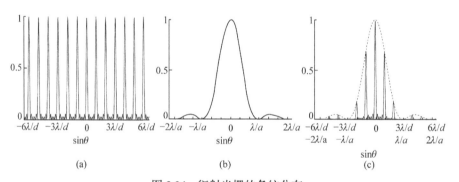

图 2.34　衍射光栅的条纹分布

(a) 多光束干涉因子光强分布; (b) 单缝衍射因子光强分布; (c) 衍射光栅归一化光强分布

在公式(2.2.31)中，$\left[\dfrac{\sin\left(\dfrac{ka\sin\theta}{2}\right)}{\dfrac{ka\sin\theta}{2}}\right]^2$ 描述了平行光通过宽度为 a 的狭缝时的光强分布情况，被称为单缝衍射因子。$\left[\dfrac{\sin\left(\dfrac{Nkd\sin\theta}{2}\right)}{\sin\left(\dfrac{kd\sin\theta}{2}\right)}\right]^2$ 描述了由 N 条狭缝出射的光进行多光束干涉时的光强分布，被称为多光束干涉因子。可以看出式(2.2.31)是衍射与干涉共同作用的结果。当 $\sin\theta=m\dfrac{\lambda}{d}$($m$ 为整数)时，干涉因子

取最大值，对应观察屏上为亮条纹，这些亮条纹称为主极大，而 m 被称为干涉级次。图 2.34 给出了在 $N=6$，$d=3a$ 的情况下得到的衍射光栅归一化强度分布。显然，通过光栅后的光强分布表现为单缝衍射和多缝干涉的共同作用。

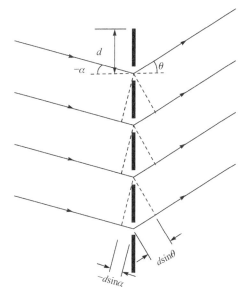

确定光栅干涉主极大位置的方程即为光栅方程。由前文干涉理论可知，干涉主极大位置与干涉光束之间的光程差有关，因此可以通过分析光束间光程差得到光栅方程。图 2.35 为一透射光栅局部放大图，入射角为 α，衍射角为 θ。根据图中所示的几何关系，可得两相邻光束的光程差为

图 2.35　光栅的衍射方向

$$\Delta d = d(\sin\theta - \sin\alpha)$$

式中 d 是相邻狭缝间的距离，又称为光栅常数。本节讨论的光栅都是透射光栅。对于反射光栅，需要注意的是，运用符号规则时，需要考虑到反射光线(即衍射光线)所在空间的折射率为负值的约定。

由前述干涉理论可知，要使条纹达到干涉极大，光程差必须是波长的整数倍，即

$$d(\sin\theta - \sin\alpha) = m\lambda \tag{2.2.32}$$

其中 $m = 0, \pm 1, \pm 2, \cdots$ 为干涉级次，干涉级次的符号与衍射角的符号相同。式(2.2.32)描述了不同波长的光的不同级次干涉主极大的衍射方向与光束的入射角和光栅常数之间的关系，被称为光栅方程。

由光栅方程可知，不同波长的光，其相同级次干涉主极大的衍射方向不同，这表明光栅可以将复色光(包含不同波长的光)衍射到空间中的不同位置，这就是光栅的色散现象。光栅色散功能的强弱体现在其色散能力上，光栅的色散能力是指光栅将不同波长光分开的角距离或者线距离，即角色散和线色散。对于固定的入射角 α，光栅的角色散能力可以通过对式(2.2.32)取微分获得

$$\frac{\mathrm{d}\theta}{\mathrm{d}\lambda} = \frac{m}{d\cos\theta} \tag{2.2.33}$$

表明光栅的色散能力与光栅常数成反比，与级次成正比。

光栅的分辨率是指光栅能够区分相邻波长谱线的能力。通常光栅所产生的谱

线(干涉主极大)具有一定的宽度。根据公式(2.2.31)，当 $\dfrac{Nkd\sin\theta}{2}$ 是 π 的整数倍，

而 $\dfrac{kd\sin\theta}{2}$ 不是 π 的整数倍时，为多缝干涉的零值。由此可得，干涉主极大(亮纹)的角半宽度为

$$\Delta\theta = \frac{\lambda}{Nd\cos\theta} \tag{2.2.34}$$

根据瑞利判据，如果两条相邻波长 λ 和 $\lambda+\Delta\lambda$ 对应的谱线，其中之一的极大值刚好位于另一谱线的极小值之上，则这两个波长刚好能被分辨。根据公式(2.2.33)和式(2.2.34)可得，对应谱线半角宽度的波长差为

$$\Delta\lambda = \Delta\theta\frac{\mathrm{d}\lambda}{\mathrm{d}\theta} = \frac{\lambda}{mN}$$

由此可得光栅的分辨率为

$$\frac{\lambda}{\Delta\lambda} = mN \tag{2.2.35}$$

上式表明，光栅的分辨率正比于光谱级次和光栅线数。

光栅进行色散时，当入射光的光谱范围很宽时，就会出现一个级别的光谱与不同波长的邻近级别的光谱相互重叠的现象。对于光栅色散出来的不同波长的谱线，没有谱线重叠的波长范围，就称为光栅的自由光谱范围。假设波长为 λ 的 $m+1$ 级谱线，与波长为 $\lambda+\Delta\lambda$ 的 m 级谱线重合，则波长在 $\lambda\sim\lambda+\Delta\lambda$ 的 m 级和 m 级以下谱线是不会重合的。此时，光谱不重叠区域，可由 $m(\lambda+\Delta\lambda)=(m+1)\lambda$ 获得

$$\Delta\lambda = \frac{\lambda}{m}$$

可见，光栅的自由光谱范围与光谱的级次有关。由于光栅可以使用很小的级次，因此其自由光谱范围一般较大。

2.2.5.2 部分相干光的干涉及性质：时间与空间相干性

2.2.5.1 小节，我们分析了完全相干光的干涉。然而，现实中光源发出的光都是部分相干的。实际中光源的发光区域具有一定的大小，而非理想点光源；光源发出的光并不是理想的单一波长而是具有一定的带宽，波列也并非理想的无限长。另一方面，光电探测器具有一定的积分时间，且只对其敏感的波长有响应。本小节将结合具体的干涉实验装置，讨论真实情况下，光源的时间相干性和空间相干性。

在进入具体的讨论之前，需要重申一点：所有我们看到的干涉条纹，都是探测器或眼睛对光强积分的结果。这样一个积分过程说明，所有得到的图像都是某段时间内每一时刻光强分布的叠加。因此，本小节中将要讨论的干涉条纹的可见度，也是一定时间段内大量光强分布叠加的结果。

1) 时间相干性

实际光源发出的光都不是严格的单色光，因此波列也不是无限长的，而是由有限长度的波列组成。光源发出的光可以认为是由大量的波列以无规则的时间间隔组成的。我们以迈克耳逊干涉仪为例解释光源的时间相干性。如图 2.36 所示，光源的每一个波列进入干涉仪后，被分束片分成两个波列。这两个波列分别经反射镜 M_1 和 M_2(其中反射镜 M_2 可移动，用来调整光路中的光程差)反射后到达观察屏上。当干涉仪的两臂的光程差为零时，两个波列同时到达观察屏，则可以在观察屏上看到清晰的干涉条纹。如果逐渐增大干涉仪两臂的光程差，可看到条纹可见度下降，直至最后消失。当干涉仪两臂的光程差大于波列长度时，这两个波列中的一个波列尚未到达观察屏时，另一个已经完全离开观察屏，产生于同一入射波列的一对波列在观察屏上不能相遇，因而这对波列无法发生干涉。在这种情况下，任何时刻到达观察屏的波列都是由不同入射波列产生的，而且因为这些波列间隔是随机的，它们的光程差也是随机的，叠加后产生的光强条纹分布的位置也不是固定的，光探测器的时间积分会将这些条纹模糊掉，所以不能形成稳定的干涉条纹。

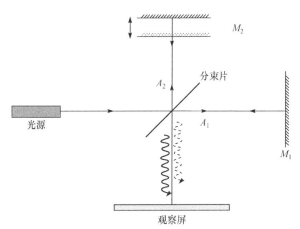

图 2.36 迈克耳逊干涉仪示意图

由上述实验可知，迈克耳逊干涉仪产生稳定干涉条纹的条件即为干涉仪双臂的光程差小于光源所发出波列的长度。这个长度就是光源的相干长度。而光源的相干时间，则是其波列的持续时间或者说是相干长度传播所需的时间，因此相干长度l_c和相干时间τ_c具有如下关系：

$$l_c = c\tau_c \tag{2.2.36}$$

其中c为光速。光源的相干长度和相干时间从不同侧面度量了光源的时间相干性，两者是等价的。根据傅里叶分析方法，长度有限的波列，其频率必定不是单一的成分，而是由一定频率范围组成。波列的频率范围和持续时间[2]，具有如下关系：

$$\Delta\nu \approx \frac{1}{\tau_c}$$

将上式代入(2.2.36)可得

$$l_c = c\tau_c \approx \frac{c}{\Delta\nu} = \frac{\bar{\lambda}^2}{\Delta\lambda} \tag{2.2.37}$$

其中$\bar{\lambda}$表示平均波长。由该式可知，光源的波列越长，光源的波长范围越窄，其单色性越好，即时间相干性是光源单色性的一种表征。

2) 空间相干性

考虑光源的空间相干性时，我们暂时不考虑光的时间相干性，即认为光源发出的光为单色光。光的空间相干性指光源的大小对干涉的影响。实际的光源总有一定的大小，通常称之为扩展光源。扩展光源可以近似看作是无数个不相干点光源的集合。在干涉装置中，扩展光源上的每一点发出的光通过干涉系统都可以形成各自的一组干涉条纹，屏幕或探测器上所观察或记录的光强分布是扩展光源的每个发光点产生的干涉条纹的叠加。

我们以杨氏干涉装置为例，说明光源的空间相干性。图 2.37 为杨氏干涉的实验装置示意图，K_1和K_2为相距d的两个针孔。扩展光源宽度为a，且中心位于光轴上，光源与两针孔所在平面间的距离为L。

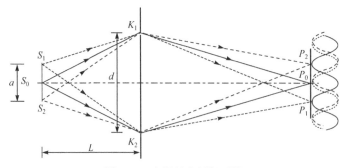

图 2.37 光源的空间相干性

设想扩展光源由无数个发光强度相同的点光源组成，每个点光源发出的光通

过针孔 K_1 和 K_2 后都会在屏幕上形成一套干涉条纹。由于所在空间位置的不同，不同点光源在屏幕上形成的干涉条纹的位置也会有差异。而我们所看到的干涉条纹就是这些不同点光源形成的干涉条纹的叠加。可以想象，如果光源较大，包含的点光源很多，最后在屏幕上形成的干涉条纹很多，这些条纹相互叠加抵消将导致无法看到光强变化，即条纹的可见度为零。那么，多大的光源能够产生可观测到的干涉条纹呢？如图 2.37 所示，我们考虑位于光源边缘两端的 S_1 和 S_2 点与中心光轴上的 S_0 点十分接近时，它们发出的光通过小孔后在屏幕上各形成一套明暗相间的干涉条纹(条纹分布近似相同)。首先考察光源中心点 S_0 所产生的干涉条纹，根据分析，其将在屏幕上光轴附近产生明暗相间的干涉条纹，且条纹间距近似相等。由于点光源 S_0 与两小孔及两小孔与 P_0 点的距离都相等，所以点光源 S_0 在 P_0 点产生干涉条纹的局部极亮点。设在 P_0 点两端，P_1 和 P_2 点位置处为该条纹相邻的极暗点位置。现在考虑光源上位于边缘的点 S_1，S_1 点由于到两小孔的距离不再相等，因此在屏幕上产生的条纹与 S_0 点产生的条纹有偏差。如果其产生的条纹刚好在 P_1 点是等光程的极亮点，则在 P_0 点是相邻的极暗点。可以想象，与点源 S_1 相邻且靠近光轴的一点，在屏幕上的等光程点位于 P_1 点旁边靠近光轴的一侧。这样 S_1 与 S_0 之间众多点光源对应的等光程点将一一分布在 P_1 与 P_0 点之间，也就是说，S_1 与 S_0 之间所有点光源产生的干涉条纹的极亮点将布满 P_1 与 P_0 点之间的空间。类似地，光轴另一侧的光源，即 S_2 与 S_0 之间所有点光源产生的干涉条纹的极亮点将布满 P_2 与 P_0 点之间的空间。这样在干涉条纹的一个周期内，每个点上都有干涉条纹的极亮值叠加，使得整个条纹周期内光强均匀，导致叠加后条纹不可见，条纹可见度为零。因此，光源上等光程点对应屏幕上 P_1 和 P_2 点的 S_1 与 S_2 点之间的距离就是形成可见条纹光源大小的极限。

　　根据前文分析，S_1 与 S_2 点形成干涉条纹的 1 级极暗点位于屏幕上 P_0 点。因此，它们通过针孔 K_1 和 K_2，在 P_0 点形成的光程差分别为 $\pm\lambda/2$。根据图中几何关系，可得以下方程：

$$\sqrt{L^2+\left(\frac{d+a}{2}\right)^2}-\sqrt{L^2+\left(\frac{d-a}{2}\right)^2}=\frac{\lambda}{2}$$

对上式根号部分进行二项式展开，并保留前两项，可得

$$L\left[1+\frac{1}{2L^2}\left(\frac{d+a}{2}\right)^2\right]-L\left[1+\frac{1}{2L^2}\left(\frac{d+a}{2}\right)^2\right]=\frac{\lambda}{2}$$

最终得到

$$\frac{da}{L}=\lambda$$

通常称两针孔对光源的张角为干涉孔径角，记为 $\beta = \dfrac{d}{L}$。将其代入上式可得

$$\beta a = \lambda \tag{2.2.38}$$

上式即为干涉孔径角与光源大小之间的关系。根据前文的分析，如果光源是一个理想的点光源，其将在屏幕上产生可见度大的条纹，随着光源增大，条纹可见度降低。当光源满足式(2.2.38)时，条纹可见度为零。如果光源继续增大，可以想象，条纹又会出现，只是可见度较低。干涉条纹可见度随光源尺寸变化的曲线如图 2.38 所示[2]。

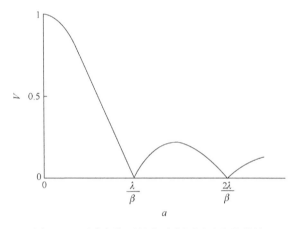

图 2.38 干涉条纹可见度随光源尺寸变化曲线

2.3 傅里叶光学概述

傅里叶光学就是用傅里叶分析方法来研究光学问题的理论。该理论的成功主要源于两个方面，一是傅里叶分析和系统理论在通信领域的成熟运用，二是光学系统和通信系统的相似性。传统通信问题的处理对象是随时间变化的信号，而光学问题面对的是光信息(光强或相位)随空间的分布情况。因此，可以把光学系统传递和处理的对象抽象为随空间变化的函数。光学和通信系统处理对象之间的区别仅仅在于信息是随时间变化还是随空间变化，而这一区别在数学上并非实质性的。更重要的是光学系统和通信系统常具有一些相同的基本性质，比如线性和不变性[11]，而具有这两种性质的系统在数学上很容易利用频谱分析的方法来描述和处理。基于上述原因，通信系统中许多经典的概念和方法被应用于光学系统中，并进一步发展形成了现代光学信息领域的重要学科——傅里叶光学。

本节将简要阐述傅里叶光学部分的基本内容。首先，阐述线性系统的定义和二维傅里叶变换的概念和性质，然后以单色平面波为例介绍空间频率的概念，接

下来讨论光学系统的成像过程与傅里叶变换的关系，最后是相干成像系统和非相干成像系统的传递函数理论。

2.3.1　线性系统及二维傅里叶变换

在傅里叶光学中，光学系统被认为是线性系统。线性系统是指满足叠加性原理的输入输出系统。如果用数学符号 $S\{\cdot\}$ 表示一个系统，$g_i(x_1, y_1)$ 表示该系统的输入，则系统的输出 $g_o(x_2, y_2)$ 可以表示如下：

$$g_o(x_2, y_2) = S\{g_i(x_1, y_1)\} \tag{2.3.1}$$

如果该系统对所有的输入函数 $g_1(x_1, y_1)$ 和 $g_2(x_1, y_1)$ 及所有复常数 a 和 b 均满足以下线性叠加性质：

$$S\{ag_1(x_1, y_1) + bg_2(x_1, y_1)\} = aS\{g_1(x_1, y_1)\} + bS\{g_2(x_1, y_1)\} \tag{2.3.2}$$

则该系统为线性系统。

下面首先引入描述线性系统性质的两个重要的概念：冲击响应(点扩散函数)和传递函数。

根据 δ 函数的性质，任意函数都可以表示成一组经过加权和位置平移的 δ 函数的线性组合。因此，可以将线性系统的输入函数 $g_i(x_1, y_1)$ 表示如下：

$$g_i(x_1, y_1) = \int\limits_{-\infty}^{+\infty}\int\limits_{-\infty}^{+\infty} g_i(\xi, \eta)\delta(x_1 - \xi, y_1 - \eta)\mathrm{d}\xi\mathrm{d}\eta$$

将上式代入系统输出响应公式(2.3.1)，可得

$$g_o(x_2, y_2) = S\left\{\int\limits_{-\infty}^{+\infty}\int\limits_{-\infty}^{+\infty} g_i(\xi, \eta)\delta(x_1 - \xi, y_1 - \eta)\mathrm{d}\xi\mathrm{d}\eta\right\}$$

由于 $g_i(\xi, \eta)$ 是 $\delta(x_1 - \xi, y_1 - \eta)$ 函数的权重函数，根据线性叠加性质(2.3.2)可以得到下式：

$$g_o(x_2, y_2) = \int\limits_{-\infty}^{+\infty}\int\limits_{-\infty}^{+\infty} g_i(\xi, \eta)S\{\delta(x_1 - \xi, y_1 - \eta)\}\mathrm{d}\xi\mathrm{d}\eta$$

其中 $S\{\delta(x_1 - \xi, y_1 - \eta)\}$ 表示系统的输入为 $\delta(x_1 - \xi, y_1 - \eta)$ 时的输出。可以用 $t(x_2, y_2; \xi, \eta)$ 表示系统在输出空间 (x_2, y_2) 点对输入空间 (ξ, η) 点上输入的 δ 函数的响应，即

$$t(x_2, y_2; \xi, \eta) = S\{\delta(x_1 - \xi, y_1 - \eta)\} \tag{2.3.3}$$

函数 t 称为系统的冲击响应，在光学系统中通常称其为点扩散函数。这样线性系

统的输入和输出可以表示如下：

$$g_o(x_2, y_2) = \int\limits_{-\infty}^{+\infty} \int\limits_{-\infty}^{+\infty} g_i(\xi, \eta) t(x_2, y_2; \xi, \eta) \mathrm{d}\xi \mathrm{d}\eta \qquad (2.3.4)$$

该式表明线性系统的输出可以由系统不同位置的冲击响应和输入函数乘积的积分获得。因此，线性系统的性质可以由它的冲击响应表征。对光学系统来说，就是点扩散函数表征了光学系统的成像性质。

如果一个线性光学系统的冲击响应 $t(x_2, y_2; \xi, \eta)$ 只依赖于输入点(物点)和输出点(像点)在垂直于光轴平面上 x 和 y 方向的相对距离，而与物点和像点各自的绝对位置无关，则称该系统是空间不变的。对空间不变系统，其冲击响应可以写成如下形式：

$$t(x_2, y_2; \xi, \eta) = t(x_2 - \xi, y_2 - \eta)$$

在光学系统中，当物点在物面上移动时，与其对应的像也在像面上移动。如在移动过程中像的形状始终不变，则该光学系统是空间不变系统。虽然很多光学系统都不是严格的空间不变系统，但是如果只考虑光轴附近较小的视场范围，则大部分成像光学系统都可以认为是满足空间不变性的。将上式代入式(2.3.4)可得

$$g_o(x_2, y_2) = \int\limits_{-\infty}^{+\infty} \int\limits_{-\infty}^{+\infty} g_i(\xi, \eta) t(x_2 - \xi, y_2 - \eta) \mathrm{d}\xi \mathrm{d}\eta \qquad (2.3.5)$$

显然，对线性空间不变系统，其输出函数是输入函数与系统冲击响应的二维卷积。

为了方便讨论冲击响应的频谱特性，我们首先引入二维傅里叶变换和逆变换。二元函数 $g(x, y)$ 的傅里叶变换定义如下：

$$G(f_x, f_y) = \int\limits_{-\infty}^{\infty} \int\limits_{-\infty}^{\infty} g(x, y) \exp\left[-\mathrm{i}2\pi(f_x x + f_y y)\right] \mathrm{d}x \mathrm{d}y \qquad (2.3.6)$$

其中 f_x 和 f_y 为空间频率。函数 $G(f_x, f_y)$ 的傅里叶逆变换定义如下：

$$g(x, y) = \int\limits_{-\infty}^{\infty} \int\limits_{-\infty}^{\infty} G(f_x, f_y) \exp\left[\mathrm{i}2\pi(f_x x + f_y y)\right] \mathrm{d}f_x \mathrm{d}f_y \qquad (2.3.7)$$

通常，傅里叶变换又被称为傅里叶分析，而傅里叶逆变换被称为傅里叶综合。为了书写简便，通常用符号 $\mathcal{F}(\cdot)$ 和 $\mathcal{F}^{-1}(\cdot)$ 分别表示傅里叶变换和傅里叶逆变换。

傅里叶变换可以认为是一种将函数分解到频域空间的工具。如式(2.2.6)，就可以认为是将函数 $g(x, y)$ 分解到以 $\exp\left[\mathrm{i}2\pi(f_x x + f_y y)\right]$ 为基元函数的频率空间，而 $G(f_x, f_y)$ 则是函数 $g(x, y)$ 在该频率空间对应基元函数的权重因子。借用通信

领域频谱的概念，也通常称函数 $G(f_x, f_y)$ 为函数 $g(x, y)$ 在空间频率域的频谱。二维傅里叶变换与一维傅里叶变换一样具有一些基本的数学性质，如线性定理、相似性定理、相移定理、卷积定理和自相关定理等[11]，利用这些数学性质可以简化运算。

根据傅里叶变换的卷积定理，公式(2.3.5)可以给出输出函数的频谱与输入函数的频谱的关系：

$$G_o(f_x, f_y) = T(f_x, f_y) G_i(f_x, f_y)$$

其中 T 是冲击响应的傅里叶变换，可以表示为

$$T(f_x, f_y) = \int_{-\infty}^{+\infty} \int_{-\infty}^{+\infty} t(\xi, \eta) \exp\left[-i2\pi(f_x \xi + f_y \eta)\right] d\xi d\eta$$
$$= \mathcal{F}(t(\xi, \eta))$$

函数 T 描述了系统在频域的作用，称为系统的传递函数。

2.3.2　单色平面波的复振幅和空间频率

根据波动光学内容，单色平面波的波动方程可以写成以下形式：

$$u(\boldsymbol{r}, t) = A \exp\left[i(\boldsymbol{k} \cdot \boldsymbol{r} - \omega t)\right]$$

其与空间位置相关的因子称为复振幅：

$$U(\boldsymbol{r}) = A \exp\left[i(\boldsymbol{k} \cdot \boldsymbol{r})\right]$$

将上式写成直角坐标形式，可得

$$U(x, y, z) = A \exp\left[ik(x\cos\alpha + y\cos\beta + z\cos\gamma)\right] \tag{2.3.8}$$

其中 $\cos\alpha$，$\cos\beta$，$\cos\gamma$ 是波矢 $\boldsymbol{k}$ 的方向余弦，k 为 $\boldsymbol{k}$ 的模。在光学系统中，考察平面波在 $z = z_0$ 平面上的光强分布。将 $z = z_0$ 代入式(2.3.8)可得

$$U(x, y) = A \exp(ikz_0 \cos\gamma) \exp\left[ik(x\cos\alpha + y\cos\beta)\right] \tag{2.3.9}$$

则该平面波在 $z = z_0$ 平面上等相位线的方程为

$$k(x\cos\alpha + y\cos\beta) = C$$

上式左边是平面波在 $z = z_0$ 平面上的相位，C 是常数，不同 C 值对应平面波在 $z = z_0$ 平面上相位等于该值的一条线。由式(2.3.9)可知，复振幅相位的周期为 2π，所以对于 C 值相差为 2π 的一组等相位面，它们在 x 方向和 y 方向的间隔分别为

$$d_x = \frac{2\pi}{k\cos\alpha} = \frac{\lambda}{\cos\alpha}, \quad d_y = \frac{2\pi}{k\cos\beta} = \frac{\lambda}{\cos\beta}$$

则对应 x 方向和 y 方向的空间频率为

$$f_x = \frac{1}{d_x} = \frac{\cos\alpha}{\lambda}, \quad f_y = \frac{1}{d_y} = \frac{\cos\beta}{\lambda} \qquad (2.3.10)$$

将上式代入式(2.3.9)可以得到用空间频率表示的平面波的复振幅分布：

$$U(x,y) = A'\exp\left[\,\mathrm{i}2\pi(f_x x + f_y y)\right] \qquad (2.3.11)$$

其中 $A' = A\exp(\mathrm{i}kz_0\cos\gamma)$。

回顾前文中有关二维傅里叶变换的描述"二维傅里叶变换可以认为是将函数 $g(x,y)$ 分解到以 $\exp[\mathrm{i}2\pi(f_x x + f_y y)]$ 为基元函数的频率空间"，可以看到这里的基元函数与式(2.3.11)具有相同的形式。因此也可以认为基元函数是一系列具有不同空间频率的平面波，傅里叶变换就是将一个复杂的波分解成一系列不同空间频率平面波的过程。

2.3.3 正透镜的相位透过率函数

透镜是光学系统中重要的光学元件。如果忽略透镜对光能量的吸收和反射损失，那么透镜只改变入射光波的空间相位分布，因此可以将透镜看成是相位元件。下面我们来找出正透镜(假设透镜放置在空气中)的近轴相位透过率函数。

如图 2.39 所示，沿光轴传播的单色平面波入射到透镜表面，出射光将会聚到其像方焦点处。入射光场的复振幅为

$$u_\mathrm{i}(x,y) = A\exp(\mathrm{i}kz_0)$$

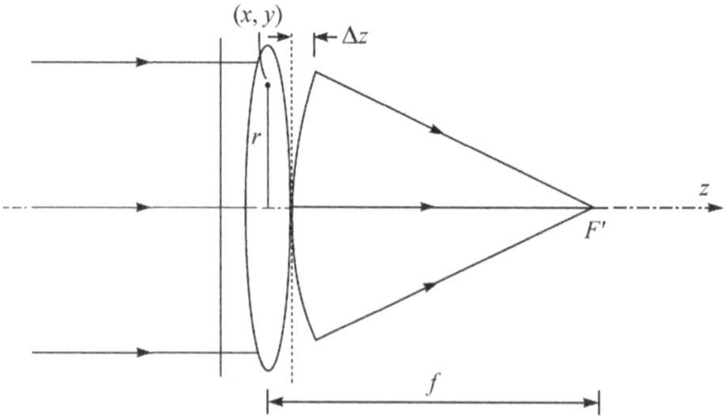

图 2.39　透镜的相位变换作用

如果忽略透镜的像差，可以认为出射光为以像方焦点为球心的会聚球面波。在透镜上位于 (x,y) 点的光线，其相对于透镜中心的距离为 $r = \sqrt{x^2 + y^2}$。如图 2.39 所示，这条光线从紧靠透镜出射面(图中的垂直虚线)到出射会聚球面波有一段光程差 Δz，则根据图中的几何关系可得

$$f^2 = (f - \Delta z)^2 + r^2$$

其中 f 为透镜的像方焦距。在近轴近似下($\Delta z \ll f$)，忽略二阶小量，整理上式可得

$$\Delta z = \frac{r^2}{2f}$$

根据本章定义的符号规则，按照图 2.39 所示，从紧靠透镜出射面(图中的垂直虚线)的光线传播到等光程的会聚球面光程为正值，由于入射到透镜前面的光波为平面波，入射波前上各点是等光程的，经过透镜后的会聚球面波前亦是等光程的，那么只有透镜引入与光线在透镜后传播光程相等但符号相反的光程，才能满足到达会聚球面上波前的光程差为零，因此透镜引入的光程差为 $-\Delta z$。由此，在忽略透镜厚度的情况下，可以得到透镜的出射光场的复振幅为

$$u_{\text{o}}(x,y) = A \exp(\mathrm{i}kz_0) \exp\left[-\mathrm{i}\frac{k}{2f}(x^2 + y^2)\right]$$

上述公式中的 k 为波数。

假设入射的平面波不会超出透镜边缘，则透镜的透射函数 $t(x,y)$ 可以表示如下：

$$t(x,y) = \frac{u_{\text{o}}(x,y)}{u_{\text{i}}(x,y)} = \exp\left[-\mathrm{i}\frac{k}{2f}(x^2 + y^2)\right] \tag{2.3.12}$$

虽然上述的透镜相位透过率函数是在正透镜的情况下获得的，但是它同样适用于负透镜，只是此时焦距为负值。

2.3.4　透镜的傅里叶变换特性

在光学中，正透镜可以实现严格的二维空间傅里叶变换。正透镜的这种傅里叶变换特性可以很方便地获得物体的傅里叶频谱，在光学成像系统的傅里叶频谱分析中具有重要的地位。

如图 2.40 所示，一正透镜放置于空气中，其物方焦距和像方焦距大小相等，符号相反。为了便于区分焦距和本节将要讨论的空间频率，令 $f' = -f = z_0$，如图 2.40 所示。下面寻找正透镜物方焦面上的光场与透镜像方焦面上的光场之间的关系。

假设振幅 $A = 1$ 的单色平面波入射至位于薄透镜物方焦面的物体上，则物体所在平面的光场为

$$u_0(x_0, y_0) = t(x_0, y_0)$$

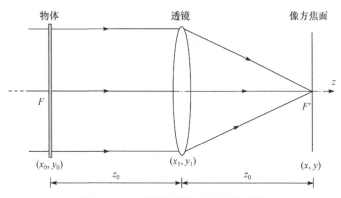

图 2.40　正透镜的傅里叶变换示意图

其中 $t(x_0, y_0)$ 为物体的透过率函数，(x_0, y_0) 为物体所在平面的坐标。从物体所在平面传播到透镜前的光场可以通过菲涅耳衍射得到，根据公式(2.2.11)，透镜前的光场可以表示为

$$u_1(x_1, y_1) = \frac{\exp(\mathrm{i}kz_0)}{\mathrm{i}\lambda z_0} \iint u_0(x_0, y_0) \exp\left\{\mathrm{i}\frac{k}{2z_0}\left[(x_1 - x_0)^2 + (y_1 - y_0)^2\right]\right\} \mathrm{d}x_0 \mathrm{d}y_0$$

(2.3.13)

其中 (x_1, y_1) 为透镜所在平面的坐标。利用透镜的相位透过率函数(2.3.12)，可以得到透镜后紧贴透镜的光场为

$$u_1'(x_1, y_1) = u_1(x_1, y_1) \exp\left[-\mathrm{i}\frac{k}{2z_0}(x_1{}^2 + y_1{}^2)\right]$$

对透镜后紧贴透镜的光场再次进行菲涅耳衍射，将上式代入公式(2.2.12)中，可以得到透镜像方焦面的光场

$$u(x, y) = \frac{\exp(\mathrm{i}kz_0)}{\mathrm{i}\lambda z_0} \exp\left[\mathrm{i}\frac{k}{2z_0}(x^2 + y^2)\right]$$
$$\times \iint u_1(x_1, y_1) \exp\left[-\mathrm{i}\frac{2\pi}{\lambda z_0}(xx_1 + yy_1)\right] \mathrm{d}x_1 \mathrm{d}y_1$$

(2.3.14)

其中 (x, y) 为透镜像方焦面所在平面的坐标。公式(2.3.14)中的积分为光场 $u_1(x_1, y_1)$ 的傅里叶变换。如 2.2.2 小节介绍，菲涅耳衍射可以理解为一种卷积，根据傅里叶变换的卷积定理，公式(2.3.13)在频域中可以表示为

$$U_1(f_x, f_y) = U_0(f_x, f_y) \exp(\mathrm{i}kz_0) \exp\left[-\mathrm{i}\frac{k}{2z_0}(\lambda^2 z_0^2 f_x^2 + \lambda^2 z_0^2 f_y^2)\right] \quad (2.3.15)$$

其中 $U_1(f_x, f_y)$ 和 $U_0(f_x, f_y)$ 分别为 $u_1(x_1, y_1)$ 和 $u_0(x_0, y_0)$ 的傅里叶变换，

$$\exp(\mathrm{i}kz_0)\exp\left[-\mathrm{i}\frac{k}{2z_0}\left(\lambda^2 z_0^2 f_x^2 + \lambda^2 z_0^2 f_y^2\right)\right]\text{为菲涅耳衍射的卷积核}$$

$$\frac{\exp(\mathrm{i}kz_0)}{\mathrm{i}\lambda z_0}\exp\left[\mathrm{i}\frac{k}{2z_0}(x_1^2 + y_1^2)\right]$$

的傅里叶变换。

在近轴近似中，根据空间频率的定义，即公式(2.3.10)，$\dfrac{x}{\lambda z_0} \approx \dfrac{\cos\alpha}{\lambda} = f_x$，

$\dfrac{y}{\lambda z_0} \approx \dfrac{\cos\beta}{\lambda} = f_y$，由此可以得到

$$\begin{aligned} x^2 &= \lambda^2 z_0^2 f_x^2 \\ y^2 &= \lambda^2 z_0^2 f_y^2 \end{aligned} \tag{2.3.16}$$

将公式(2.3.15)和(2.3.16)代入公式(2.3.14)，并采用空间频率表示，可得透镜的像方焦面上的光场为

$$\begin{aligned} u(\lambda z_0 f_x, \lambda z_0 f_y) &= \frac{\exp(\mathrm{i}2kz_0)}{\mathrm{i}\lambda z_0} U_0(f_x, f_y) \\ &= \frac{\exp(\mathrm{i}2kz_0)}{\mathrm{i}\lambda z_0}\iint u_0(x_0, y_0)\exp\left[-\mathrm{i}2\pi(f_x x_0 + f_y y_0)\right]\mathrm{d}x_0\mathrm{d}y_0 \end{aligned}$$

将 $u(\lambda z_0 f_x, \lambda z_0 f_y)$ 记为 $U(f_x, f_y)$，上式可以写成

$$U(f_x, f_y) = \frac{\exp(\mathrm{i}2kz_0)}{\mathrm{i}\lambda z_0}\iint u_0(x_0, y_0)\exp\left[-\mathrm{i}2\pi(f_x x_0 + f_y y_0)\right]\mathrm{d}x_0\mathrm{d}y_0$$

$$\tag{2.3.17}$$

显然，由公式(2.3.17)可知，不考虑常相位因子 $\dfrac{\exp(\mathrm{i}2kz_0)}{\mathrm{i}\lambda z_0}$ 的话，透镜像方焦面上的光场为透镜物方焦面上光场的严格傅里叶变换。当然，即使物体放置在物方焦面之外的其他平面上，透镜像方焦面上的光场依然是透过物体光场的傅里叶变换，只不过会增加一个二次相位因子。此外，公式(2.3.17)忽略了透镜的孔径大小的影响，实际中，需要在积分内乘以透镜的孔径函数。

2.3.5　成像过程的傅里叶变换分析

本小节将采用傅里叶光学的方法分析光学系统的成像性质。如在 2.3.1 小节中所述，大部分光学系统都可以认为是线性空间不变系统，这类系统可以用点扩散函数(冲击响应)来描述系统的性质。本小节概述相干光和非相干光的成像理

论，不考虑部分相干光的情况。根据对相干光或非相干光的成像，光学系统可以分为相干成像系统和非相干成像系统两类。这两种成像系统具有不同的点扩散函数和成像性质，这是因为相干成像系统对复振幅是线性的，而非相干成像系统对光强是线性的。在具体讨论相干成像系统和非相干成像系统的成像性质之前，本小节先利用出瞳和入瞳对光学系统的成像过程进行抽象，并由此得到相干和非相干光学系统的点扩散函数。

　　通常可以把光学系统简化为由入瞳和出瞳两个平面组成。如图 2.41 所示，成像过程可以描述为：光波由物面传播到入瞳，再由入瞳经光学系统传到出瞳，然后由出瞳传播到像面成像。如果忽略光学系统的像差，点光源发出的球面波经过光学系统后将变成理想的会聚球面波由出瞳出射。通常将出瞳上以理想像点为球心的球面作为参考面来研究光学系统的像差。光学系统的出瞳上出射的波前与理想球面之间的差异，称为**波像差**。波像差的大小可以用来评价光学系统像差的大小和光学系统的成像质量。因此，光学系统出瞳上的波前是研究系统成像性能的重要指标。关于波像差的内容可参考文献[6]。如果将光学系统出瞳上的波像差记为 $\varphi(x_1, y_1)$ ，则具有圆形光瞳的光学系统的广义出瞳函数可以定义为

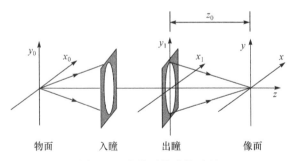

图 2.41　光学系统成像过程

$$H(x_1, y_1) = \text{circ}\left(\frac{\sqrt{x_1^2 + y_1^2}}{\rho}\right) \exp\left[i\varphi(x_1, y_1)\right] \tag{2.3.18}$$

其中 $\text{circ}\left(\dfrac{\sqrt{x_1^2 + y_1^2}}{\rho}\right)$ 表示半径为 ρ 的圆域函数，而出瞳上实际光场的分布则可以表示为广义光瞳函数与理想会聚球面波的乘积，即

$$H'(x_1, y_1) = H(x_1, y_1) \exp\left[-i\frac{k}{2z_0}(x_1^2 + y_1^2)\right]$$

其中 z_0 为球面波的半径，即出瞳面到像面的距离。

　　通常情况下，光学系统的出瞳与像面之间的距离满足菲涅耳衍射条件，因此

可以用菲涅耳衍射公式由出瞳上的光场分布获得像面上的光场分布。将上式代入公式(2.2.12)，可以看到菲涅耳衍射公式中被积函数内的二次相位因子与理想会聚球面波的复振幅刚好抵消掉，像面上的光场分布如下：

$$p(x,y) = K \iint H(x_1,y_1) \exp\left[-\mathrm{i}\frac{2\pi}{\lambda z_0}(xx_1 + yy_1)\right]\mathrm{d}x_1\mathrm{d}y_1 \tag{2.3.19}$$

其中 K 为菲涅耳衍射公式的积分号外和传播距离有关的常数项与一个依赖于 (x,y) 的二次相位因子的乘积，由于该因子不影响光强分布，通常这个二次相位因子可以忽略[11]。

通过上式可以看到光学系统像面上的光场分布就是广义出瞳函数的傅里叶变换。如果忽略光学系统的像差，则像面上的光场分布就是出瞳函数的傅里叶变换。

公式(2.3.19)所定义的函数 $p(x,y)$ 就是点光源通过光学系统在像面上所成光场的复振幅分布，即相干光学系统的点扩散函数。而非相干光学系统的点扩散函数则是点光源通过光学系统在像面上所成光强的分布函数，即 $|p(x,y)|^2$。

2.3.6　相干成像和振幅传递函数

假设一个被相干光照明的扩展物体在物面上的复振幅分布为 $o(x_0, y_0)$，如果光学系统是理想的，那么像面上的复振幅分布可以表示为 $g_i(x,y) = o(x,y)/|m|$，其中 $x = mx_0$，$y = my_0$，m 是光学系统的放大率。在等晕区(即满足线性空间不变性)内，扩展物体在像面上的复振幅分布是其几何光学理想像的复振幅分布函数与光学系统点扩散函数的卷积，即

$$g(x,y) = \int_{-\infty}^{\infty}\int_{-\infty}^{\infty} g_i(\xi,\eta)p(x-\xi, y-\eta)\mathrm{d}\xi\mathrm{d}\eta \tag{2.3.20}$$

因此扩展物体的像(光强分布)可以表示为(详细导出过程见参考文献[14])：

$$I(x,y) = |g(x,y)|^2$$

分别求取公式(2.3.20)中扩展物体像面上复振幅分布函数 $g(x,y)$、几何光学理想像复振幅分布 $g_i(x,y)$ 及相干系统点扩散函数 $p(x,y)$ 的傅里叶变换，如下：

$$G(f_x, f_y) = \mathcal{F}\{g(x,y)\}$$

$$G_i(f_x, f_y) = \mathcal{F}\{g_i(x,y)\}$$

$$T(f_x, f_y) = \mathcal{F}\{p(x,y)\} \tag{2.3.21}$$

则根据傅里叶变换的卷积定理，公式(2.3.20)在频域中可以表述为

$$G(f_x, f_y) = G_i(f_x, f_y)T(f_x, f_y) \qquad (2.3.22)$$

式(2.3.21)中 $T(f_x, f_y)$ 被称为相干光学系统的振幅传递函数(amplitude transfer function, ATF)，它是光学系统成像特性在频域的表现。将式(2.3.19)代入式(2.3.21)可得

$$T(f_x, f_y) = \mathcal{F}\left\{ K \int_{-\infty}^{\infty}\int_{-\infty}^{\infty} H(x_1, y_1)\exp\left[-i\frac{2\pi}{\lambda z_0}(xx_1 + yy_1)\right]dx_1 dy_1 \right\}$$
$$= K \cdot H(-\lambda z_0 f_x, -\lambda z_0 f_y)$$

上式中用到了傅里叶积分定理。忽略上式结果中的因子 K 和自变量中的负号，可以得到

$$T(f_x, f_y) = H(\lambda z_0 f_x, \lambda z_0 f_y) \qquad (2.3.23)$$

式(2.3.23)说明相干光学系统的振幅传递函数与光学系统的光瞳函数具有相同的形式。而光瞳函数一般在光瞳范围内等于 1，光瞳范围外等于 0。这就意味着振幅传递函数在空间频率域也存在一个通频带，在通频带内的空间频率可以通过，而在通频带外的空间频率则不能通过。通常，把通频带内最高的空间频率称为光学系统的截止频率。如果光学系统的出瞳半径为 r_0，则光学系统的截止频率为 $f_c = r_0/(\lambda z_0)$。可见光学系统的口径越大，其截止频率也越大。

2.3.7　非相干成像和光学传递函数

非相干光学系统成像和相干光学系统成像的区别只在于物体发出的光是否相干。由前文中光的相干性的描述可知，非相干光的光强分布是一段时间内大量瞬时强度的时间平均。因此，可以利用相干光学系统的成像公式(2.3.20)求得其瞬时强度并做时间平均，得到非相干光学系统的成像公式。将相干光学系统的光强分布做时间平均，即得到非相干光学系统像面上光强的分布表示如下：

$$I(x, y) = \left\langle \left| \int_{-\infty}^{\infty}\int_{-\infty}^{\infty} g_i(\xi, \eta)p(x-\xi, y-\eta)d\xi d\eta \right|^2 \right\rangle \qquad (2.3.24)$$

其中 $\langle \cdot \rangle$ 表示时间平均。交换上式中积分和时间平均的次序可得

$$I(x, y) = \int_{-\infty}^{\infty}\int_{-\infty}^{\infty}\int_{-\infty}^{\infty}\int_{-\infty}^{\infty} \left\langle g_i(\xi, \eta)g_i^*(\xi', \eta') \right\rangle p(x-\xi, y-\eta)p^*(x-\xi', y-\eta')d\xi d\eta d\xi' d\eta'$$

式中上角标*表示复共轭。由于相干点扩散函数 $p(x, y)$ 只与光学系统的性质有关，而光学系统的性质可以认为是非随机量，平均不影响其数值，所以上式只对

物体几何光学理想像进行平均操作。我们近似假设物体完全不相干，而且忽略能量守恒所要求的与光学系统分辨率相关的具体常数因子，认为其等于 1，这种做法并不影响图像的结构。于是有

$$\left\langle g_{\mathrm{i}}(\xi,\eta)g_{\mathrm{i}}^{*}(\xi',\eta')\right\rangle = I_{\mathrm{i}}(\xi,\eta)\delta(\xi-\xi',\eta-\eta')$$

其中当且仅当满足 $\xi=\xi'$ 且 $\eta=\eta'$ 时，$\delta(\xi-\xi',\eta-\eta')$ 的数值为 1，除此之外均为 0。因此，对于非相干物体，其成像公式可以简化为

$$I(x,y) = \int_{-\infty}^{\infty}\int_{-\infty}^{\infty} I_{\mathrm{i}}(\xi,\eta)\left|p(x-\xi,y-\eta)\right|^{2}\,\mathrm{d}\xi\mathrm{d}\eta \qquad (2.3.25)$$

上式表明，非相干成像系统所成的像，是像面上几何理想像(对应真正物体经过理想光学系统缩放的像)的光强分布 $I_{\mathrm{i}}(x,y)$ 与非相干点扩散函数 $\left|p(x,y)\right|^{2}$ 的卷积。与相干成像光学系统类似，分别取上式中光强分布函数和点扩散函数的傅里叶变换，

$$\textstyle\prod(f_x,f_y) = \mathcal{F}\{I(x,y)\}$$

$$\textstyle\prod_{\mathrm{i}}(f_x,f_y) = \mathcal{F}\{I_{\mathrm{i}}(x,y)\}$$

$$T_{\mathrm{o}}(f_x,f_y) = \mathcal{F}\left\{\left|p(x,y)\right|^{2}\right\} \qquad (2.3.26)$$

根据傅里叶变换的卷积定理，公式(2.3.25)在频域中可以表示为

$$\textstyle\prod(f_x,f_y) = \prod_{\mathrm{i}}(f_x,f_y)T_{\mathrm{o}}(f_x,f_y) \qquad (2.3.27)$$

式中 $T_{\mathrm{o}}(f_x,f_y)$ 被称为非相干系统的非归一化**光学传递函数**(optical transfer function, OTF)。根据傅里叶变换的自相关定理，结合公式(2.3.26)和公式(2.3.19)，光学传递函数可以进一步表示为广义瞳函数的自相关，感兴趣的读者可以自行推导。由式(2.3.27)可知，几何理想像的傅里叶频谱分别乘以对应频率下的光学传递函数值就得到非相干光学系统实际所成像的傅里叶频谱，即光学传递函数将几何理想像的傅里叶频谱转化为光学系统实际所成像的傅里叶频谱。由此可见，光学传递函数反映了非相干光学成像系统对于各种空间频率成分的传递性，在傅里叶频域中表征了系统的成像特性。实际应用中，通常使用经过归一化的光学传递函数，即光学传递函数统一除以其零频处的值。一般来说，光学传递函数是一个复数值的函数，其模和幅角有各自的物理意义。光学传递函数的模，被称为**调制传递函数**(modulation transfer function, MTF)，表示光学系统对各空间频率所成像的对比度(或叫做调制度)与理想像的对比度之比，它是评价光学系统成像质量的非常重要的参数。而光学传递函数的幅角被称为**相位传递函数**(phase transfer function, PTF)，表示实际像分布和理想像分布中对应空间频率成分的相移。

　　鉴于调制传递函数在评价光学系统成像性能方面的重要性，下面对其进行简单介绍。图 2.42 是一个光学系统的调制传递函数曲线。如图所示，调制传递函数的横坐标为以线对数表示的空间频率，纵坐标表示对应空间频率的黑白条纹在像面的对比度(黑白条纹理想像的对比度为 1)。图的右侧分别给出了相同空间频率下，对比度之比分别为 1、0.5 和 0 时的条纹图像，对比度的定义与前文式(2.2.25)定义的干涉条纹对比度相同。观察图 2.42 中的调制传递函数曲线，可以发现，从零频开始，每一个空间频率在调制传递函数曲线上都有对应的值表示光学系统对该频率分量的传递特性。当空间频率高到一定程度时，调制传递函数的值变为零，该空间频率称作调制传递函数的截止频率，即超过截止频率的频率分量不能通过光学系统。一般来说，光学系统对低频分量的传递性较好，随着空间频率的提高，光学系统对高频分量传递性变差，直至光学系统的截止频率，传递性降为零。可见，调制传递函数能够表征成像光学系统对所有空间频率分量的成像情况，能较为完整地反映光学系统的性能。光学系统中的每一个独立元件(元件互相没有相位补偿，即各自引入的相位没有相关性)都有各自的调制传递函数，整个光学系统的调制传递函数就是系统中各独立元件调制传递函数的乘积。但是，对与级联的透镜或反射镜，它们之间不是独立的，这是由于它们之间互相补偿相位，各自引入的相位存在相关性，所以级联透镜的整体调制传递函数不是各自透镜调制传递函数的乘积。

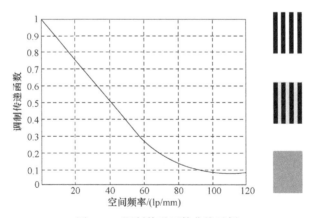

图 2.42　调制传递函数曲线示例

　　光学仿真软件可以给出理想情况下光学系统的光学传递函数，但是由于加工和装调误差的影响，实际光学系统的光学传递函数会比理想情况要差，真实的光学传递函数需要通过实际测量得到。测量光学系统的传递函数可以使用光学传递函数测量仪(简称传函仪)。传函仪的基本原理可由其定义式(2.3.26)得到：先获得待测光学系统的点扩散函数，然后将点扩散函数进行傅里叶变换，即得到光学传递函数。如此获得的光学传递函数包含了光学系统中每个方向上空间频率的传递特性，不便于进行系统性能的对比。为了方便，通常人们只关注光学系统子午和弧矢两个方向的传递函数，因此实际的传函仪通常利用线扩散函数获得光学系统某个方向的光学传递函数。

　　传函仪的基本结构如图 2.43 所示。目标物一般为狭缝或者十字丝，其发出的光经过被测光学系统后在像面上成像。如果被测光学系统是无限共轭光学系统，则需要首先将目标发出的光准直(图 2.43(b)所示情况)。根据被测光学系统所成狭缝或十字丝的像，获得该光学系统某个方向的线扩散函数。然后将线扩散函数进行傅里叶变换，最终得到光学系统对与该方向垂直方向上的空间频率的响应，即调制传递函数和相位传递函数曲线。

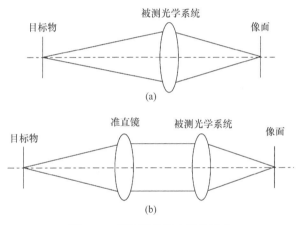

图 2.43　传函仪的基本光学结构

　　本章简要介绍了经典光学理论基础，主要包括几何光学、波动光学和傅里叶光学。

　　几何光学将光近似为光线，用几何语言描述光的传播规律和成像规律。首先，从费马原理出发，推导了光的直线传播、光的反射定律和光的折射定律。以几何光学的基本定律为基础，阐述了近轴和理想光学系统的成像规律，给出了理想光学系统基点和基面的位置并描述光学系统成像规律的物像关系。然后，讨论了孔径光阑和视场光阑的作用，并给出了确定光学系统入瞳和出瞳，以及物方和像方视场角的方法。之后，介绍了利用矩阵方法进行近轴光线追迹的技术，即矩阵光学。光学系统基点和基面也可以通过矩阵光学的方法来确定。借助矩阵光学这个工具，还可以将光线在光学系统中的传播过程描述成相应的传递矩阵的相乘，从而方便地进行光线追迹。对于实际的光学系统，近轴区域之外的光线与近轴区域的光线在焦面或者像面上不再重合，而是存在一定的偏差，这个偏差就是几何像差。几何像差的存在使光学系统不能够成理想像。通过分析基本像差的成因和特点，可以有针对性地校正光学系统的像差，提高光学系统的成像质量。此外，几何光学部分还简要讨论了辐射度学和光度学的基本概念。

波动光学以光的电磁理论为基础，讨论了光的衍射、光学系统的分辨本领、光波的群速度和相速度，以及光波的相干性。首先，从远离辐射源的麦克斯韦方程组导出了光的波动方程，由波动方程给出了光波的解析表达式。然后，从标量衍射理论出发，分别讨论了菲涅耳衍射和夫琅禾费衍射。以圆形孔径的夫琅禾费衍射图样——艾里斑为出发点，讨论了光学系统的分辨本领，并给出了光学系统极限分辨率的判据——瑞利判据。之后，给出了光波统计相干性的概念，以完全相干光为例，讨论了光的干涉，并阐述了部分相干光源的时间相干性和空间相干性对干涉的影响。

利用傅里叶分析的方法研究光学现象的方法，称为傅里叶光学。在傅里叶光学中，首先简述了傅里叶频谱分析的基本原理，给出了空间频率的概念。然后，讨论了正透镜的相位透过率函数，阐述了透镜的傅里叶变换特性，证明了正透镜可以实现严格的二维空间傅里叶变换。最后，利用傅里叶分析的方法阐述了光学系统的成像过程，讨论了不同系统的点扩散函数和传递函数，阐明了光学传递函数测量仪的基本原理。

习　　题

1. 光依次通过折射率为 1.2、1.5 和 1.6 的三种均匀介质，介质的厚度分别为 10 cm、4 cm 和 5 cm，光在三种介质中的总光程是多少？相当于光在真空中的传播距离和传播时间分别是多少？

2. 如习题 2 图所示，鱼在水中的深度为 h，水的折射率为 n，观测者位于鱼的上方，问鱼在观察者眼中的深度？(θ 满足小角近似)

3. 如习题 3 图所示，观察者通过折射率为 1.5，厚度为 15 cm 的均匀介质，观测 K 点和它在镜中的像 K'，试计算在观察者眼中 K 点与像 K' 点之间的距离。

4. 如习题 4 图所示，一束很窄的平行光线由空气中垂直入射到一直角三角棱镜的斜边上的 P 点，棱镜的折射率为 2，问出射光线可能从棱镜的哪条边射出？角度多大？

5. 透镜 L_1 为薄凸透镜，焦距为 50 mm，透镜 L_2 为薄凹透镜，焦距为 −100 mm，两者相距 20 mm，求复合透镜的焦距；以此复合透镜对距离其主面为

1000/7 mm 处的物体成像，计算此复合透镜对物体的放大率。

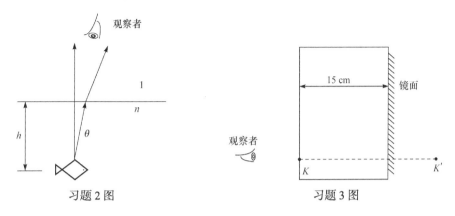

习题 2 图　　　　　　　　　　习题 3 图

6. 如习题 6 图所示，已知两凸透镜的第二焦点分别为 F_1' 和 F_2'，试用作图法确定两者作为复合透镜的第二主点、第二主面、第二焦点和第二焦面。

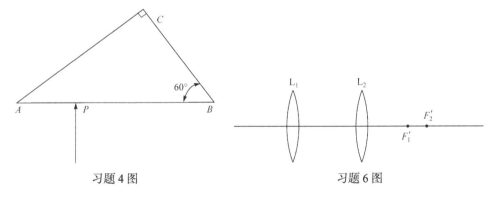

习题 4 图　　　　　　　　　　习题 6 图

7. 解释单透镜存在轴上球差的原因。

8. 解释单透镜存在轴向色差的原因。

9. 像散产生的原因是什么，如何补偿？

10. 折射率为 1.5 的玻璃制成的会聚透镜在空气中的焦距为 20 cm，如果将该会聚透镜放入折射率为 1.33 的水中，该会聚透镜的焦距为多少？

11. 横截面为正方形的玻璃棒(折射率为 1.5)被弯成如习题 11 图所示的马蹄形，玻璃棒横截面边长为 d，弯曲处内圈的曲率半径为 R。一束平行光由端面 A 垂直入射到玻璃棒内，在什么条件下这束光线能够完全由端面 B 射出？

12. 如习题 12 图所示，观察者在水面上通过焦距为 30 cm 的凸透镜观察位于水面以下 4 cm 处的鱼，凸透镜位于水面以上 2 cm 处，在观测者眼中鱼位于什么位置？假设空气的折射率为 1，水的折射率为 1.33。

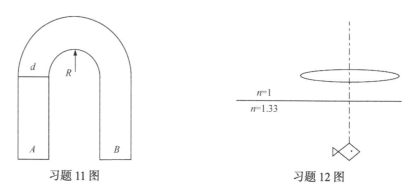

习题 11 图　　　　　　　　　　　　　习题 12 图

13. 高度为 4 mm 的线物体(垂直于光轴放置)位于一成像透镜前 50 cm 处，在透镜后的观测屏上成清晰像时，观测到像的高度为 1 mm。将观察屏后移 0.5 cm 后，观察到像变模糊，模糊像的宽度为 0.5 mm，则成像透镜的焦距多大？成像透镜的 F/#为多大？

14. 高度为 h 的发光物体，放置在焦距为 10 cm 的凸透镜前方 40 cm 处，焦距为 20 cm 的另一块凸透镜放置于第一块凸透镜后方 30 cm 处。

(1) 计算发光物体经过两块凸透镜后的成像位置？

(2) 计算两块凸透镜对发光物体的放大率？

15. 某人进行视力测试，发现他只能看清眼前 100～300 cm 处的物体，假设瞳孔到视网膜的距离 2 cm。

(1)人眼分别对 100 cm 和 300 cm 处的物体成清晰像时，人眼的焦距分别为多少？

(2)若对其进行视力矫正，对位于明视距离(25 cm)处的物体成清晰像，最少需要戴多大度数的眼镜，眼镜的焦距多大？(忽略眼镜与瞳孔之间的距离，眼镜的度数=屈光度×100)

16. 如习题 16 图(1)所示，一球面可以将入射的平行光会聚到距离其 20 cm 的焦点处；如习题 16 图(2)所示，如果该球面被折射率为 $n = 4/3$ 的水填充，并被通过白屏上针孔的光照亮，则白屏距离球面镜距离多远可以使曲面镜在白屏上对针孔成清晰像？(球面镜的焦距为 $f = -R/2$，R 为球面的曲率半径)

17. 厚度一定的平行玻璃板通过掺杂可以改变其折射率分布，从而实现透镜的功能。一个厚度为 d，半径为 a 的玻璃圆盘，为使其能够实现焦距为 f 的透镜的功能，求其径向折射率分布 $n(r)$(假设 $d \ll a$)。

18. 证明 $E(z,t) = A\cos(kz - \omega t)$ 是波动方程的解。

19. 真空中传播的平面波可以表示为

$$E(z,t) = 3\cos\left[\pi(4\times10^6 z - 12\times10^{14} t)\right]$$

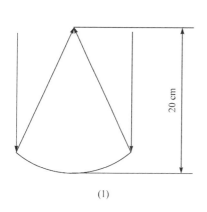

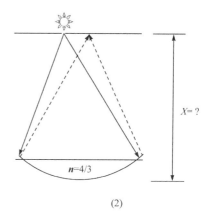

(1)　　　　　　　　　　　　　　　　(2)

习题 16 图

给出平面波的波长、波数、传播方向、周期和振幅。

20. 点光源发射波长 $\lambda = 500$ nm 的单色球面波，传播一定距离后，在直径为 2 cm 的圆孔上，相对于理想平面波偏差的 PV 值(最大值与最小值之差)为 0.1 λ (可忽略二阶小量)。此时，球面波的传播距离为多远？

21. 简述菲涅耳衍射和夫琅禾费衍射的区别与联系。

22. 试画出圆孔、方孔、长方形、椭圆形和三角形孔径的远场衍射图案，并说明原因。

23. 在杨氏双缝干涉实验中，光源发出的单色波的波长为 500 nm。将折射率 $n=1.2$ 的薄膜放在其中的一个狭缝之后，发现中心亮条纹移动到了放置薄膜之前干涉条纹的第 4 阶亮条纹上，求薄膜的厚度？

24. 某卫星上安装一相机，相机镜头的焦距为 50 mm，F/# 为 $F/2$。相机抓拍到 100 km 外的一轿车。假设轿车的两个车灯相距 1 m，在可见光波段抓拍的图片上可以分辨两个车灯吗？

25. 光是一种电磁波，满足波动的叠加原理，但是为什么在实际中观察者看不到两个独立光源的干涉条纹？给出在什么条件下，观测者可以看到两个独立光源的干涉条纹。

26. 波长为 590 nm 的单色光照射到间距为 3 mm 的两个针孔上，计算距离针孔为 0.6 m 的屏幕上形成的干涉条纹的宽度(忽略衍射效应)。

27. 一透射平面光栅，光栅常数为 0.004 mm，当波长为 400～700 nm 的白光垂直入射到该光栅上时，在衍射角为 30°的方向，可以观察到几种颜色的光？它们的波长多大？提示：利用光栅方程 $d\sin\theta = m\lambda$，m 为整数。

28. 波长为 600 nm 的光入射到一透射平面光栅上，在衍射角为 30°的方向上观察到了其 1 阶衍射线，该透射光栅上每毫米的刻线数为多少？

29. 当波长为 400～700 nm 的白光垂直入射到一透射平面光栅上时，在某一方向上，有一些特定波长的光，其谱线会与 600 nm 波长的光的第 5 阶谱线重合，求这些光的波长，以及分别是第几阶谱线？

30. 两束相干光的强度比为 α，当它们发生干涉时，求产生干涉条纹的可见度。

31. 一束包含波长分别为 650 nm 和 520 nm 的平行光，垂直入射到间距为 2 mm 的两个狭缝上，在狭缝后 120 cm 的白屏上产生干涉条纹。

(1) 对于波长为 650 nm 的光，计算第 3 阶亮条纹到中心极大值之间的距离。

(2) 两个波长的光产生的亮条纹分别在多少阶可以首次重合？此时，产生亮条纹的位置到中心极大值之间的距离是多少？

参 考 文 献

[1] Born M, Wolf E. Principles of Optics. 7th ed. Cambridge: Cambridge University Press, 1999.

[2] 郁道银, 谈恒英. 工程光学. 北京: 机械工业出版社, 1999.

[3] 张以谟. 应用光学. 3 版. 北京: 电子工业出版社, 2008.

[4] Feynman R P, Leighton R B, Sands M. The Feynman Lectures on Physics. Volume Ⅲ. Addison Wesley, Commemorative Issue edition, 1989.

[5] Welford W T. Aberrations of Optical Systems. Adam Hilger, Bristol, 1991.

[6] Zhang S, Li C, Li S. Understanding Optical Systems through Theory and Case Studies. SPIE Press, 2017.

[7] Smith W J. Modern Optical Engineering. 3rd ed. New York: McGraw-Hill, 2008.

[8] 金伟其, 王霞, 廖宁放, 黄庆梅. 辐射度 · 光度与色度及其测量. 2 版. 北京: 北京理工大学出版社, 2016.

[9] Greivenkamp J E. Field Guide to Geometrical Optics. SPIE Press, 2004.

[10] Kloos G. Matrix Methods for Optical Layout, SPIE Press, 2007.

[11] Goodman J W. Introduction to Fourier Optics. 2nd ed. New York: McGraw-Hill, 1996.

[12] Brooker G. Modern Classical Optics. Oxford: Oxford University Press, 2003.

[13] Wolf E. Introduction to the Theory of Coherence and Polarization of Light. Cambridge: Cambridge University Press, 2007.

[14] Goodman J W. Introduction to Fourier Optics. 3rd ed. Roberts and Company Publishers, 2005.

[15] Goodman J W. Statistical Optics. New York, NY: John Wiley & Sons, 1985.

第 3 章　光学/红外探测器

光学/红外探测器在光学系统中扮演着极其重要的角色。如果说探测器前端的光学系统完成了对光能量的收集，那么探测器作为探测元件则完成了对光信号的转化与记录。因此，如果没有探测器参与，光学系统就无法有效地获取光学信息。光学与红外波段在电磁波谱中虽然只占很窄的一部分，但人眼仅对可见光敏感，不言而喻，光学与红外波段和人类的生产和生活有着非常紧密的联系，因此，光学/红外探测器在人类活动中的地位非常重要。

随着科学技术的发展，光学/红外探测器的各项性能日益提高。但是，即使是目前最好的光学/红外探测器，由于物理机制和技术水平的限制，也存在着不足和局限。为了更好地选择和使用光学/红外探测器，使其能够配合光学系统，实现对光学与红外波段的有效探测，深入了解光学/红外探测器的物理机制、工作原理、重要的特性参数和探测过程是十分必要的。

本章主要阐述光学/红外探测器的物理机制、工作原理和重要的特征参数。首先阐述光学/红外探测器在光学/红外系统以及天文探测中扮演的角色，明确光学/红外探测器的地位和作用。然后，根据探测机制的不同，将光学/红外探测器分为化学类探测、热电探测和光电探测三种类型，并详细阐述光电探测器进行光电探测的物理机制。最后简要讨论光电倍增管、光电二极管，以及阵列型探测器等常用光电探测器的特征参数和工作原理。

3.1　光学/红外探测器的作用

根据光的电磁理论，光学和红外波段虽然仅仅占据了电磁波谱中很窄的一部分谱段，却是天体辐射穿过大气到达地球表面的两个重要窗口。光学波段，也就是我们常说的可见光波段，是与人类活动最紧密相关的波段，波长范围一般为 $0.38 \sim 0.78 \ \mu m$，对应的频率约为 $10^{14} \ Hz$。红外波段辐射能量较低，对应的能量与分子的振动、转动能级相当，与生命活动紧密相关，在气象、医学、天文、军事、遥感等领域均有重要应用。红外波段的波长范围为 $0.78 \sim 100 \ \mu m$，其中，波长为 $0.78 \sim 5 \ \mu m$ 的红外线，称为近红外波段(near infrared, NIR)，对应的频率约为 $10^{13} \sim 10^{14} \ Hz$；波长为 $5 \sim 20 \ \mu m$ 的红外线，称为中红外波段(mid-infrared, MIR)，对应的频率约为 $10^{13} \ Hz$；而波长在 $20 \ \mu m$ 以上的红外线，称为远红外波段(far infrared, FIR)，对应的频率大约为 10^{12} Hz。本章中讨论的红外波段探测主要是指近红外和中红外波段。由于近红外和中红外探测器的探测原理与光学探测器的原理是一致的，本章中除个别地方外，不做明确区分。

在常见的光学/红外系统中，探测器一般都位于系统的焦面或者像面上，用来探测可见光或者红外线所携带的信息。在成像系统中，如视频监控、照相机、夜视仪等，探测器位于系统的像面上，捕捉和记录物面上的强度分布变化，用于监控、拍照、红外夜视观测等。在光谱设备中，如光谱仪，探测器位于系统的焦面上，记录不同光谱成分的强度分布，用于光谱分析、物质鉴定等。在荧光、磷光探测中，探测器一般位于系统的焦面上，探测荧光或磷光的强度，用于分析与荧光、磷光相关的物理机理和测定相关参数。在激光测距中，探测器也位于系统的焦面上，探测激光回波，从而实现距离测量。在众多的光学/红外系统中，如果没有探测器的参与，就无法实现光学/红外系统的既定功能。

天文学是一门通过观测研究宇宙中天体，以及天体的形成、结构和演化的科学。但是，由于宇宙中的天体距离地球十分遥远，天文观测只能通过收集、探测、分析来自天体的电磁辐射，进而获得天体在结构、组成、演化等方面的信息。但是，由于地球大气对电磁波有吸收作用，电磁波谱只有几个有限的窗口可以透过大气到达地面，其中，光学与红外波段就是两个十分重要的窗口。因此，光学/红外探测器对天文学的发展具有重要意义。

地面上的天文观测通常采用图 3.1 所示三种模式中的一种进行，图中望远镜的功能是将来自天体的可见光或红外辐射会聚到望远镜的焦点。最简单的探测模式就是图 3.1(a)所示的直接探测模式，即将探测器直接放置在望远镜焦面上记录天文信息。虽然这种探测模式简单，但所获得的天体信息也相对较少，不利于对天体进行深入的分析和研究。于是天文学家设计了一系列的终端仪器来进一步获取天体信息，例如，天文光谱仪可以探测天体辐射的光谱信息，通过获取的光谱信息分析天体的内部结构及演化信息。如图 3.1(b)所示，这类型的终端仪器由光学/红外系统和探测器两部分组成，通常放置在望远镜的焦面上。但是，随着地基天文望远镜口径的增大，受地球周围大气湍流的影响，天文望远镜会聚到其焦面的光斑变成了散斑，而且散斑的大小远远超过了望远镜艾里斑的大小，不仅分散了望远镜收集的可见光或者红外辐射，还严重降低了地基大口径天文望远镜的成像质量。为此，天文学家发展了自适应光学技术(相关内容将在第 5 章详细介绍)来克服大气湍流扰动对望远镜成像质量的影响。如图 3.1(c)所示，望远镜收集的辐射通过自适应光学系统提高能量集中度后，再入射到终端仪器上进行相应的天文观测，从而大幅度提高光能的利用率。这种探测模式也是目前的大口径地基天文望远镜和未来极大口径地基天文望远镜常用的探测模式。

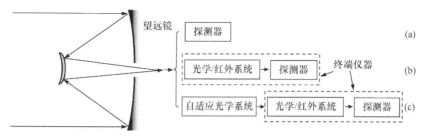

图 3.1 地基天文望远镜探测模式示意图

图 3.1 中所示的三种探测模式都离不开光学/红外探测器。此外，根据科学目标的不同、应用场景和功能的不同，对探测器的要求也不尽相同。例如，在暗弱目标的探测中，需要探测器具有高量子效率、低噪声、长曝光时间，而在自适应光学系统中，由于需要实时补偿大气湍流，波前探测器需要具有高帧率、高灵敏度的特性。

由此可见，无论是在日常所用的摄影、照相等小型光学系统，还是在天文观测中使用的光学/红外系统，例如，光学/红外天文望远镜、天文光谱仪等，光学/红外探测器都有不可替代的作用。

3.2 光学/红外探测器的类型

按照探测原理和物理机制的不同，光学/红外探测器的类型可以分为化学类探测器、热电探测器和光电探测器，图 3.2 给出了这三大类探测器的具体分类和典型器件。化学类探测器(如感光胶片)吸收光能之后，利用光能促成化学反应，将光强以反应生成物的形式记录下来，没有将光信号进一步输出，而热电探测器和光电探测器都将光信号转换成电信号输出。

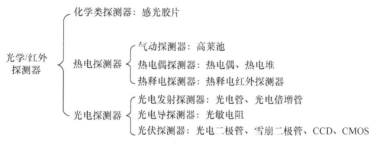

图 3.2 光学/红外探测器的分类

3.2.1 感光胶片

感光胶片的原理是利用感光材料在光照下产生化学反应，用化学反应的生成物记录强度分布。在早期，光学波段和很少的一部分近红外波段的记录主要借助于感光胶片。感光胶片主要由透明的基片和感光材料层组成，感光材料通常为卤化银感光乳剂。卤化银感光乳剂中分布着大小不均的卤化银颗粒，大部分颗粒的大小在 0.1~4 μm。卤化银感光乳剂均匀地涂抹在透明基片上，当光照到感光胶片上时，胶片上的卤化银颗粒在光照的作用下，发生化学反应，卤离子吸收光子后释放出自由电子，而银离子被还原为银原子固定下来，形成感光中心。在感光中心附近，由于银原子的进一步催化，会有更多的银离子被还原，形成黑色的银颗粒。曝光后的胶片经过进一步的处理，如清洗掉未反应的卤化银乳剂防止二次曝光，就可以得到聚集有黑色银颗粒的胶片，这就是记录的影像。显然，感光胶片记录的影像为负像：感光的部分为聚集的黑色银颗粒，未感光部分为透明。关于感光胶片更详细的讨论可参考文献[1]。

　　感光胶片制作相对简单，而且成本低，在天文观测的早期，基本能够满足记录光强分布的需要，是光学、近红外波段探测的重要手段。但是感光胶片也存在很多弊端。感光胶片的量子效率太低，仅为 1%~5%[1]，而且探测过程中线性度不好、动态范围有限。此外，感光胶片在使用过程中需要极为严格的曝光控制，后期需要在暗室中显影、定影，操作过程繁杂，而且胶片的保存也需要较高的条件。更重要的是，卤化银颗粒对感光胶片影响很大，卤化银颗粒越大，胶片感光性越好，但是分辨率会降低，反之，卤化银颗粒较小，胶片会有较高的分辨率，但是感光性会下降，而且卤化银颗粒分布的均匀性也会影响感光胶片的实际分辨率。此外，感光胶片大多对可见光敏感，主要在可见光波段使用，在红外波段仅有近红外很小的一部分波段可以使用。

3.2.2　热电探测器

　　热电探测器的原理是利用热敏材料吸收光辐射后引起材料的温度发生变化，然后通过衡量温度改变所引起的与温度相关的参数的变化量进行光学/红外探测。热电探测器的类型主要有气动探测器(pneumatic heat detector)、热电偶探测器(thermocouple detector)和热释电探测器(pyroelectric detector)。

　　气动探测器：是利用气体吸收热量后体积的热膨胀进行探测的。最初的气动探测器是在一个密封的容器中充入气体，当气体吸收辐射后，温度升高，体积发生膨胀，容器壁的变化量就反映了辐射的强弱。由于气体分子能级间隔较小，吸收的辐射大多在红外波段，因此气动探测器也主要在红外波段使用。虽然气动探测器基本可以实现红外探测，但是由于气体吸收有限的红外线辐射引起的温度改变很难引起容器壁的显著变化，因此早期的气动探测器灵敏度很低。1947 年，高莱(Golay)对气动探测器进行了改进，显著提高了探测灵敏度，他改进的气动探测器被称为高莱[2]。高莱池是一个充满气体的容器，其中心放置一个黑体，充气池的一端为辐射入射窗口，在与窗口平行的另一端很近的位置放置一片薄膜。通过额外引入一束单色光照射到薄膜和薄膜附近的高莱池壁上，将薄膜的反射光和薄膜附近高莱池壁的反射光引入一个干涉装置，产生干涉条纹。当辐射透过高莱池窗口被黑体吸收后，转化为热，高莱池中的气体吸收热量后体积会发生膨胀，进而驱动薄膜发生形变。于是干涉装置记录的干涉条纹就会发生移动，通过观察干涉条纹的移动量就可以获得对应辐射的强度。相对于最初的气动探测器，高莱池的探测灵敏度显著提高，但是高莱池结构复杂，灵敏度有限，已经逐渐被淘汰。

　　热电偶探测器：热电偶探测器工作的基本原理是泽贝克效应(Seebeck effect)。泽贝克效应是指在两种不同的导体或者半导体组成的回路中，如果两个接触点的温度不同，两个接触点之间就会产生电势差，回路中就会产生电流，电流的方向取决于温度梯度的方向。根据泽贝克效应，热电探测器一般由两种不同的导体组成闭合回路，回路中的一个接触点连接到热敏材料上，回路中的另外一个接触点连接到一个温度恒定的装置上。当光或者红外辐射入射到热敏材料时，热敏材料会将辐射转化为热，导致热敏材料的温度升高，温度改变产生的温度梯度会使回路中的两个接触点之间产生电势差，通过测量回路中的电势差或者电流就可以获得辐射的强度。为了提高热电偶探测的灵敏度，通常将多个热电偶串联起来，组成热电堆，以提供更大的电动势差，这种串联形式的热电偶又称为热电堆探测器。

　　热电偶探测器对不同的波段都可以响应，但是在探测过程中，由于稳定的温度梯度建立稳定的电势差需要一定的动态平衡时间，因此热电偶探测器一般需要较长的响应时间。

　　热释电探测器：热释电探测器工作的基本原理是热释电效应(pyroelectric effect)。热释电效应是指当热释电晶体发生温度变化时，由于晶体内部极化方向的重新排列，晶体两端会产生数量相等、符号相反的电荷，即电势差。根据热释电效应，热释电探测器由表面涂上热敏材料的、两端连接外部闭合电路的热释电晶体组成。当外部辐射入射到探测器时，热敏材料吸收辐射，转化为热，引起热释电晶体温度的改变，温度的改变令晶体内部极化方向重新排列，使晶体两端产生电势差，根据电势差或者回路中电流的大小，可以确定辐射的强弱。

　　热释电探测器和热电偶探测器一样，都有很宽的光谱探测范围，可以对从光学到近红外、中红外，甚至部分远红外波段进行探测，相对于热电偶探测器，热释电探测器响应速度有所提高，但是仍然需要较长的响应时间。

　　热电探测器是最早有电信号输出的光学/红外探测器，并且在光学/红外探测中得到了广泛的应用。热电探测器有自己独特的优势，其最大的优势在于光谱探测响应范围非常宽，而且响应曲线比较平坦。热电探测器光谱响应范围可以覆盖到 0.2～20 μm，基本覆盖了紫外波段、可见光波段、红外波段，可以实现宽光谱探测，这是目前光电探测器无法做到的。热电探测器另一优势是不需要制冷，这一优势在红外探测中十分明显，因为大部分光电红外探测器受热噪声影响很大(具体原因将在 3.2.3 小节详细阐述)，需要液氮或其他制冷剂制冷，而热释电红外探测器则不需要制冷。不过由于探测机制的限制，热电探测器也有明显的劣势，主要体现在响应时间长。热电探测器利用了不同物体的热敏效应，而热现象基本对应了分子的转动能级和振动能级的弛豫，由于分子的惯性比电子大得多，因此热电探测器的响应时间比较长。

3.2.3 光电探测器

光电探测器工作的原理是光电效应，将光信号转化为电信号输出。

1987 年，赫兹(Hertz)发现，当用蓝光照射金属铯的表面时，金属铯表面会有电子逸出，逸出的电子被称为光电子；而当改用红光照射时，金属铯表面不会有光电子逸出。这个实验现象称为光电效应，光电效应无法用经典电磁辐射理论解释。爱因斯坦首次使用光量子的概念并根据能量守恒对光电效应现象给出了解释。爱因斯坦认为，光的能量是量子化的，一份量子化的能量称为光量子，或者光子，光子的能量与光的频率成正比。在光电效应中，入射光子的能量被材料中的束缚电子吸收，一部分用于挣脱材料的束缚成为光电子，剩余的一部分转化为光电子的动能，促使光电子以一定的速度逸出金属铯表面。由能量守恒定律，光量子与材料中束缚电子的相互作用可表示为

$$hv = \frac{1}{2}mv^2 + W \tag{3.2.1}$$

其中 hv 表示光子的能量，$h = 6.62607015 \times 10^{-34}$ J·s 为普朗克常量，J 表示焦耳，为能量单位，s 表示秒，为时间单位，$v = \frac{c}{\lambda}$ 表示光子的频率，c 为真空中的光速，λ 表示入射光的波长，m 为电子的质量，v 为电子逸出的速度，W 表示被束缚电子克服材料束缚逃逸到自由空间所需要的能量，也被称为材料的功函数。功函数是材料的特征参数，不同的材料具有不同的功函数。

根据爱因斯坦对光电效应的解释，当入射光子能量大于材料功函数时，材料表面就会有光电子释放出来，反之，当入射光子能量小于材料功函数时，即使光强很强(假设没有发生光的非线性效应)，材料表面也不会释放光电子。由此我们可以推断，利用光电效应进行光学/红外探测时，每种材料的探测器都对应一个截止波长(cut-off wavelength)，当入射光的波长大于截止波长时，由于入射的光子能量太低，无法释放光电子，探测器没有响应。

根据光电效应释放的光电子是否逸出材料，可以将光电效应分为内光电效

应和外光电效应。内光电效应是指光电效应释放的光电子不能够逸出材料外部，只能在材料内部运动，而外光电效应是指光电效应释放的光电子逸出材料，形成可以在自由空间运动的自由电子。利用外光电效应进行光学/红外探测的器件称为光电发射探测器(photoemissive detector)，利用内光电效应进行光学/红外探测的器件，可以分为光电导探测器(photoconductive detector)和光伏探测器(photovoltaic detector)两类。光电发射探测器主要包括光电管和光电倍增管，光电导探测器主要包括各种类型的光敏电阻，光伏探测器主要包括光电二极管和雪崩二极管。这些探测器的基本工作原理我们将在后面的小节讨论。

虽然有很多金属可以产生光电效应，但是纯度高的金属材料量子效率很低，例如，金属铯的功函数为 2.10 eV (eV 为能量单位，1 eV =1.602176565×10^{-19} J)，对应的探测器截止波长为 0.59 μm，量子效率约为 0.1%。因此，利用高纯度的金属材料制成的光学/红外探测器，如光电发射探测器，不仅探测效率低下，而且截止波长短。半导体材料则具有较高的量子效率和较低的功函数，而且对应的截止波长较长，如半导体硅，带隙宽度为 1.11 eV，对应的截止波长约为 1.12 μm，峰值量子效率可以达到 80%，通过优化设计，可以很容易达到 90%以上，甚至更高。正是由于半导体材料的光学/红外探测器具有更高的探测效率和更宽的光谱响应范围，半导体材料的光电探测器得到了广泛的应用。3.3 节，我们将简要讨论半导体光电探测器进行光学/红外探测的物理机制。

3.3　半导体光电探测器的物理机制

本节我们将简要回顾半导体材料的基本结构和特点，以及利用半导体材料进行光电探测的物理机制，以便在后面章节中对基于半导体材料的光电探测器工作原理和特征参数进行讨论。

半导体材料不仅具有结构可操控、成本低、容易与电子电路器件结合的优点，而且可以拓展到红外波段进行探测，因此，目前绝大多数光电探测器都是基于半导体材料制作的。

半导体是介于绝缘体和金属导体之间的一种固体。半导体既不像绝缘体那样基本不导电，也不像金属导体那样具有良好的导电性能，其导电性能介于两者之间。半导体在一般情况下不导电，但是，通过某种物理机制的激发，或者通过温度等环境条件改变其状态，就可以导电。半导体之所以具有这种特性，是由其独特的能级结构所决定的。

单个原子的能级是分立的。能级概念以及能级分立的解释可参阅文献[3]。对于气体分子，由于分子之间的相互作用很小，可以忽略，因此气体分子的能级和单个原子的能级相似。对于固体，则是形成了能带。固体形成能带的原因可概述如下：对于大部分固体，原子都是按照一定的结构周期性排列的，原子与周围的原子之间会有较强的相互作用，不同原子的能级之间会相互交叉、重叠，最终形成能带。能带理论是理解绝缘体、半导体和金属导体的基础。

在固体的能带中，接近原子核的能带，由于受到原子的束缚比较紧，各个能级上都布满了束缚电子，这样的能带称为满带(filled band)。满带上虽然充满了束缚电子，但是都不能够自由移动，因此，满带上没有自由电子。能量最高的满带(能带中最上面的满带)，称为价带(valance band)，价带上的束缚电子称为价电子。能量最低的空带(能带中最下面的空带)，称为导带(conduction band)，导带上的电子可以自由移动，称为自由电子。价带和导带之间的宽度，称为带隙宽度(band gap)。由于在价带和导带之间的带隙不能存在电子，带隙之间又称为禁带(forbidden band)，带隙宽度又被称为禁带宽度。

绝缘体、半导体和金属导体的能带结构如图 3.3 所示。图 3.3(a)为绝缘体的能带结构示意图。绝缘体的带隙宽度很大，价带上的束缚电子很难从价带跃迁到导带，形成自由电子，因此，绝缘体一般不导电。但是，当激发能量很大时，如绝缘体被高压击穿时，会有大量束缚电子从价带跃迁到导带形成自由电子，自由电子在电势作用下发生定向移动，绝缘体也就变成了导体。显然，绝缘体变成导体需要的能量很大，而且一般情况下，击穿过程是单向不可逆的，因此绝缘体不适合做光学/红外探测器。图 3.3(c)为金属导体材料的能带结构。金属导体带隙宽度很小，甚至和导带发生重叠，导带上大量的自由电子可以在电势作用下定向移动。但是，如 3.2 节所述，金属导体量子效率低、功函数大，而且光子入射前后，材料特性没有明显改变，因此，金属导体也不是光学/红外探测器的理想选择。图 3.3(b)为半导体材料的能带结构。半导体材料带隙宽度不大，一般情况下，半导体不导电。但是，当有光子入射到半导体上时，如果光子的能量大于带隙宽度，价带上的束缚电子就会吸收光子的能量，跃迁到导带成为导带上的自由电子，从而使材料的导电性质发生改变。因此，半导体材料独特的能带结构使其非常适合制作光电探测器件，这也是目前半导体光电探测器件得到广泛应用的根本原因。

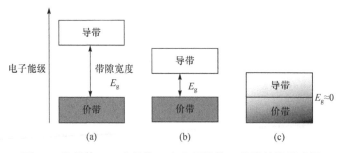

图 3.3　绝缘体(a)、半导体(b)和金属导体(c)能带结构示意图

3.3.1　本征半导体

本征半导体是指纯净的，没有掺杂其他物质的半导体。本征半导体分为两类，一类是以硅和锗为代表的单元素半导体，另一类是由两种或者两种以上的元素组成的混合元素半导体，如砷化钾、硫化铅、氧化锌、碲铬汞等。

最简单的半导体就是单元素半导体硅和锗。由于组成硅晶体和锗晶体的硅原子和锗原子都属于化学元素周期表中的第四主族元素，外围都有四个价电子，所以每个硅原子和锗原子必须额外吸收四个价电子，或者抛弃本身的四个价电子才能形成稳定的结构。在硅和锗的晶体中，每一个原子的四个价电子都分别与周围的四个原子的价电子结合，形成四个共用电子对，即共价键，形成稳定的结构。图 3.4 为硅晶体中硅原子与周围四个原子形成共价键的结构示意图。对于固体硅和锗，由于原子外围的价电子都被束缚起来，不能自由移动，所以在没有外界激发的情况下，硅和锗都不导电。

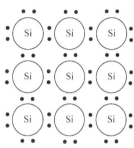

图 3.4　硅晶体中硅原子共价键结构示意图

除了单元素半导体硅和锗，还有两种、三种，甚至多种元素组成的混合元素半导体。两种元素组成的半导体材料，主要有由第三主族元素和第五主族元素组成的锑化铝(AlSb)、氮化镓(GaN)、磷化铟(InP)等，以及由第二副族和第六主族元素组成的硫化锌(ZnS)、硫化镉(CdS)、碲化锌(ZnTe)等。为了满足光电探测的需要，研究人员合成了诸如碲铬汞(HgCdTe)、磷砷化镓铟(InGaAsP)等复杂的多元素半导体。

每一种半导体都有其独特的结构和性质，在光电探测中，半导体的带隙宽度是一个非常重要的参数。带隙宽度反映了价带上的束缚电子跃迁到导带上所需要的能量。当入射光的能量大于带隙宽度时，价带上的束缚电子可以吸收光子的能量，跃迁到导带，形成自由电子；反之，当入射光子的能量小于带隙宽度时，价带上的束缚电子无法吸收光子能量跃迁到导带成为自由电子。因此，半导体材料的带隙宽度决定了半导体材料探测器件的截止波长，换言之，带隙宽度决定了半导体探测器的探测波段。令半导体的带隙宽度等于光子能量，可以获得半导体探测器的截止波长与带隙宽度的关系为

$$\lambda_c = \frac{hc}{C_0 E_g} \tag{3.3.1}$$

其中 h 为前面介绍的普朗克常量，$c = 3 \times 10^8\ \text{m/s}$ 为光在真空中的传播速度，$C_0 = 1.602176565 \times 10^{-19}\ \text{J/eV}$ 为能量单位转换常数，E_g 为带隙宽度，单位为 eV。

将各常数代入公式(3.3.1)可得 $\lambda_c = \dfrac{1.24}{E_g}$ ，单位为 μm。表 3.1 给出了常见半导体材料在温度为 300 K 情况下的带隙宽度和对应的探测截止波长。

表 3.1 部分半导体材料(T=300 K)的带隙宽度及其对应的探测截止波长

半导体材料	带隙宽度(E_g)/eV	截止波长(λ_c)/μm
硅(Si)	1.11	1.12
锗(Ge)	0.66	1.88
砷化钾(GaAs)	1.43	0.87
硫化镉(CdS)	2.42	0.56
硫化铅(PbS)	0.35	3.54
锑化铟(InSb)	0.18	6.89

除了这些结构固定、带隙宽度固定的半导体材料，研究人员还可以通过调控某些元素在固体晶格中所占比例，改变材料的带隙宽度和截止波长。碲镉汞(HgCdTe)材料就是一个很好的例子。碲镉汞的准确化学式表达为 $Hg_{1-x}Cd_xTe$，其中 x 表示镉元素(Cd)在材料中所占的比例，而汞元素(Hg)和镉元素(Cd)所占比例的总和与碲元素(Te)所占的比例相等。表 3.2 列出了不同比例下碲镉汞材料的带隙宽度和截止波长。可以发现，在碲镉汞材料中，汞元素的含量越高、镉元素的含量越低时，碲镉汞材料的带隙宽度越小，对应的探测截止波长也越长。

表 3.2 碲镉汞($Hg_{1-x}Cd_xTe$)的带隙宽度及其对应的探测截止波长[4]

x	带隙宽度(E_g)/eV	截止波长(λ_c)/μm
0.196	0.09	14
0.21	0.12	10
0.295	0.25	5
0.395	0.41	3
0.55	0.73	1.7
0.70	1.00	1.24

需要注意的是，半导体的性质与温度关系密切，不同温度下，半导体的性质可能相差很大，这也是很多半导体探测器需要制冷的原因，特别是针对红外波段的探测器。

3.3.2 非本征半导体

本征半导体材料的性质完全取决于材料本身，很难通过人为介入来调整其性质。为了改变半导体的结构和性质，可以在本征半导体中人为地掺入一定浓度的其他物质，这就是非本征半导体(extrinsic semiconductor)。

在介绍非本征半导体之前，我们先引入载流子(carrier)的概念。

对于半导体材料，当价带上的束缚电子吸收能量跃迁到导带时，就成为可以自由移动的电子。由于半导体材料是中性的，不带电，跃迁到导带的电子带负电，价带上就会滞留一个带正电的空位，这个空位的性能和电子一样，可以假想为带正电的粒子，我们称为空穴(hole)。空穴所带的电荷，与电子电量相等，符号相反。可见，半导体材料吸收外界能量，每激发到导带上一个自由电子，就会同时在价带产生一个空穴，电子和空穴又称为电子空穴对。导带上的电子是有寿命的，不能一直待在导带上，当导带上的电子跃迁到价带时，导带上的电子和价带上的空穴同时消失，称为电子空穴复合。电子与空穴都可以导电，统称为载流子。在本征半导体中，一般情况下，由于空穴和电子的数量相等，我们不予区分。但是，在非本征半导体中，空穴和电子数量不相等，数量多的载流子称为多子，数量少的载流子称为少子。

在本征半导体(如单元素半导体硅和锗)中，掺入一定浓度的杂质元素，掺入的元素就会在固体的晶格中替代原来的元素。如果掺入元素的价电子数目多于组成半导体材料元素的价电子数目，每个掺入元素的原子除了贡献出四个价电子与周围原子组成四个共价键之外，多出来的价电子就会成为弱束缚电子，很容易吸收一定的能量成为自由电子。这样的半导体材料称为 N 型半导体材料，掺入的杂质元素称为施主(donor)。例如，在半导体硅中掺入一定浓度的磷(P)元素，掺入的磷元素会在硅的晶格中取代一部分硅原子，并贡献四个价电子与周围的四个硅原子的价电子组成共价键，但是由于磷元素的价电子比硅多一个，多出来的一个价电子由于受到束缚很弱，很容易吸收能量成为自由电子。掺入磷的硅半导体就是一种 N 型半导体，磷元素就是施主，共价键结构如图 3.5(a)所示。

在本征半导体(如单元素半导体硅和锗)中，掺入一定浓度的杂质元素，如果掺入元素的价电子数目少于组成半导体材料元素的价电子数目，杂质元素只能贡献出少于四个的价电子与周围的原子组成共价键，缺失的价电子可以看成弱束缚空穴，这样的半导体材料称为 P 型半导体材料，掺入的杂质元素称为受主(acceptor)。如在半导体硅中掺入一定浓度的硼(B)元素，这些掺入的硼元素在硅的晶格中取代一部分硅原子，但是由于硼元素的价电子比硅少一个，硼原子只能贡献出三个价电子与周围的三个硅原子的价电子组成共价键，剩下的一个硅原子必然会存在缺一个电子不能形成共价键的状态，这个状态可以看成一个弱束缚空穴，空穴很容易吸收能量成为可以自由移动的空穴。掺入硼的硅半导体就称为 P 型半导体，硼元素就是受主，共价键结构如图 3.5(b)所示。

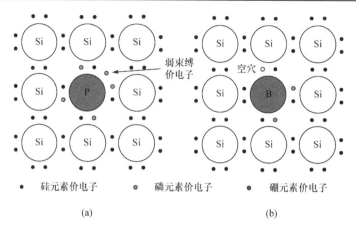

● 硅元素价电子　　　● 磷元素价电子　　　● 硼元素价电子

(a)　　　　　　　　　　　　　(b)

图 3.5　硅晶体中掺杂磷(a)和硼(b)元素后的共价键结构示意图

　　N 型和 P 型半导体材料由于掺入了杂质元素，能带结构发生了改变，图 3.6 给出了这两种半导体材料的能带结构示意图，其中实心圆表示电子，空心圆表示空穴。对于 N 型半导体，如图 3.6(a)所示，由于弱束缚电子很容易吸收能量成为自由电子，因此，弱束缚电子的能级，即施主能级，一般位于导带下方少许，容易吸收能量跃迁到导带形成自由电子；而对于 P 型半导体，如图 3.6(b)所示，由于弱束缚空穴很容易吸收能量成为价带上的自由空穴，因此，弱束缚空穴的能级，即施主能级，一般位于价带上方少许，容易在价带形成空穴。通过元素掺杂，N 型和 P 型半导体材料，即使是受到长波辐射，也可以很容易产生载流子。这些材料在红外探测，特别是中红外探测中广泛使用。表 3.3 给出了本征半导体硅和锗及其非本征半导体在 $T=77$ K 情况下能级宽度和截止波长的比较。

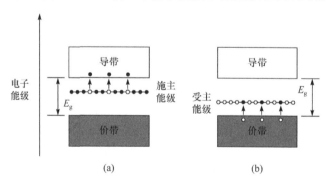

(a)　　　　　　　　　　　　(b)

图 3.6　N 型(a)和 P 型(b)半导体材料的能带结构示意图

　　需要注意的是，在 $T > 0$ K 情况下，特别是温度较高时，由于非本征半导体杂质能级的存在，带隙宽度变得很窄，当带隙宽度与周围环境的平均热能量(量级约为 kT，其中 $k=1.380649\times10^{-23}$ J/K 为玻尔兹曼常量，T 表示温度，单位为

K)相差不多时，就会吸收周围的热量，激发产生电子-空穴对，又称为热生载流子。热生载流子的大量产生会严重影响红外探测器的灵敏度，甚至导致其无法工作。此时，需要对红外探测器采用液氮或者其他机制的制冷。一般的红外光电探测器，在探测波长超过 3 μm 的红外光时，就必须制冷。

表 3.3 硅和锗及其非本征半导体($T=77$ K)的带隙宽度及其对应的截止波长[5]

	半导体材料	带隙宽度(E_g)/eV	截止波长(λ_c)/μm
本征半导体	硅(Si)	1.11	1.12
	锗(Ge)	0.66	1.88
非本征半导体	硅掺杂镓(Si:Ga)	0.073	16.99
	锗掺杂金(Ge:Au)	0.15	8.27

在 N 型半导体中，由于施主能级距离导带底很近，半导体吸收能量后会产生大量的自由电子，导电的载流子主要为电子，因此在 N 型半导体中，电子为多子，空穴为少子；而在 P 型半导体中，由于受主能级距离价带顶很近，吸收能量后会产生大量的空穴，导电的载流子主要为空穴，因此在 P 型半导体中，空穴为多子，电子为少子。

3.3.3 PN 结的结构和原理

在一块半导体材料中，如果同时包含 N 型区和 P 型区，那么在 N 型区和 P 型区的交界处，就会形成 PN 结。PN 结又称为二极管(diode)，是目前大多数半导体光电探测器的核心器件。

图 3.7 为 PN 结的结构示意图。在热平衡下，P 型区存在大量的空穴，而 N 型区存在大量的电子。在 P 型区和 N 型区的交界处，在载流子浓度梯度的作用下，P 型区的空穴会向 N 型区扩散，与 N 型区的电子复合，扩散的结果导致 P 型区带负电。同样在载流子浓度梯度的作用下，N 型区的电子会向 P 型区扩散，与 P 型区的空穴复合，导致 N 型区带正电。于是，在 PN 结内，就会形成

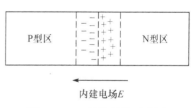

图 3.7 PN 结的结构示意图

一个空间电荷区，在电荷区内形成一个由 N 型区指向 P 型区的内建电场。内建电场形成后，会促使 P 型区的电子向 N 型区漂移，N 型区的空穴向 P 型区漂移，同时阻止载流子进一步的浓度扩散，从而使载流子的漂移和浓度扩散达到动态平衡。因此，在动态平衡下，虽然 PN 结内部存在载流子的漂移和扩散，但是

PN 结内的电流几乎为零。

如图 3.8(a)所示，当 PN 结上施加正向电压时，即 P 型区接电源正极，N 型区接电源负极，电荷区内的内建电场被外接电源削弱，空间电荷区变窄，PN 结内载流子的扩散运动与内建电场作用下载流子的漂移运动的动态平衡被打破，载流子的扩散运动被加强，因此空穴不断地从 P 型区扩散到 N 型区，电子也源源不断地从 N 型区扩散到 P 型区，形成电流，而且随着施加电压的增大，PN 结内的电流会迅速增加。这就是 PN 结的正向导通。

如图 3.8(b)所示，当 PN 结上施加反向电压时，即 P 型区接电源负极，N 型区接电源正极，在电荷区内的内建电场和外接电源的共同作用下，空间电荷区变宽，PN 结内载流子的扩散运动被进一步阻止，几乎没有电流通过 PN 结。这就是 PN 结的反向截止。PN 结正向导通和反向截止情况下的电流电压关系示意图如图 3.8(c)所示。

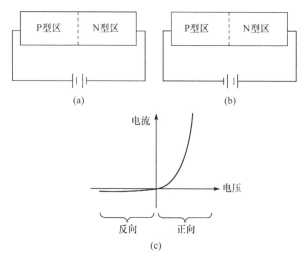

图 3.8　PN 结正向导通(a)、反向截止(b)电路及电流特性曲线(c)示意图

虽然 PN 结的正向导电特性在电子器件中有着重要的应用，但是光电探测主要利用 PN 结的反向电流截止的性质。当 PN 结被施加反向电压时，电路中仅仅有热激发产生的载流子产生微弱电流，这部分电流在探测中会作为噪声被探测到。但是，一旦 PN 结的空间电荷区被外来辐射照射，且辐射波长小于半导体材料的截止波长，PN 结就会吸收辐射，产生大量的电子空穴对，产生的电子会在外接电源和内建电场的作用下被迅速拉到 N 型区，而空穴则被迅速拉到 P 型区，进而产生光电流，这个电流完全由外来辐射引起，通过检测电路中电流的强弱或者电压的高低就可以实现光电探测。这就是光电二极管和雪崩二极管的探测原理，在后面的章节中将进行详细讨论。

3.4　光电探测器的特征参数

在光电探测器的选择和使用过程中，为了最大限度地发挥探测器能力、实现最佳的探测效果，除了需要了解光电探测器探测的物理机制外，还要理解探测器具体的特征参数，特别是这些特征参数表达的具体含义。本节我们将就光电探测器的特征参数展开讨论。在讨论光电探测器的特征参数之前，我们先讨论一下噪声的定义和各种噪声及其来源。

噪声(noise)：在光电探测过程中，所有不需要的且伴随探测器输出自由涨落的信号，都称为噪声。任何探测过程都会受到噪声的影响，噪声决定了探测器可探测信号的下限。光电探测过程中所涉及的噪声主要有五种，即热噪声，或称约翰孙噪声(Johnson noise)、散粒噪声(shot noise)、光子噪声(photon noise)、产生-复合噪声(generation-recombination noise)和闪烁噪声(flicker noise, 或 $1/f$ noise)。

热噪声，是由探测器材料的热涨落导致的。在温度高于绝对零度时，探测器材料内部存在电子的随机热运动，虽然在长时间范围内，由于电子运动产生的平均电流为零，但是在有限的探测时间内，电子的随机运动产生的电流不为零，就会在探测器的输出端产生随机涨落的信号，即热噪声。显然，温度越高，材料内部的电子运动越剧烈，产生的热噪声也越大。因此，减小热噪声的唯一途径就是对探测器进行制冷，保持探测器运行在一个低温环境中。

散粒噪声，是由到达电路阳极的电子数目的随机涨落引起的。例如，在外光电效应中，到达阳极电子数目的随机涨落，引起外围电路中产生随机起伏的电流，称为散粒噪声。

光子噪声，是由到达探测器的光子数目的随机起伏引起的。光子噪声在光电探测中不可避免，特别是在弱光探测中，由于光子数目有限，光子噪声将变得非常显著，但是在强光探测中，由于光子数目很多，此时光子噪声可以忽略。

散粒噪声和光子噪声都是由随机起伏的不连续脉冲(离散的电子和光子)引起的，在微弱信号探测中比较显著。

产生-复合噪声，是由半导体材料中载流子产生和复合的随机性引起的，是半导体光电探测器特有的噪声来源之一。产生-复合噪声的来源与散粒噪声、光子噪声相似，都是由随机起伏的非连续脉冲引起的。

闪烁噪声，其功率与光信号的频率成反比。当探测器的探测频率较低时，闪烁噪声对光电探测的影响比较大，甚至可以超过散粒噪声对光电探测的影响，因此闪烁噪声又称为过量噪声(excess noise)。目前，闪烁噪声产生的机制还不是太清楚，通过提高探测频率可以抑制探测器的闪烁噪声。

响应时间(response time)：响应时间是指光电探测器能够探测到入射光强度变化的最小时间。响应时间是衡量探测器对辐射响应速度的物理量，探测器响应时间越短，表明探测器的探测频率越高。

光电探测器都是平方律探测器，即探测器输出正比于光场振幅的平方[3]。光电探测器的响应时间太慢，对应的探测频率远远达不到光场的振动频率，因此光电探测器只能探测到光场在其响应时间内的强度积分。

光谱响应(spectral response)：光谱响应是指光电探测器具有稳定可靠响应的光谱范围，即探测器的响应是波长的函数。目前的光电探测器都只能在有限的光谱范围内实现光电探测，这也意味着探测不同的波段需要分别采用不同的探测器。例如，硅探测器的光谱响应范围为 0.4~1.1 μm，因此，基于硅的探测器无法在 1.1 μm 之外的红外波段进行探测。

量子效率(quantum efficiency)：量子效率是指由入射到探测器上的光子产生的光电子数目或载流子数目与入射光子数目之比。量子效率反映了探测器的探测效率，量子效率越高，在同等条件下，光子转化为光电子或载流子的概率越高，探测器的探测效率也越高。

动态测量范围(dynamic measurement range)：动态测量范围是指对入射光信息表示不失真的前提下，探测器可以探测到光信号的最大变化范围。动态测量范围表征了探测器可以信赖的测量范围，超过该测量范围，探测器输出的信号不准确，甚至可能损坏探测器。例如，一硅基光电二极管功率计的标称动态测量范围为 50 nW~50 mW，表明功率计探测的上限是 50 mW，而可探测的功率的下限为 50 nW，只有在此范围内输出的信号才是可靠的。

线性度(linearity)：线性度是指探测器的输出信号随入射光子数目变化的线性程度。探测器的线性度非常重要，线性度越好，探测器的测量越准确。在探测器的使用过程中，应该尽量避免探测器工作在其动态测量范围的上限和下限附近，因为探测器在动态测量范围上下限附近的线性度通常不太好，应尽量使探测器工作在线性度较好的测量范围内。

响应度(responsivity)：响应度是指单位光功率输入的情况下，探测器的信号输出(电压或者电流)。响应度定义了探测器的输出特性，探测器的响应度越高，在同等条件下，探测器的输出信号也越强，反之，响应度越低，探测器的输出也越小。因此，探测器的响应度可以用来衡量探测器输出信号的强弱，是选择探测器的重要参考指标。

等效噪声功率(noise equivalent power)：当入射光在探测器上产生的信号输出和探测器的噪声一样时，该入射光的功率大小称为探测器的等效噪声功率。探测器噪声会随着测量频率带宽的改变而变化，因此等效噪声功率通常定义在 1 Hz

的测量频率带宽下。等效噪声功率表征了探测器的最小可探测信号，决定了探测器动态测量范围的下限，是衡量光电探测器探测弱信号能力最有效的参数。等效噪声功率越小，探测器的性能越好。在选择探测器时，需根据应用场景选择具有合适等效噪声功率的探测器。

显然，感应区域面积的大小会影响探测器的等效噪声功率。为了去除感应面积对探测器性能的影响，人们引入了比探测率。

比探测率(specific detectivity): 比探测率的定义为探测器感应面积与测量频率带宽乘积的平方根与探测器的等效噪声功率之比，而测量频率带宽通常是 1 Hz。比探测率越大，探测器探测弱信号的性能越好。相对于等效噪声功率，比探测率更好地反映了探测器的本征性能，而且其值的大小对应探测器性能的高低，更符合人的思维习惯。

目前光电探测器的发展已经基本满足了光电探测的需求，但是在某些方面与研究人员期望的理想探测器还有差距，例如，探测器无法分辨波长，无法实现偏振探测等。目前，所有的探测器都只能对辐射的强度进行探测，无法分辨辐射的波长。探测不同波长下辐射的强度，只能通过在探测器前面加滤波片或者通过在光学系统中引入光栅来实现。而对不同偏振方向光场的探测只能通过引入偏振片等光学元件实现。

3.5　光电探测器实例

光电探测器的种类很多，本节将根据光电探测器的分类，简要讨论不同类型的光电探测器实例及其探测过程，部分内容改编自文献[6]。

3.5.1　光电探测器的结构和基本探测过程

光电探测器的结构一般包括两个部分：感光材料和放大读出电路。感光材料主要用来接收辐射，使入射的辐射转换为电信号。放大和读出电路是探测器的外围电路，主要用来对辐射转化的电信号进行放大和读出，最终实现光电探测。

根据光电探测器的结构和光电效应的基本原理，可以将光电探测过程分为六个步骤：辐射的引入、电荷的产生、电荷的收集或倍增放大、电荷转移、信号放大和信号读出[4, 7]。

辐射的引入， 是指将待测的光辐射引到光敏材料上。通过在光敏材料上镀增透减反膜，可以减少辐射在光敏材料表面上的反射损失，达到光敏材料对照射到其表面上光能量的最大吸收。

　　当入射光正入射到空气和感光材料的界面时，会产生光的反射，带来能量损失。根据第 2 章中折射率的相关理论，折射率实际上反映了光在介质中的传播速度的快慢，当光由传播速度快的空气正入射到传播速度慢的感光材料介质中时，由于速度发生剧烈变化，将有一部分能量被反射回空气中，而且速度变化越大，即两种介质的折射率差别越大，反射率就越大，能量损失也越大，反之，反射率越小，能量损失也越小。根据菲涅耳公式，正入射的情况下，光在两种介质界面上的反射率可以表示为

$$R = \left(\frac{n_{\text{air}} - n_{\text{m}}}{n_{\text{air}} + n_{\text{m}}} \right)^2 \tag{3.5.1}$$

其中 n_{air} 为空气的折射率，约为 1.00，n_{m} 表示感光材料的折射率。可见界面的反射率与界面两边介质的折射率有直接关系。例如，常用的半导体材料硅，对于 500 nm 的可见光折射率约为 3.30，该波长的可见光由空气正入射到硒化铅探测器时，根据公式(3.5.1)，将有 39%的光能量被反射回去。常用的半导体材料硒化铅，对于 5 μm 的红外波折射率约为3.88，该波长的红外线由空气正入射到硅探测器时，根据公式(3.5.1)，将有 44%的光能量被反射回去。可见，无论是在可见光还是红外波段，为了尽量避免能量损失，都需要对感光材料的界面进行处理，以降低界面的反射率。

　　降低反射率的做法通常是在界面上镀增透减反膜。如果在界面上镀一层厚度为 $\frac{1}{4}\lambda$ 的增透膜，其中 λ 为入射光的波长，由于由增透膜前后表面反射回来的两束反射光之间的光程差为 $\frac{1}{2}\lambda$，由此引入的相位差为 π，两束反射光就会相互抵消，使入射光能够完全入射到感光材料中，避免能量损失。但是，这种方法只能在一种波长下完全消除光在界面上的反射。为了在更宽的光谱范围内降低反射损失，通常需要在感光材料的表面镀多层膜。

　　电荷的产生，是指光敏材料吸收光子的能量后产生电荷或者电子-空穴对。

　　当入射光的能量低于半导体的带隙宽度时，即入射光的波长大于半导体材料的截止波长时，入射光无法激发出电子-空穴对，探测器对入射光没有响应。当入射光的能量超过半导体材料的带隙宽度时，光子的能量就会被束缚电子吸收，激发出电子-空穴对，即自由载流子，自由载流子是可以自由移动的空间电荷，能够在电路中形成电流或者电压。在入射光激发自由载流子的同时，热辐射也可以一定概率激发出自由载流子，热辐射激发出的自由载流子，形成热噪声。为了提高探测器的信噪比，可以对探测器进行制冷，降低热辐射激发自由载流子的概率。特别是对于红外探测器，由于红外半导体探测材料的带隙宽度很小，热噪声

影响很大，通常需要液氮对半导体探测器制冷。

电荷的收集或倍增放大，是指在电场的作用下将产生的电荷收集起来或者将其数目倍增。

不同的探测需求需要不同的探测过程。例如，在某些光电探测过程中，需要探测一段时间内辐射强度的总和，此时就需要探测器能够收集这一段时间内产生的所有电荷，然后再进行后续的电信号处理，这个过程就是电荷的收集。然而，在弱光探测中，由于光信号产生的电信号很弱，若对电信号直接放大，在信号放大的同时，也会放大噪声。为此，需要对产生的电荷进行连续的倍增放大，使外围电路中可以产生足够强的电流或电压信号，从而实现弱光探测。

电荷的转移，是指在电场作用下将收集的电荷逐步转移到放大读出电路上的过程。

在一些探测过程中，由于探测的通道太多，而放大读出的通道有限，例如，在某些阵列型探测器中，就需要将收集的电荷按照一定的顺序将不同探测单元收集的电荷转移到放大读出通道。

信号放大，是指通过外围的电路将电荷产生的电流或者电压信号放大，产生较强的信号输出。

当辐射较强时，一般不需要对产生的电信号进行放大，但是在弱光探测中，由于探测器探测到的电信号很弱，就需要对信号进行放大。需要注意的是，在放大信号的同时，噪声也会被放大，因此信号放大电路需要特殊的设计。目前常用的放大器件为场效应管(field effect transistor, FET)。

信号读出，是指通过外围的电路将经过放大的电信号(电流或者电压)以特定的方式输出。

光电探测器的探测过程基本遵循上述六个步骤，但是并不是每种类型的探测器都必须完整地包含这六步。其中，辐射的引入、电荷的产生、信号的读出是所有探测器都包含的探测步骤。

3.5.2　光电发射探测器

光电发射探测器的基本原理是外光电效应，入射光激发的光电子在电场作用下加速运动到阳极，从而在外围电路中形成电流，通过测量电流或者电压来测量辐射强度。光电发射探测器的典型代表是光电管和光电倍增管。两者的区别在于光电管没有电荷的倍增放大过程，而光电倍增管通过多级放大，实现了电荷倍增放大，更适合弱光探测。

光电管的结构如图 3.9 所示，主要包括一个可以产生自由电子的光阴极(photocathode)和一个外接偏置电压的阳极(anode)，阳极和光阴极之间的电压范围通常为 100～1000 V。为了避免光电效应产生的光电子与空气分子碰撞影响探测效率，光阴极和阳极都封装在真空管中。

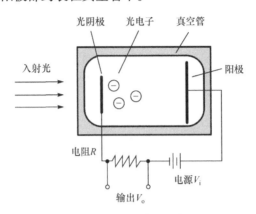

图 3.9　光电管结构示意图

　　光电管的光阴极上涂有光敏材料，当入射光的波长大于光阴极上光敏材料的截止波长时，入射光无法通过光电效应释放光电子，探测器没有响应。当入射光的波长小于光敏材料的截止波长时，入射光可以迅速释放光电子，光电子在外接电源的作用下加速运动到阳极，在外围电路中形成电流，电流通过电阻，电阻两端的电势差就是探测器的电压输出。

　　光电管的响应时间是由电子从光阴极加速运动到阳极的渡越时间决定的。这个时间主要取决于光阴极到阳极的距离和光阴极与阳极的电压。光电管的响应时间越长，探测频率越低。

　　光电管的探测过程主要涉及辐射引入、电荷产生、信号读出三个步骤。光电管由于没有信号放大过程，不适合进行弱光探测。

　　为了提高光电管的探测灵敏度，可以在光阴极和阳极之间增加一系列倍增电极，进行二次电子激发，这就是光电倍增管(photomultiplier)。如图 3.10 所示，光电倍增管的结构和光电管结构相似，只是中间增加了数个倍增电极，使达到阳极的电子数目大大增加，从而使外围电路中产生了更大的电流信号。

　　光电倍增管的具体探测过程如下。入射光激发光电子后，光电子被光阴极和第一个倍增电极之间的电场加速到第一个倍增电极，通过光电子与第一个倍增电极的撞击，二次激发倍增出更多的电子，这些新激发出来的电子又被第一个倍增电极与第二个倍增电极之间的电场加速到第二个倍增电极。如此这样不断重复，经过一系列的倍增电极倍增后，可以形成数量巨大的电子束，电子束最终被加速到光电倍增管的阳极上，形成很大的电流，通过测量电流，或者测量电流所通过电阻两端的电势差就可以获得入射光的强度。正是由于一系列倍增电极的二次电子激发，极大的提高了光电倍增管的弱光探测能力。

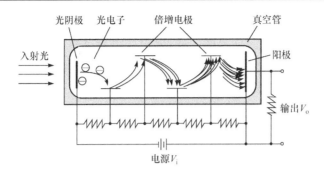

图 3.10　光电倍增管结构示意图

与光电管类似，光电倍增管的响应时间也是由电子从光阴极加速运动到阳极的渡越时间决定的。

光电倍增管的增益是光电倍增管的重要参数。倍增电极材料通常采用热辐射小、倍增增益高的铍或者镁的氧化物，这些材料在 100 V 的加速电压下，可以实现 3~5 倍的倍增增益。如果一个光电倍增管每个倍增电极的平均增益为 5，经过 8 个倍增电极后，电子的增益就可以达到 5^8，约 10^6 量级，商用的光电倍增管一般增益可以达到 10^7~10^8，甚至更高。

对于光电倍增管，相同条件下，高增益需要更多的倍增电极数目，但是倍增电极数目的增多会增加探测器的响应时间，影响探测器的探测频率。因此，使用光电倍增管时，需要在高增益和快速响应之间进行折中。

光电倍增管主要涉及辐射引入、电荷产生、电荷的倍增放大和信号读出四个步骤。由于光电倍增管引入了电荷倍增放大机制，所以光电倍增管具有更高的灵敏度，更适合弱光探测。

3.5.3　光电导探测器

光电导探测器的基本原理是内光电效应，利用入射光在半导体材料中激发出自由载流子，改变半导体材料的导电特性，在外围电路中形成电流，通过测量电流或者电压来测量辐射强度。光电导探测器的典型代表是光敏电阻(photoresistance)。

光敏电阻进行光电探测的原理如图 3.11 所示。光敏电阻连接在一个电路中，当没有光照或者入射光的能量低于半导体的带隙宽度时，光敏电阻内部仅有热生载流子导电，电流很小，又称为暗电流；当入射光能量高于半导体带隙宽度时，入射光就会激发大量的自由载流子，迅速提高半导体的导电特性，使外围电路中的电流迅速增加。而且，光越强，激发的自由载流子数目越多，通过光敏电阻的电流越大，电阻越小，这也是光敏电阻命名由来。

光电导探测器利用入射光激发产生电子-空穴对，改变材料的导电特性，实现了对入射光的探测。但是，电子-空穴对有一定寿命，电子-空穴对寿命越长，电子空穴复合得越慢，光电导探测器的响应时间也越长，相应地，探测器响应的频率带宽也越窄，相反，如果电子-空穴对的寿命越短，探测器响应时间也越短，探测器响应的频率带宽也越宽。因此，半导体材料的自由载流子寿命决定了光电导探测器的最大探测时间频率。

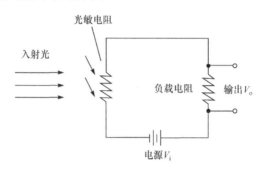

图 3.11　光敏电阻工作原理示意图

　　光电导探测器利用了半导体材料的自身导电性能，一般无须采用 PN 结结构。光电导探测器可以采用本征半导体材料，也可以采用非本征半导体材料，本征型的光电导探测器通常使用在可见光和近红外波段，无须制冷，而非本征型光电导探测器通常工作在波长较长的中红外波段，需要制冷。

　　光电导探测器的探测过程主要涉及辐射引入、电荷产生、信号读出三个步骤。

3.5.4　光伏探测器

　　光伏探测器的基本原理是内光电效应。光伏探测器的基本结构是 PN 结，根据 3.3.3 节中所述 PN 结的结构和原理，当入射光的能量大于材料的带隙宽度时，就会在 PN 结内激发电子-空穴对。电子-空穴对在 PN 结内建电场的作用下，会将电子拉向 N 型区，将空穴推向 P 型区，这样就会在 PN 结上形成一个附加电动势。这种效应称为光生伏特效应或光伏效应(photovoltaic effect)。PN 结的光伏效应可以用来做太阳能电池。在 PN 结的两端施加反向电压可以改变 PN 结的电流-电压特性，这是光电二极管(photodiode)的工作基础。当反向电压非常高时，可以在 PN 结内产生雪崩效应，生成更多的自由载流子，这是雪崩二极管(avalanche photodiode)的工作基础。光电二极管和雪崩二极管是典型的光伏探测器。

　　光电二极管的结构如图 3.12 所示。在 PN 结的两端接反向电压，根据 3.3.3 节所述 PN 结的特性可知，PN 结在内建电场和外接反向偏压的共同作用下，多子的浓度扩散运动被限制，空间电荷区变宽。当没有入射光或者入射光的能量小于 PN 结半导体材料的带隙宽度时，仅有很少的热生载流子被 PN 结内的电场拉向外围电路，形成暗电流噪声。当入射光的能量大于 PN 结半导体材料的带隙宽度时，入射光会瞬间激发大量的自由载流子，即电子-空穴对，内建电场和外接电源在 PN 结内部形成的电场会共同将电子拉向 N 型区，将空穴拉向 P 型区，进而在外围电路中形成电流，通过测量在外围电路中负载电阻两端的电势差就可以测量入射光的强度。

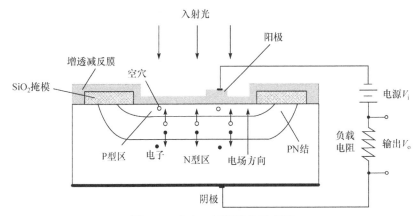

图 3.12　光电二极管结构示意图

　　为了提高光电二极管的探测效率，通常 PN 结的 P 型区会很薄，一般情况下小于 1 μm，如图 3.13(a)所示。虽然 P 型区很薄，不利于吸收入射光子的能量，但是入射光透过 P 型区后，可以在 PN 结的空间电荷区和 N 型区的边界被吸收。而且，光电二极管 P 型区做薄之后，在外接电源的作用下，由于 PN 结厚度变小，PN 结内的电场强度迅速增加，电场强度增加将会加速把电子和空穴分别拉向 N 型区和 P 型区形成电流，从而避免电子-空穴对在空间电荷区的快速复合，提高探测效率。此外，实际的探测器，通常会在 PN 结的中间，加一层很薄的本征半导体，形成 PIN 结。如图 3.13(b)所示，在 PIN 结中，由于本征半导体的带隙宽度大于非本征半导体，导致本征半导体的电阻较高，因此，PIN 结内的电压主要加在本征半导体层。同时，本征半导体层厚度又很薄，这就导致在本征半导体层有很强的电场。这样，在入射光子透过 P 型区后，在本征半导体层形成的自由载流子就会被强大的电场非常迅速地推到 PIN 结的电极两端，在外围电路中形成电流。因此，PIN 结具有非常高的响应频率，通常可以达到 10^{10} Hz 左右。

　　光电二极管的探测过程主要涉及辐射引入、电荷产生、信号读出三个步骤。

　　雪崩二极管的结构和普通的光电二极管相似，只是雪崩二极管在 PN 结两端施加了很高的反向偏置电压，使 PN 结处于被击穿的临界点。当入射光的能量高于 PN 结半导体材料的带隙宽度时，会在 PN 结内产生电子-空穴对，电子-空穴对被 PN 结两端的高压反向偏置电压建立的电场迅速加速，当电子和空穴的速度被加速到一定程度时，高速运动的电子和空穴就可以通过碰撞，将价带上的束缚电子激发到导带上，这个过程称为电离碰撞(ionizing collision)。电离碰撞激发出来的自由载流子又在电场下加速，通过电离碰撞，产生新的自由载流子，如此反复，PN 结内的自由载流子会雪崩式地增加，从而在外围电路中迅速形成很强的电流信号。雪崩二极管中这种雪崩式的电荷倍增和光电倍增管中的倍增电极的二次激发相似，因此雪崩二极管又被称为固体光电倍增管(solid-state photomultiplier)。

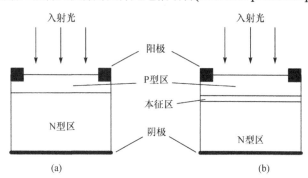

图 3.13　PN 结(a)、PIN 结(b)结构示意图

　　雪崩二极管兼具光电倍增管灵敏度高和 PIN 结光电二极管响应速度快的优点，具有广泛的应用。为了保证雪崩二极管的性能，PN 结两端的电压需要保持稳定，否则电压过高会将 PN 结击穿，形成永久性损坏。但是电压过低又达不到理想的探测效果。因此，稳定工作的雪崩二极管需要外围的温度补偿电路以维持 PN 结两端反向高压的稳定。

　　与光电倍增管类似，雪崩光电二极管的探测过程主要涉及了辐射引入、电荷产生、电荷的倍增放大和信号读出四个步骤。

3.5.5　阵列型光电探测器

　　通过大规模集成电路技术，可以将许多个光电导或者光电二极管器件按照一维或者二维排列集成到一块半导体晶片上，制作成可以给出光强的一维或者二维分布的探测器，这种类型的探测器称为阵列型光电探测器。阵列型光电探测器最显著的优点就是空间分辨率高，可以探测物体的细节，是目前使用最广泛的光电探测器。阵列型光电探测器的典型代表有电荷耦合器(charge-coupled device, CCD)，互补金属氧化物半导体(complementary metal oxide semiconductor，CMOS)阵列，以及盖革雪崩二极管阵列。

　　电荷耦合器是典型的阵列型光电探测器，反映其性能的一个重要参数就是像素(pixel)单元数目和像素大小。像素数目的多少决定了探测器采样数目，像素越多，采样数目也越多，探测器记录的信息也越丰富。目前，常用的电荷耦合器一般都可以达到 1024×2048(1K×2K, 1K=1024)，百万像素量级。天文学上为了寻求大视场，通过拼接多块电荷耦合器，像素数目可以达到 4K×4K，甚至 8K×8K。像素大小决定了探测器空间采样频率，即 $\dfrac{1}{\Delta x}$，其中 Δx 为像素大小。由此可见，电荷耦合器的像素越小，空间采样频率越高，物体的细节记录得越清楚。但是由于像素越小，单个像素的感光面积随之下降，电荷耦合器的响应度会有所降低。目前，电荷耦合器的像素大小一般为 5 μm，小的可以达到 2.2 μm，甚至 1.4 μm。天文上常见的电荷耦合器像素大小一般为 15～18 μm。

此外，可以根据入射光的强弱，调整电荷耦合器的曝光时间，获得高信噪比图像。对于比较弱的入射光，可以将曝光时间调长，对于较强的入射光，可以将曝光时间调短。在一般的成像系统中，电荷耦合器的曝光时间一般为毫秒量级，曝光时间越短，探测器的时间分辨率越高，可以捕捉到高速运动物体的瞬时状态。由于天体距离地球很远，入射光强度一般都比较弱，天文相机的曝光时间都比较长，有的甚至需要曝光半小时到一小时。此时，电荷耦合器一般需要制冷以消除热噪声对探测的影响。而自适应光学系统波前探测机构中使用的探测器，为了满足实时探测的需要，曝光时间很短，一般为毫秒量级，甚至更短。

电荷耦合器的结构如图 3.14 所示。每块电荷耦合器由一定数目的像素单元、电荷寄存器和放大读出电路组成。每个像素单元又由三个亚像素单元构成，每个亚像素单元上都镀有彼此独立的电极，电极上的电压受时钟控制，交替产生不同高度的势阱，实现电荷在亚像素单元内的收集和转移。在行方向上，不同像素之间没有永久势垒，相邻像素区域内的电荷可以在电场的作用下发生转移，但是在列方向上，像素之间存在着永久势垒，对应区域内的电荷不能发生转移。

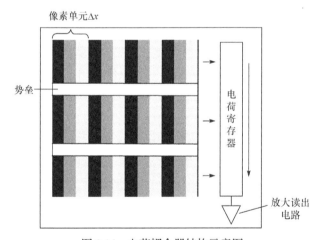

图 3.14　电荷耦合器结构示意图

电荷耦合器的单个像素单元的结构示意图如图 3.15 所示。电荷耦合器的单个像素单元的结构与光电二极管结构相似，不同的是，电荷耦合器的像素单元的阳极分成了三个，目的是通过施加不同的电压来控制区域内的电荷转移。此外，为了保持三个亚像素单元的一致性，电极和 PN 结之间覆盖了一层绝缘的二氧化硅(SiO₂)掩模。如图 3.15 所示，入射光垂直向下通过电极入射到感光材料上，电荷耦合器的这种入射方式称为前照式(frontside)。对于前照式的电荷耦合器，入射光在进入感光材料前，需要通过一定厚度的电极材料和与电极相连的线路网，会吸收靠近紫外端的蓝光，大大降低了蓝紫光的量子效率。为此，研究人员对电荷耦合器进行了改进，在阴极上镀上增透减反膜，让入射光从阴极方向入射，从而提高了电荷耦合器对蓝紫光的量子效率，这种照射方式称为背照式(backside)。由于背照式的电荷耦合器对蓝紫光有较好的光谱响应，目前大多数的电荷耦合器都采用背照式。

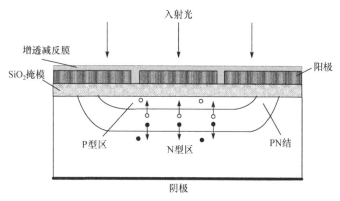

图 3.15　前照式电荷耦合器单个像素单元结构示意图

下面以两个像素单元为例，阐述电荷耦合器的工作原理。

当入射光的能量大于半导体材料的带隙宽度时，就会有电荷产生。电荷产生的同时，通过时钟控制每个像素单元上三个亚像素单元电极上的电压满足 $V_1 < V_2 < V_3$，将产生的电荷收集到每个像素的第三个亚像素单元对应的势阱，这就是电荷的收集，如图 3.16 所示。

当电荷耦合器达到曝光时间以后，电荷的收集过程结束。每个亚像素单元上的电极会在时钟控制下转换电压，满足 $V_2 < V_3 < V_1$，曝光时间内产生的电荷在亚像单元上的电压作用下沿着行方向由上一个像素的第三个亚像素单元向下一个像素单元的第一个亚像素单元转移，如图 3.17 所示。在向每个像素的第一个亚像素单元转移的电荷转移完成之后，每个亚像素单元上的电极会在时钟控制下会再次转换电压，满足 $V_3 < V_1 < V_2$，使电荷沿着行方向由每个单元像素的第一个亚像素单元向本单元像素的第二个亚像素单元转移，如图 3.18 所示。时钟如此循环变化，直至将距离电荷寄存器最远的单元像素下产生的电荷转移到电荷寄存器上。

如图 3.14 所示，每一列的电荷转移至电荷寄存器之后，由电荷寄存器将电荷转移到外围电路中进行信号放大，转化为电压。电荷耦合器的电路中常用的放大器为场效应管。

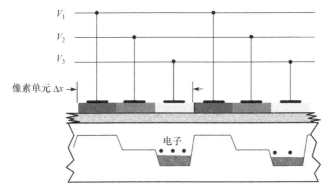

图 3.16 电荷的收集过程示意图(亚像素单元上的电压满足 $V_1 < V_2 < V_3$)

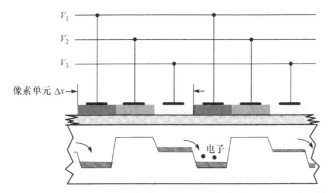

图 3.17 电荷由本像素单元的第三亚像素单元向下一个像素单元的第一个亚像素单元转移的
过程示意图(亚像素单元上的电压满足 $V_2 < V_3 < V_1$)

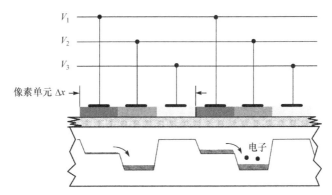

图 3.18 电荷由本像素单元的第一亚像素单元向本像素单元的第二个亚像素单元转移过程示
意图(亚像素单元上的电压满足 $V_3 < V_1 < V_2$)

信号经过放大之后，对应每一个像素的电压信号都被模数转换器(analog-to-digital converter, ADC) 转化为数字计数(digital number, DN) 输出，数字计数又被称为计数(count)。电荷耦合器所有像素的计数就组成了光强的一维或者二维分布。

至此，电荷耦合器的一次曝光探测完成。电荷耦合器的探测过程主要经过了辐射引入、电荷产生、电荷收集、电荷转移、信号放大和信号读出六个步骤。关于电荷耦合器更详细的讨论可参考文献[8]。

电荷耦合器由于其量子效率高、噪声低、像素间噪声差异不大、像素间交联小等优点，是目前最好的阵列型光电探测器。但是，由于电荷耦合器成本高，以及工艺导致的读出速度慢、帧率低等问题，在一定程度上制约了它的发展。

互补金属氧化物半导体阵列是另一种阵列式光电探测器。电荷耦合器集成在半导体单晶材料上，而互补金属氧化物半导体阵列集成在被称作金属氧化物的半导体材料上。互补金属氧化物半导体阵列与电荷耦合器最大的区别是互补金属氧化物半导体阵列中每一个像素都集成一个读出放大电路，因而帧率得到很大的提高。由于互补金属氧化物半导体阵列的每一个像素都可以单独地进行信号放大和读出，省去了电荷耦合器中电荷转移的步骤，以及克服了所有像素单元产生的电荷都通过一个通道进行信号放大读出的弊端，大大提升了阵列探测器响应速度。但是互补金属氧化物半导体阵列在性能上没有电荷耦合器好，例如，灵敏度低、噪声大而且各个像素的读出噪声大小不一等，不过其快速响应、高帧率，以及低成本的特点，使其在成像质量要求不高的光学系统中得到了广泛使用，如高速摄影。

此外，为了进一步提高阵列型探测器的探测灵敏度，将雪崩二极管排列起来，使其工作在盖革模式(Geiger mode)下，这就是盖革雪崩二极管阵列探测器。所谓的盖革模式，是指在雪崩二极管两端施加略微高于雪崩二极管击穿电压的反向高压，在这种情况下，每一个电子-空穴对都可以激发一个强烈的雪崩效应。这种盖革雪崩二极管阵列具有优良的光子计数能力，可以用于光子计数情况下的弱光探测。

本章简要阐述了光学/红外探测器在光学/红外系统中的作用、类型和基本的工作原理。针对使用最广泛的光电探测器讨论了其工作的物理机制，给出了光电探测器常用的特征参数，并简要分析了光电发射探测器、光电导探测器、光伏探测器，以及阵列型光电探测器的结构和基本工作过程。

光学/红外探测器在光学系统中负责记录光学系统收集的能量，是光学系统中十分关键的元件之一。

根据工作原理的不同，可以将光学/红外探测器分为化学类探测器(感光胶片)、热电探测器和光电探测器。感光胶片利用感光乳剂与光的化学反应记录光强。感光胶片只是提供图案的明亮分布，没有信号输出。热电探测器利用感光材料吸收光能产生的温度变化引起的材料两端的电势差进行光电探测。热电探测器通常响应比较慢，但是光谱响应比较平坦，对光学和红外波段都可以测量。光电探测器利用光电效应实现光电探测，响应速度快，但是不同的感光材料光谱响应不同，而且每种感光材料都有不同的探测截止波长，对不同的波段进行探测需要选择不同的感光材料。

由于半导体材料成本低、易于操控、量子效率高、功函数低等，以及其独特的能带结构，半导体材料是目前光电探测器中使用最广泛的材料。半导体分为本征半导体和非本征半导体。非本征半导体是通过向本征半导体中掺杂实现的，可以分为 N 型半导体和 P 型半导体两类。本征半导体一般带隙宽度较大，对应较短的探测截止波长，而非本征半导体的带隙宽度较小，具有较长的探测截止波长。将 N 型半导体和 P 型半导体连接起来，就形成了 PN 结，即二极管。PN 结具有正向导通、反向截止的特性，是目前光电探测中重要的半导体结构。

光电探测的特征参数描述了光电探测器的性能，是进行光路设计、探测器选择的重要参考指标。光电探测器的特征参数主要包括响应时间、光谱响应、量子效率、动态测量范围、线性度、响应度、等效噪声功率、比探测率和噪声等。

目前广泛使用的光电探测器主要包括光电管、光电倍增管、光敏电阻、光电二极管、雪崩二极管，以及阵列型光电探测器，如电荷耦合器、互补金属氧化物半导体阵列，以及盖革雪崩二极管阵列。无论光电探测器的类型如何，光电探测器的探测过程基本遵循辐射的引入、电荷的产生、电荷的收集或倍增放大、电荷的转移、信号放大和信号读出六个步骤，其中辐射的引入、电荷的产生、信号读出这三步是所有光电探测器必须包含的步骤。

习　　题

1. 简述光电探测器和热电探测器的基本原理，并比较光电探测器和热电探测器的特点。

2. 解释半导体光电探测器的光谱响应存在截止波长的原因。

3. 光电倍增管是弱光探测中常用的探测器，试描述其工作原理，并解释为什么不能对波长大于光谱响应截止波长的光进行探测。

4. 简述光电导探测器的工作原理，并举例说明。

5. 解释光电探测器光电子数目涨落的原因。

6. 简述 N 型半导体和 P 型半导体的特点，以及 PN 结形成的原理。

7. 简述雪崩二极管的工作原理。

8. 简述 CCD 的工作过程。

9. 解释红外探测器，特别是中红外探测器需要制冷的原因。

参 考 文 献

[1] George R. Detection of Light: from the Ultraviolet to the Submillimeter. 2nd ed. Cambridge: Cambridge University Press, 2003.

[2] Zahl H A, Golay M J E. Pneumatic heat detector. Review of Scientific Instruments, 1946, 17 (11): 511-515.

[3] Zhang S, Li C, Li S. Understanding Optical Systems through Theory and Case Studies. SPIE Press, 2017.

[4] Beletic J W. Optical and infrared detectors for//Foy R, Foy F C. Optics in Astrophysics. Dordrecht: Springer, 2005.

[5] Witteman W J. Detection and Signal Processing Technical Realization. Springer, 2006.

[6] Ready J. Optical detectors and human vision//Roychoudhuri C. Fundamentals of Photonics. Bellingham, Washington: SPIE Press, 2008.

[7] Janesick J R. Scientific Charge-Coupled Device. Bellingham: SPIE Press, 2001.

[8] Howell S B. Handbook of CCD Astronomy. 2nd ed. Cambridge: Cambridge University Press, 2006.

第4章 天文望远镜概述及其典型系统

从本章开始，我们主要讨论天文光学系统。本章介绍天文望远镜，它是现代天文观测必备的工具。望远镜的作用是收集遥远天体的辐射，对天体成像。对于天文学家来说，望远镜就是高集光能力、高分辨率的"眼睛"。本章内容由三部分组成：4.1 节从天文观测的需求出发，分析天文望远镜应具备的功能，并简要回顾天文望远镜的发展历程；4.2 节阐述典型天文光学望远镜的光学结构和工作原理，对多种类型的天文望远镜进行介绍，读者可结合第 2 章中的经典光学理论来理解本节的内容；4.3 节选取一个现代大型望远镜作为实例，从台址环境、望远镜结构与参数指标、配备的终端仪器等方面加以介绍和分析，让读者对大型天文望远镜有个直观的感受。

4.1 天文观测与天文望远镜

天文学是一门古老的自然科学。天文学的主要实验方法是观测，通过观测来发现天体及天文现象，揭示这些现象的本质并总结其理论规律，再通过观测证实理论的正确性。因此，天文学的发展主要取决于观测手段的进步和提高。天文观测的重要工具就是天文望远镜。一方面，在天文望远镜的帮助下，人类对宇宙的认识不断深入；另一方面，天文观测对于望远镜性能的需求也驱动着天文望远镜技术的不断发展。

4.1.1 天文观测的需求

天文观测是收集、分析宇宙中来自天体的辐射，从中获取天体信息的过程。早期的天文观测主要依靠人眼，但人眼的观测能力十分有限。17 世纪初，人类发明了望远镜，天文学从此进入望远镜时代。在望远镜的帮助下，人类的天文观测能力迅速提升。简单地说，人们利用天文望远镜不仅可以更清晰地观测到人眼无法观察到的暗弱的天体，还可以观测到人眼无法分辨的细节和结构。观察到更加暗弱的天体和发现人眼无法分辨的细节和结构反映的正是天文观测的两大基本需求——聚光能力和角分辨率。

聚光能力是指望远镜收集辐射的能力。望远镜的聚光能力与其通光孔径的平方(即通光面积)成正比。因此，望远镜口径越大，通光面积就越大，聚光能力也越强，收集到来自天体的辐射越多，就能够看到更暗弱或更远的天体。在黑暗环境中，人眼瞳孔的直径约为 8 mm，最多只能观测到 6.5 等星左右的天体，而对于天文望远镜，即使是天文爱好者使用的仅有十几厘米口径的望远镜，其聚光能力也可以达到人眼的数百倍，可以观测到更暗弱或远得多的天体。

光学系统的角分辨率衡量其能分开相邻两物点的能力。根据第 2 章介绍的衍射理论，望远镜的衍射极限角分辨率与工作波长成正比，与其口径成反比。但望远镜的实际角分辨率一般达不到这个极限值，原因是：一方面，望远镜的设计、加工和装调过程中会引入像差，并且环境温度和重力等因素会导致望远镜具有一定的系统像差，从而影响望远镜的成像效果；另一方面，望远镜安装站点的大气湍流使得星光入射到望远镜上的波前产生畸变，从而导致成像的模糊，特别是对地基大口径天文望远镜，大气湍流的影响会更严重。所以望远镜的角分辨率受望远镜的工作波长、望远镜口径、系统像差和大气湍流等多方面的影响。

除此之外，还有一些因素在天文观测时也需要考虑到，其中最重要的因素就是大气透过率的影响。地球表面包围着厚厚的大气层，地球大气层中各种粒子与天体辐射的相互作用，使得大部分波段范围内的天体辐射无法到达地面。电磁辐射在大气传输中透过率较高的波段被称为大气窗口，这种"窗口"有三个，分别是光学窗口(波长在 0.3～0.7 μm)、红外窗口(波长在 0.7～350 μm)和射电窗口(波长在 1 mm～100 m)。大气对于其他波段(如紫外线、X 射线、γ 射线等)均不透明，只有通过高空气球或者运载火箭将望远镜送到高空或者大气层外才能进行这些波段的天文观测。大气对天文观测的另一影响就是前面提到的大气湍流。大气湍流使大气中产生密度不同的不稳定区域，天体发出的光经过大气湍流达到望远镜，其像就会呈现闪烁和弥散。这也是需要将天文台站设立在大气宁静的地方的原因。但即便是在最好的观测地点，可见光波段望远镜的角分辨率也无法超过约 20 cm 口径的望远镜。为了克服大气湍流对天文望远镜成像质量的影响，需要使用自适应光学技术或者其他图像数据后处理技术来补偿大气扰动带来的影响(这些技术分别在第 5 章和第 6 章介绍)。此外，避免大气扰动影响的另一个方法是将望远镜送到大气之外，在宇宙空间中进行观测。

4.1.2　天文望远镜发展概述

天文观测依赖于天文望远镜的性能，而天文学的发展也伴随着天文望远镜的发展。四百多年来，天文望远镜在科学需求与技术进步的相互推动下不断向前发展。本部分概述天文望远镜的发展历程，其中部分内容根据参考文献[1]改编。

4.1.2.1　折射望远镜与反射望远镜的发明

1608 年，荷兰眼镜制造商汉斯·列伯希偶然发现用两块透镜组合成的光学系统可以看清远处的景物，受此启发，他制造了人类历史上第一架望远镜。1609 年，意大利科学家伽利略在听闻荷兰眼镜商发明望远镜的消息之后，很快就研制出一架望远镜，并利用望远镜进行天文观测，发现月球上的环形山、木星的四颗卫星、金星的盈亏现象、太阳黑子、银河由无数暗弱恒星构成等天文现象，从而开辟了天文学的新时代。伽利略发明的望远镜以一块凸透镜作为物镜，以一块凹透镜作为目镜，这种类型的望远镜称为伽利略望远镜。1611 年，德国天文学家开普勒发明了一种新的望远镜，它的物镜和目镜使用的都是凸透镜，这种望远镜被称为开普勒望远镜。伽利略望远镜和开普勒望远镜都是折射式望远镜。

早期的天文望远镜都是折射望远镜，其最基本的两种形式是伽利略望远镜和开普勒望远镜。望远镜被发明之初，使用单透镜作为物镜和目镜，人们通过折射望远镜观察天体时，发现天体周围有奇怪的彩色环边，这是由于玻璃对不同波长或者颜色的光具有不同的折射能力(即玻璃的色散)，不同颜色的光经过望远镜到达人眼时不能会聚到一点，产生了色差。另一方面，当时使用的透镜表面为球面，根据第 2 章的理论可知，球面的使用会引入球差，球差的存在导致平行光不能被聚焦到一点。天文学家和望远镜制造者们想了各种办法来抑制色差和球差。科学家笛卡儿成功地解释了球差的成因，并给出将光学元件表面制成非球面来消除球差的方法，但当时的制作工艺无法磨制出非球面的光学表面。英国物理学家牛顿弄清了色差的成因，但认为折射透镜无法避免色差，转而去研制反射式望远镜。1758 年，英国光学仪器商多朗德用两种色散性质不同的玻璃制成复合透镜来消除色差，并在 1761 年应用到天文观测中，大大促进了折射式望远镜的发展。

在折射望远镜发展的同时，反射式望远镜也逐渐兴起。反射式望远镜的优势在于没有色差，当平行光入射到凹面反射镜上时会发生会聚，而光的反射角不依赖于波长，所以不同波长的光可以会聚在一起。1668 年，牛顿制成了人类历史上第一架反射望远镜，物镜是凹型球面金属反射镜，在物镜焦点前装一块平面镜，将星光反射到镜筒一边，用目镜观察。由于采用凹型球面反射镜作为物镜，牛顿反射望远镜虽然没有色差，但仍具有球差。英国数学家格里高利(Gregory)在 1663 年提出一种反射望远镜的设计方案，以抛物面为主镜，以凹椭球面镜为副镜。法国人卡塞格林(Cassegrain)在 1672 年提出了另一种反射望远镜的设计方案，主镜依然是抛物面镜，但副镜采用凸双曲面反射镜。这两种望远镜分别被称为格里高利望远镜和卡塞格林望远镜，在非球面主镜和副镜的配合下，这两种望远镜没有轴上球差。然而，由于主镜和副镜都是非球面镜，当时的工艺水平无法磨制，所以这两种望远镜真正运用到天文观测中是很久以后的事情了。1789 年，英国著名天文学家威廉·赫歇尔制成一架口径达 1.22 m，焦距 12.2 m 的大型反射望远镜，是当时世界上最大的天文望远镜。赫歇尔一生醉心于镜面磨制和望远镜制造，他的杰出工作让大型反射望远镜变得越来越普及，而他自己也在天文学的许多领域取得了开创性的研究成果。

自反射望远镜发明以来的 200 余年中，反射镜都是用金属制成的。铸造大块的金属要比制造大块优质的玻璃更容易，因此反射望远镜口径可以比折射望远镜做得更大。但金属反射率不高，热膨胀系数很大，而且会逐渐失去光泽，需要经常抛光。这些因素在很大程度上限制了反射型望远镜的发展。

4.1.2.2　大口径与大视场望远镜

19 世纪末，随着镜面铸造、光学加工技术的提高，制造较大口径的折射望远镜成为可能，随之出现了一个制造大口径折射望远镜的高潮。世界上现有的八架 70 cm 以上的折射望远镜中有七架是在 1885～1897 年期间建成的，其中最有代表性的是 1897 年建成的口径为 102 cm 的叶凯士望远镜和 1886 年建成的口径为 91 cm 的利克望远镜。直到今天，这两架望远镜依然是世界上口径最大的两架折射望远镜。20 世纪初期，受到光学玻璃熔炼和光学加工等科技水平的限制，折射望远镜的研制基本上处于停滞状态。这主要是因为从技术上很难熔炼出大块完美无缺的玻璃做透镜。另一个原因是，透镜只能在边缘支撑，大尺寸透镜很重，得不到支撑的透镜中央部分就会往下凹陷，令整块透镜变形，因而产生像差。

20 世纪的上半叶，随着镀膜技术的突破，反射式望远镜逐渐取代了折射式望远镜。早在 1856 年，德国化学家利比希就发明了在玻璃镜面上镀银膜的技术，镀银后的镜面可以反射 80% 以上的入射光，比金属镜面的反射率高得多。但是银暴露在空气中极易氧化，从而使反射率迅速下降。1934 年，真空镀铝技术问世，铝在空气中能形成一层氧化铝，因此铝膜能在较长时间内保持比较高的反射率，而且在较宽波段范围内反射率都比较高。镀膜技术的发明，使得制造反射率更高、口径更大的反射式望远镜成为可能。随后许多大口径反射镜相继建成，其中最著名的是由美国天文学家海尔(Hale)主导建造的口径为 5.08 m 的海尔望远镜。因为口径巨大，海尔望远镜工程浩大，其镜胚的制作和磨制异常艰难。1948 年海尔望远镜交付使用，此后将近三十年，始终没有望远镜可以超越它。

除了观测某个特定的天体，天文学家还需要对整片天区中的天体进行巡天普查，统计天体的各种信息，以便从中找到感兴趣的目标。为了快速完成巡天任务，望远镜的视场不能太小，但另一方面，为了看清很暗的天体，望远镜的口径又必须足够大，所以天文学家希望有大口径、大视场天文望远镜以供巡天之用。针对这个需求，德国光学家施密特(Schmidt)设计了一种采用球面反射镜作为主镜，并在其球心处安放一块改正透镜的新型望远镜方案。在这种望远镜中，改正透镜的形状正好用来补偿球面反射镜引入的球差，这种特殊的设计使望远镜的有效视场增大了许多。施密特采用一种巧妙的办法来磨制非球面改正透镜，于 1930 年成功制造出第一架这样的折反式望远镜，获得了很好的像质。人们称这种改正透镜为

"施密特改正板"，这种折反式望远镜也被称为施密特望远镜。在随后的几十年中，陆续涌现出许多新的折反式望远镜的设计。

4.1.2.3　现代望远镜

天文望远镜的口径决定了其聚光能力和角分辨率，口径越大，聚光能力越强，对于同样的工作波长，口径越大，其角分辨率也越高，因而越能更精细地分辨更暗弱的天体。为了收集来自更加暗弱天体的光以及对感兴趣的天体进行更为精细的观测，制造更大口径的望远镜是天文学家的目标。然而，随着望远镜口径的增大，镜胚的铸造和磨制加工，以及望远镜的运输、装调、维护都面临着前所未有的挑战，并且，望远镜在观测过程中，镜面姿态改变引起的重力变化以及温度变化都会令镜面的变形达到不可容忍的程度，所以当望远镜的口径达到 5～6 m 之后，更大口径望远镜的建造面临着巨大的挑战，亟需在理念和技术方面有所突破。

20 世纪 70 年代以来，随着各种新技术的成熟，人们开始改变望远镜设计理念，不再追求整块的反射镜面，而是开始采用多块子镜拼成一块大镜面，这种采用多块子镜拼接而成的望远镜被称为拼接镜面望远镜。虽然拼接镜面望远镜理念为望远镜的建造、运输、装调等方面都提供了巨大的便利，使更大口径的巨型望远镜的建造成为可能，但是拼接镜面望远镜对组成大镜面的子镜间的相对位置有严格的要求。根据第 2 章的内容，对于拼接镜面望远镜，只有参与成像的光线具有相同的光程时，即参与拼接大镜面的子镜具有相同的相位时(子镜共相[4])，拼接镜面望远镜才能达到与具有相同口径的单镜面望远镜相同的角分辨率。为了实现和维持子镜的共相，每块子镜背面都装有促动器。镜面背后的促动器根据传感器检测的镜面实际形状与理想状态的偏差，对子镜施加相应的推力或者拉力，把镜面变形纠正回来，甚至达到子镜之间共相，这便是"主动光学"技术。此外，由于大气湍流的限制，口径大的望远镜，其实际分辨率由大气湍流限制，很难发挥出其应有的观测能力，严重制约了大口径天文望远镜的建造。随着相关技术的成熟，"自适应光学"这一早在 20 世纪 50 年代就提出的设想逐渐变为现实，自适应光学可以实时检测和校正被大气扰动引起的波前畸变，从而消除了大气湍流扰动对观测的影响，改善了望远镜的成像分辨率，使地基大口径天文望远镜的天文观测成为可能。主动光学技术和自适应光学技术的出现，为大口径天文望远镜的建造提供了技术保障，促进了大口径望远镜的快速发展。

由于这些望远镜新理念和新技术的出现，20 世纪 90 年代以来，一批 8～10 m 口径的大望远镜陆续建成。其中比较著名的有：美国凯克天文台的 2 架 10 m 口径的望远镜，其主镜由 36 块六角形子镜拼成，都装有主动光学系统和自适应光学系统，两架望远镜相距 85 m，既可单独工作，也可以作为干涉仪联合作业；欧洲南方天文台的甚大望远镜(VLT)，其中包含 4 架 8.2 m 口径的望远镜，其主镜都是整块的薄镜面，4 架望远镜每台都安装了主动光学系统和自适应光学系统，可以单独工作，也可组成干涉阵进行高分辨观测，组合的等效口径可达16 m；美国格拉汉姆山国际天文台的大双筒望远镜(LBT)，由两块8.4 m口径的主镜组成，其等效口径为11.8 m，并且安装了主动光学和自适应光学系统。多架10 m级望远镜的建成，特别是凯克望远镜拼接主镜的成功给制造30～50 m，甚至更大口径望远镜创造了可能。经过多年的预研，美国和欧洲都提出了口径更大的巨型望远镜建造计划。其中，美国提出了30 m 望远镜(thirty meter telescope，TMT)和巨型麦哲伦望远镜(giant magellan telescope，GMT)口径分别达到了30 m 和25 m。欧洲南方天文台提出了欧洲极大望远镜(European extremely large telescope，E-ELT)，其口径达到了39.3 m。这些巨型望远镜建造计划都采用了拼接望远镜的镜面设计理念，并且在望远镜的设计中都为望远镜配备了主动光学和自适应光学系统。

空间技术的发展给望远镜的安装地点也带来了新的选择。以往，人们遵循牛顿的建议，将望远镜架设在空气宁静干燥的高山之巅，以减轻大气湍流扰动对望远镜成像质量的影响。20 世纪五六十年代起，随着航天技术的成熟，人们开始利用火箭将望远镜发射到太空对紫外线、X 射线、γ 射线等波段展开观测。1990 年，美国用航天飞机将哈勃空间望远镜送入离地面约 600 km 的太空轨道。从那时起，哈勃空间望远镜成为天文史上最重要的仪器之一，成功地弥补了地面观测的不足，帮助天文学家解决了许多天文学上的基本问题。此后，针对不同的科学目标和观测波段，多个空间望远镜陆续被送上太空，它们的观测结果大大增加了人类对于宇宙的认识。

4.2　天文光学望远镜的基本类型

本节针对典型的天文光学望远镜，从它们的光学结构和工作原理等方面加以阐述，读者可以结合第 2 章中的经典光学理论来理解和掌握光学望远镜的基本原理。根据望远镜的构造，天文光学望远镜大致可分为折射式望远镜、反射式望远镜和折反射式望远镜三大类，下面分别加以讨论。

4.2.1　折射式望远镜

望远镜被发明之初便采用了折射式的结构。伽利略望远镜和开普勒望远镜都是折射式望远镜，其基本结构分别如图 4.1 和图 4.2 所示。这两种望远镜都是目视望远镜，由物镜和目镜两个透镜组成。来自遥远天体的平行光被物镜会聚后，经目镜准直为平行光进入人眼，成像到人眼的视网膜上。伽利略望远镜的物镜是凸透镜，目镜是凹透镜，物镜的像方焦点与目镜物方焦点重合。如图 4.1 所示，倾斜入射到伽利略望远镜上的平行光线经物镜会聚后所成的像对目镜而言是一个虚物，此虚物经目镜折射后进入人眼，人观察到的像是正立的。这也可以由望远镜入射光线与光轴的夹角 θ 和出射光线与光轴的夹角 θ' 的符号相同得到。开普勒望远镜的物镜和目镜均采用凸透镜，物镜的像方焦点也与目镜的物方焦点重合。平行光通过开普勒望远镜的物镜所成的像对目镜而言是个实物，由 θ 与 θ' 的符号相反可知，通过开普勒望远镜所观察到的像是倒立的。如图 4.2 所示，在开普勒望远镜的物镜的后焦面上会形成实像，因此可在物镜后焦面放置分划板，用作瞄准或者测量。虽然伽利略望远镜的中间像是虚像，无法安放分划板，但其物镜和目镜距离更近，因而结构更紧凑。

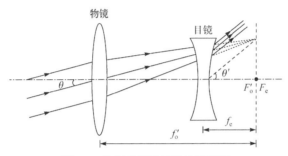

图 4.1　伽利略望远镜结构示意图

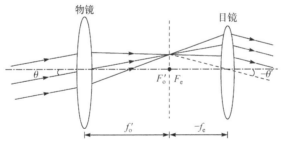

图 4.2　开普勒望远镜结构示意图

作为目视望远镜，这两种折射望远镜最直接的功能是扩展人眼的视觉能力，使其能够观察远距离的目标，描述这种能力的光学参数就是视角放大率。望远镜的视角放大率 Γ [2] 是远处物体经系统所成的像对人眼张角 θ' 的正切与该物体直接对人眼张角 θ 的正切之比，即

$$\Gamma = \frac{\tan\theta'}{\tan\theta}$$

由图 4.1 和图 4.2 中的几何关系，可推出两种折射望远镜的视角放大率为

$$\Gamma = \frac{\tan\theta'}{\tan\theta} = \frac{f_{o}'}{f_{e}} \tag{4.2.1}$$

其中，f_o' 为物镜的像方焦距；f_e 为目镜的物方焦距。根据物镜和目镜焦距符号的异同，视角放大率可以为正值，也可以为负值，其正负分别对应通过望远镜观察到的物体像的方向是正立还是倒立。对于伽利略望远镜，其物镜的像方焦距和目镜的物方焦距都为正值，所以其视角放大率为正值，所得像是正立的。对于开普勒望远镜，其物镜的像方焦距和目镜的物方焦距符号相反，所得像是倒立的。这与通过分析望远镜入射和出射光线与光轴夹角的符号所得的结论是统一的。此外，由式(4.2.1)可知，望远镜的视角放大率与物体的位置无关，仅取决于望远镜系统的结构，若需增大视角放大率，则需增大物镜的焦距或者减小目镜的焦距。但是，作为目视望远镜，为了使望远镜系统保持一定的出瞳距以避免眼睛睫毛与目镜的表面相碰，目镜的焦距一般不小于 6 mm。因此，对于折射天文望远镜，为了获得较大的视角放大率，其物镜的焦距一般很长，例如著名的叶凯士望远镜，其物镜的焦距为 19.3 m。

虽然折射望远镜的基本结构和成像原理比较简单，在天文领域也发挥了重要的作用，但是其缺点也很突出。首先，正如第 4.1.2 小节所分析，色差是折射望远镜致命的弱点，虽然用不同折射率的玻璃胶合起来制成的消色差透镜可以减轻色差，但当透镜直径大于 100 mm 时已不宜制作复合透镜；其次，折射望远镜的口径很难做大，一方面是巨型透镜在玻璃熔炼和工艺制造上都十分困难，另一方面是巨型透镜自重带来的变形引起的像差会影响望远镜的成像质量；再次，由于玻璃材料对光有反射和吸收，用透镜收集来自遥远天体微弱光线难免会损失一定的光能。所以现在折射式望远镜多用于小口径望远镜和业余天文望远镜，大口径天文望远镜一般都采用反射式镜面。此外，除了在天文领域中的应用，折射式望远镜还可用于军事和民用。例如，增加转像系统的开普勒望远镜可用于军事望远和瞄准镜，伽利略望远镜因成正像且镜筒短，可用于剧场观剧镜，倒置的伽利略望远镜还可用做门镜。

对于天文望远镜，有一些光学特性，无论是使用望远镜还是设计望远镜，都需要关注。下面以折射式望远镜为例讨论天文望远镜主要关注的光学参数，反射式望远镜特有的参数或不同于折射式望远镜的光学参数，将在相应的小节中进一步讨论。

1) 口径

折射式望远镜的口径由其物镜的口径决定。目镜的作用是放大物镜所成的像，目镜口径的变大并不会增加望远镜的聚光能力和衍射角分辨率。物镜的口径越大，望远镜收集光线的能力越强，对于特定的波长，其衍射极限角分辨率越高。

2) 角放大率

折射式望远镜的角放大率等于物镜的像方焦距与目镜的物方焦距之比。但是，如前所述，由于目视望远镜的目镜焦距有长度限制，折射式望远镜的角放大率一般由物镜的焦距决定。物镜的焦距越大，角放大率越大，望远镜所成的像越大；物镜的焦距越小，角放大率越小，所成的像也越小，但像更明亮。

3) 角分辨率

如 4.1.1 小节所分析，望远镜的实际角分辨率取决于工作波长、望远镜口径、系统像差和大气湍流等几个方面。其中，望远镜的衍射极限角分辨率由物镜的口径和工作波长决定。此外，由于折射望远镜是目视光学仪器，其呈现的分辨效果还受人眼的分辨率限制，即两个观察点通过仪器后对人眼的视角必须大于人眼的视觉分辨率才能被人眼所分辨。所以望远镜的视角放大率要足够大，以免人眼限制了其分辨能力。

4) 视场

望远镜的视场是指通过望远镜能观测到的天区范围，一般用望远镜的物方视场角描述。如图 4.3 所示，感光胶片通过望远镜记录一个遥远天体的图像(图中天体与望远镜物镜的距离没有按比例画)。设望远镜物镜的焦距为 f_o'，胶片的尺寸为 h。假设一次能记录的天区范围对望远镜的半视场角为 ω，由图中相似三角形关系可得 $\tan\omega = \dfrac{h}{2f_o'}$。由上述关系可知，望远镜的视场与物镜的焦距以及胶片的尺寸有关。在感光胶片或者图像传感器感光面尺寸一定的情况下，焦距越大，像越大，望远镜物方视场相应就越小。理论上，在焦距一定的情况下，胶片或者图像传感器感光面尺寸越大，望远镜的视场也越大。但是胶片或者图像传感器感光面尺寸过大也没有意义，因为望远镜光学系统都存在像差，特别是离轴像差，会导致像面上离光轴越远的区域成像质量越差，甚至无法成像，从而限制望远镜的视场。在望远镜设计时，通常需要根据望远镜的科学目标对离轴像差进行适当的校正。

下面讨论加上目镜后望远镜的视场，先从情况比较简单的开普勒望远镜开始。如图 4.4 所示，在开普勒望远镜中，物镜边缘是孔径光阑。根据第 2 章的内容可知，望远镜的入瞳就是孔径光阑本身，望远镜的出瞳为孔径光阑通过目镜所成的像。孔径光阑对目镜的物距为 $f_o' - f_e$，由第 2 章物像关系高斯公式(2.1.8)可知，出瞳在目镜的像方焦距之外，即出瞳在目镜的外面。为了保证望远镜系统光能的传输效率，出瞳应与人眼的瞳孔重合，这也是上文提到的对目镜焦距有要求的原因。物镜的后焦平面上可放置分划板，分划板框即是系统的视场光阑。根据图 4.4 中的几何关系，望远镜的物方半视场角 ω 满足

$$\tan \omega = \frac{y'}{f_o'}$$

其中，y' 是视场光阑半径，即分划板半径。若无分划板，y' 为镜筒半径。

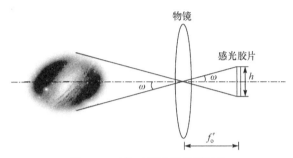

图 4.3　天体对望远镜的视场角

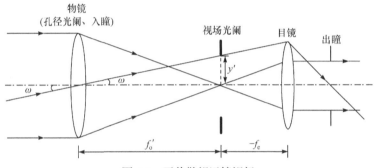

图 4.4　开普勒望远镜视场

对于伽利略望远镜，如果和开普勒望远镜一样，使用物镜边缘作为孔径光阑，因为目镜是凹透镜，入瞳通过目镜所成的像为虚像，无法与人眼衔接，因此，伽利略望远镜一般以人眼瞳孔作为孔径光阑。根据第 2 章中入瞳和出瞳的定义，伽利略望远镜的出瞳就是孔径光阑本身，入瞳为孔径光阑通过望远镜所成的像，位于目镜的右方。伽利略望远镜不设专门的视场光阑，以物镜框作为渐晕光阑，同时也是望远镜系统的入射窗。如图 4.5 所示，由入射窗与入射光瞳的位置关系可知，伽利略望远镜的视场角满足

$$\tan \omega = \frac{D}{2L_z}$$

其中，D 为物镜框直径；L_z 为入瞳到物镜框的距离。需要注意的是，该视场角是在渐晕系数为 50%的情况下得到的，关于渐晕以及更进一步的推导可参考文献[3]的第 15 章。

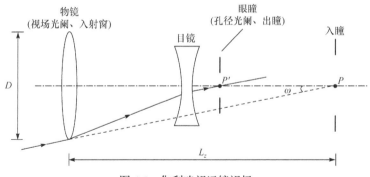

图 4.5　伽利略望远镜视场

5) 望远镜焦面上的辐照度

现代天文观测一般不采用目视观察方式，而是将传感器或者探测器放置在望远镜焦面上将天文信息记录下来供天文学家进行后续分析，因此正确估算望远镜焦面上的辐照度对传感器或者探测器的选型至关重要。估算望远镜焦面上辐照度的基本思路是：首先计算望远镜入瞳上的辐照度，然后利用能量守恒定律再计算望远镜焦面上的辐照度。假设一个半径为 r 的扩展天体目标(如太阳)的辐射强度为 I_e，辐射亮度为 L_e，目标可看成朗伯辐射体。根据第 2 章中朗伯辐射体的相关理论，天体目标的辐射强度与空间方向的关系按第 2 章式(2.1.16)，其辐射亮度在各个方向相同，与方向角无关。进一步假设大气对来自目标光的衰减系数为 τ_a，并且天体目标到望远镜入瞳的距离为 d。如图 4.6 所示，天体目标上的微元 $\mathrm{d}A_s$ 发出的辐射直接照射到望远镜入瞳上的辐照度可以表示为

$$E_{e0i} = \tau_a \frac{L_e \mathrm{d}A_s \mathrm{d}\Omega_i}{A} = \tau_a \frac{L_e \mathrm{d}A_s}{d^2} \tag{4.2.2}$$

式中，A 为望远镜入瞳的面积；$\mathrm{d}\Omega_i = \dfrac{A}{d^2}$ 为天体目标对应望远镜入瞳所张立体角。如前所述，天体目标的辐射亮度在各个方向上相同，则整个扩展天体目标照射到望远镜入瞳上的辐照度为

$$E_{e0} = \tau_a \frac{L_e \pi r^2}{d^2} \tag{4.2.3}$$

进一步假设望远镜的入瞳的直径为 D，焦距为 f，望远镜对光的衰减系数为 τ_t，假设望远镜焦面上的辐照度为 E_e，则可由能量守恒定律得到如下方程：

$$\pi \tau_t E_{e0} D^2 / 4 = E_e A_a \tag{4.2.4}$$

式中，A_a 为焦面上天体目标所成像的面积。于是，将式(4.2.3)代入式(4.2.4)，可得望远镜焦面上目标像的辐照度为

$$E_e = \pi^2 \tau_t \tau_a \frac{L_e r^2 D^2}{4 A_a d^2} \tag{4.2.5}$$

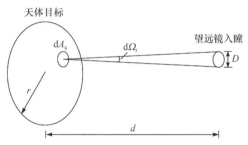

图 4.6　扩展天体目标在望远镜入瞳上的辐照度

4.2.2　反射式望远镜

反射式镜面集光效率高，同时可以避免在光学系统中引入色差，因此反射式望远镜在天文望远镜中占有重要的地位。根据望远镜采用的曲面反射镜的数量，反射式望远镜可以分为单镜式、两镜式、其他多镜式反射望远镜。从光学功能上来说，单镜面望远镜其实已经足够，加其他镜面的目的是好操作或者是工程上平衡像差。因为反射式镜面常以圆锥曲线沿轴旋转后获得的二次曲面为基础形状，这些二次曲面的光学特性与圆锥曲线的光学特性相同，本小节首先用一点篇幅简要介绍圆锥曲线的光学特性。

4.2.2.1　圆锥曲线的光学特性

圆锥曲线是平面在正圆锥面上所截得的曲线。根据平面与圆锥相交方式的不同，可以得到椭圆、抛物线和双曲线等。圆锥曲线有着特殊的光学性质，是反射式望远镜镜面设计的基础，因此，在介绍反射式望远镜之前，本小节先回顾一下圆锥曲线的光学特性，并利用费马原理对其光学特性进行简单解释。

特性 1：由椭圆的一个焦点发出的光线，经椭圆作镜面反射后，一定通过它的另一个焦点。

根据椭圆的定义，椭圆上任意一点到两焦点距离之和为定值。那么，如图 4.7 中所示的椭圆，F_1 和 F_2 为其两个焦点，对于椭圆上任意两点 A 和 B，路径 $F_1 A F_2$ 和 $F_1 B F_2$ 的长度相等，所以若光线从椭圆的一个焦点出发经过椭圆上任一点后到达椭圆的另一个焦点，这些光线走过的路程相等。若椭圆处在同一种均匀介质中，光线路径的长度相等即是光程相等。如 2.1.1 小节所介绍的费马原理指出，光从一点传播到另一点，期间无论经过多少次折射和反射，总是沿着一条平稳路径传播。光从椭圆一个焦点出发经椭圆上任一点后到达椭圆另一个焦点的光程相等，即对应着费马原理中路径为常量的平稳路径情况。所以由椭圆的一个焦点发出的光线，经椭圆作镜面反射后，一定通过它的另一个焦点。

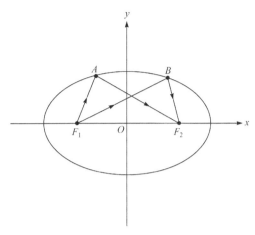

图 4.7　椭圆的光学特性

椭圆绕着其长轴旋转形成的旋转椭球具有相同的光学性质。取旋转椭球的部分曲面作为反射镜面，称为椭球面反射镜。如果将点光源放置在椭球面反射镜的一个焦点处，点光源发出的光经椭球面反射后必将会聚到其另一个焦点，即在其另一个焦点处形成一个理想点像。

特性 2： 由双曲线的一个焦点发出的光线，经双曲线作镜面反射后，光线的反向延长线交于双曲线另一个焦点。

根据双曲线的定义，双曲线上任一点到其两个焦点距离之差为常数。如图 4.8 中所示双曲线，F_1 和 F_2 为其两个焦点，对于双曲线其中一支上的任意两点 A 和 B，有

$$F_1A - AF_2 = F_1B - BF_2 \tag{4.2.6}$$

将线段 AF_2 和 BF_2 反向延长，可以将射线 F_2A 和 F_2B 看成是从放置在焦点 F_2 处的点光源所发出的光线。在焦点 F_1 处放置一点光源，其发出的是理想球面波。理想球面波的波前上的每一点光程相等，在射线 F_2A 和 F_2B 上必定有对应的光程相等的位置，任取一对这样的位置记做 C 和 D，则有

$$F_2A + AC = F_2B + BD \tag{4.2.7}$$

将式(4.2.6)和式(4.2.7)相加，可得

$$F_1A + AC = F_1B + BD$$

由等光程平稳路径情况的费马原理可知，即从双曲线的一个焦点发出的光线，经双曲线作镜面反射后，其反射光线的反向延长线必定通过另一个焦点，不会走其他路径。

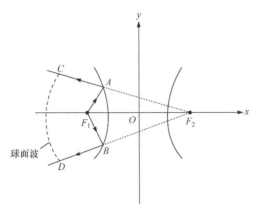

图 4.8　双曲线的光学特性

　　双曲线绕其对称轴旋转形成的旋转双曲面具有相同的光学性质。取旋转双曲面的一部分作为反射镜面，若将点光源放置在镜面的一个焦点上，经镜面反射后，反射光线的反向延长线会聚到双曲面镜的另一个焦点。旋转双曲面的这种性质被称为反向虚聚。

　　特性 3：由抛物线的焦点发出的光线，经抛物线作镜面反射后，平行于抛物线的轴。

　　根据抛物线的定义，抛物线上任一点到其焦点和准线的距离相等。那么，如图 4.9 中所示抛物线，F 为其焦点，L 为其准线，抛物线的轴为 x 轴。对于抛物线上的任意两点 A 和 B ，有

$$AF = AC \ \text{和} \ BF = BD \tag{4.2.8}$$

将线段 AC 和 BD 反向延长，分别与垂直于 x 轴的直线交于点 E 和 G 。显然，点 E 和 G 为射线 CA 和 DB 上两点，且点 E 和 G 连线垂直于 x 轴，因此，容易得到 $CE = DG$ 。结合式(4.2.8)，可得

$$FA + AE = FB + BG$$

由等光程平稳路径情况的费马原理可知，从抛物线的焦点发出的光线经抛物线作镜面反射后，必定平行于抛物线的轴射出，不会走其他路径。

　　抛物线绕其对称轴旋转形成的旋转抛物面具有相同的光学性质。取旋转抛物面的一部分做反射镜面，若将点光源放置在抛物面反射镜的焦点上，经抛物面镜反射后，反射光平行于抛物面镜的轴射出；相反，若用平行于抛物面镜光轴的平行光照射镜面，经镜面反射后，光线会聚至抛物面镜的焦点上，即在焦点处形成一个理想的点像。旋转抛物面的光学特性除了应用于望远镜镜面，还常用于照明设备、聚能装置和定向发射装置。例如，探照灯和汽车大灯的反射镜面就采用旋转抛物面，把光源置于其焦点处，经镜面反射后就成为平行光束，使照明距离更

远。卫星通信的发射和接收装置，也可以采用旋转抛物面来发射和收集信号，原理类似。

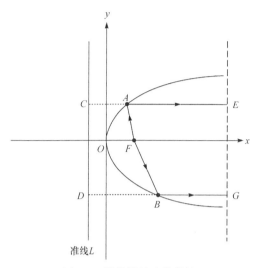

图 4.9　抛物线的光学特性

4.2.2.2　单镜式望远镜

　　单镜式望远镜仅有一个具有光焦度的反射镜，是反射式望远镜中最简单的形式。通常，单镜式望远镜采用一个凹面反射镜将来自遥远天体的平行光会聚到凹面反射镜的焦点，该凹面反射镜通常称为望远镜的主镜，焦点称为望远镜的主焦点。人类历史上第一架反射式望远镜由牛顿制成，受限于当时的镜面磨制技术，牛顿采用球面镜作为反射镜。不过球面镜作为反射镜并不理想，这是因为球面镜虽然没有色差，但是有球差。图 4.10 给出球面镜产生球差的原理示意图。来自无穷远的近轴平行光经球面镜反射后被会聚到球面的近轴焦点，但当入射平行光逐渐远离光轴时，反射光会聚的位置逐渐远离近轴焦点向球面镜靠近，并随着与光轴的距离增加而更靠近球面镜。可见，球面反射镜的口径越大，球差也越大。因此，球面并不适合做单镜式望远镜的反射镜，特别是在望远镜口径比较大的情况下。单镜式望远镜的主镜以抛物面居多。根据圆锥曲线的光学特性，当反射镜面为旋转抛物面时，平行于光轴的平行光都被会聚到镜面的焦点，无论其与光轴的距离如何，所以抛物面镜面没有轴上球差。但是，当平行光从轴外倾斜入射时，仍会存在较大的轴外像差，如彗差和像散。

　　反射式望远镜的主要光学参数有口径、焦距、焦面比例尺(scale at the focal plane or plate scale)、F 数等，下面对这些参数进行介绍。

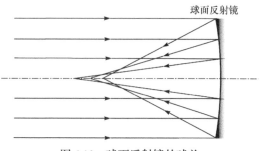

图 4.10　球面反射镜的球差

1) 口径

反射式望远镜的口径就是主镜的口径。望远镜的口径决定了望远镜的聚光能力和衍射极限角分辨率。对于反射式望远镜，主镜的口径是一个非常重要的光学参数，很多望远镜就是按照主镜的口径命名的，例如，中国 2.16 米望远镜。

2) 焦距

单镜反射式望远镜的焦距就是主镜的焦距。由于单镜式反射望远镜只有主镜具有光焦度，因此主镜的焦距就是望远镜光学系统的焦距。根据图 4.3 中的几何关系可知，对于固定尺寸的胶片或者探测器，焦距决定了望远镜系统的视场角，焦距越长，望远镜视场角越小，焦距越短，望远镜视场角越大。现代的地基大口径天文望远镜，由于口径很大，为了尽量减小边缘光线的偏折，从而减小像差，焦距一般很长，因此大口径天文望远镜的视场一般都不大。

下面以放置在空气中的球面反射镜为例，给出主镜为球面的单镜面反射镜式望远镜的焦距。如图 4.11 所示，平行于球面反射镜光轴的近轴光线经球面反射后，会聚到像方焦点 F' 处。球面反射镜的球心位于 O 点，半径为 R，像方焦距为 f'，在球面上的入射角为 i_1，反射角为 i_2。根据图中几何关系可知，$\alpha = -i_1 = i_2$，$\beta = \alpha + i_2 = 2\alpha$。在近轴近似下，$\alpha \approx \dfrac{h}{-R}$，$\beta = 2\alpha \approx \dfrac{h}{-f'}$，其中 h 为近轴光线入射到球面反射镜上的高度。按照第 2 章的符号规则及物方和像方主点为各自对应焦距的参考点之规定，像方焦距为 $f' = \dfrac{R}{2}$；球面镜的物方焦距也为

$$f = \frac{R}{2} \tag{4.2.9}$$

而球面镜的有效焦距为 $f_e = -\dfrac{R}{2}$，其值为正，表示平行光入射到球面反射镜上，反射后会聚到焦点。值得注意的是，当入射光线远离光轴时，虽然 $\beta = 2\alpha$ 的关系依然成立，但是随着入射角的增加，上述 $\alpha \approx \dfrac{h}{-R}$ 和 $\beta = 2\alpha \approx \dfrac{h}{-f'}$ 中的小角近似不

再成立，反射光线不再会聚于近轴焦点，而是会聚在近轴焦点的右侧，这个相对于近轴焦点的偏离就是球面反射镜的球差。可见，只要望远镜结构中使用了球面反射镜，该反射镜就会引入一定的球差，只有在近轴情况下，或者通过其他镜面或者改正板补偿球差，系统才没有球差。

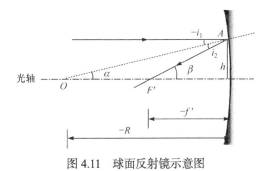

图 4.11　球面反射镜示意图

3) 焦面比例尺

望远镜的焦面比例尺反映了焦面上 1 mm 的尺度对应的角视场，其定义为

$$S = \frac{206265}{f} \tag{4.2.10}$$

式中，焦面比例尺 S 的单位为 arsec/mm；f 为望远镜的焦距，单位为 mm。焦面比例尺在望远镜与终端仪器的视场匹配，以及探测器选型方面有重要应用。例如，可以通过焦面比例尺和探测器像元的大小，估计探测器单个像素对应的视场，避免终端仪器或探测器存在严重过采样和采样不足的问题。

4) F 数(焦比)

光学系统的有效焦距和入瞳直径之比被称为 F 数。对于天文望远镜，人们习惯称 F 数为焦比，即望远镜的焦距和口径之比。如果分别用 D 和 f 表示望远镜的口径和焦距，焦比可以记为 $N = \dfrac{f}{D}$，也记为 $F/\#$。焦比数值大，称为焦比长或者焦比慢；焦比数值小，称为焦比短或者焦比快。焦比长和短(或者慢和快)之间没有严格的界限。按照目前世界上的天文望远镜发展水平，望远镜焦比大于 12 可称为慢焦比，望远镜焦比小于 6 可称为快焦比。快焦比的望远镜，光线被弯曲的程度更厉害，所以像差一般比慢焦比的望远镜更大，设计望远镜时修正像差的难度更高。望远镜焦比大，像差小，成像质量高，但焦比也不是越大越好，焦比大，镜筒就会很长，望远镜制造和使用都不方便。望远镜的焦比是望远镜光学系统与后续光学系统连接的重要参数，一般来说，后续光学系统的焦比应与望远镜的焦比匹配，才能充分发挥望远镜的性能。

来自遥远天体的光被望远镜会聚后可以接上目镜直接观察，但是现代天文观测中更常见的做法是望远镜将天体的光会聚后传递给各种探测器或者终端仪器以记录相应的信息再进行分析，所以在设计天文望远镜时需考虑不同探测器和终端仪器的衔接和安放问题。在这种考虑之下，望远镜发展出了多种焦点系统，以适应不同探测器和终端仪器的光学参数需求和体积重量配置。在介绍望远镜原理的过程中，我们将同时介绍相应的焦点系统。

对于单镜式望远镜，入射星光被单个反射镜反射后会聚于镜面焦点，这个反射镜被称为主镜，其焦点被称为主焦点，整个系统被称为主焦点系统，其结构如图 4.12 所示。相比于望远镜的其他焦点，主焦点的焦距一般比较短，因而焦比也比较小，视场相对于其他焦点较大，可以一次观测多个天体，所以通常会在主焦点放置大视场的照相机或光谱仪。但是由于主焦点位于入射光路中，此处可以安置的终端仪器的体积和重量都比较小，否则会遮挡入射光以及影响望远镜的重心和稳定性。不过，对于主焦点系统，入射光只经过一次反射，因而系统的光能损失较小，光能利用率高。

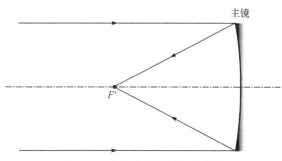

图 4.12   主焦点系统结构示意图

牛顿式望远镜可以改善主焦点系统不适合安放测量终端的问题。牛顿式望远镜的结构如图 4.13 所示，在主镜的会聚光中以与光轴成 45° 的角度放置一块小平面镜作为副镜，将光束会聚到镜筒侧面，使焦点位于光路之外。这个系统被称为牛顿系统，系统的焦点称为牛顿焦点。副镜在光路中对到达主镜的光线有遮挡，同时副镜及其支撑结构会影响望远镜的点扩散函数，使星像形成衍射星芒，而且入射光多经过一次反射也带来部分能量损失。牛顿式望远镜的设计初衷是将焦点引至镜筒外侧供人观测，现代望远镜可以利用这个结构在望远镜镜筒侧面安装探测器或者终端设备。但是牛顿焦点一般离望远镜镜筒较近，不适合放置大型设备，所以现代大型望远镜一般不使用牛顿式结构。不过，用平面镜将焦点引至镜筒外的思想，可与其他结构的望远镜结合，从而得到更易操作的焦点系统，本节后续部分将做相应的介绍。因为结构紧凑便于携带，业余天文爱好者的望远镜常采用牛顿式结构。

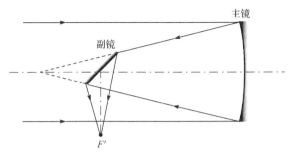

图 4.13　牛顿式望远镜结构示意图

4.2.2.3　双镜望远镜

相对于单镜望远镜，双镜望远镜多引入一个具有光焦度的反射镜面，可以用来调整望远镜的光学参数或者减轻像差、改善像质、扩大视场。典型的二镜式反射望远镜有卡塞格林和格里高利系统两种。卡塞格林望远镜的结构如图4.14所示。由图可见，卡塞格林望远镜采用中心开孔的凹抛物面反射镜作为主镜，在入射光线会聚到主焦点之前的位置放置一块凸双曲面反射镜作为副镜，也称为次镜；抛物面主镜的焦点和凸双曲面副镜较近的一个焦点重合，主镜会聚的光束经过双曲面副镜反射会聚至双曲面的另一焦点，即卡塞格林焦点，简称为卡焦，整个系统称为卡塞格林系统。卡塞格林焦点位于主镜后方，易于接收，观测方便，可以在此焦点放置稍大的观测设备。根据圆锥曲线的光学特性，平行于系统光轴入射的平行光经过抛物面主镜和凸双曲面副镜的依次反射后都会聚于卡塞格林焦点，因此该系统没有球差，不过仍然存在场曲与轴外光束引起的彗差、像散。

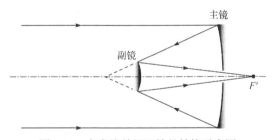

图 4.14　卡塞格林望远镜的结构示意图

将卡塞格林望远镜的副镜更换为长椭球面反射镜，放置在光线会聚到主焦点之后，并使抛物面主镜的焦点和长椭球面副镜较近的一个焦点重合，根据圆锥曲线的光学特性，来自抛物面主镜的光束经椭球面副镜反射会聚到椭球面的另一个焦点，这种结构的系统称为格里高利望远镜。格里高利望远镜的结构如图4.15所示。与卡塞格林望远镜一样，格里高利望远镜没有球差，但存在场曲与轴外光束引起的彗差、像散。这两种望远镜的关系有一点类似伽利略望远镜和开普勒望远镜，格里高利望远镜主焦点为实焦点，可以在主焦点处放置光阑，卡塞格林望远镜主焦点为虚焦点，无法放置光阑。但卡塞格林望远镜和格里高利望远镜的成像性质却和两种折射望远镜有很大的不同。根据反射镜的成像性质[4]，分析图 4.14 和图 4.15 中的望远镜结构可知，卡塞格林望远镜主镜所成的倒立实像对次镜而言是一个虚物，次镜将主镜所成的像放大但不改变像的方向，所以卡塞格林望远镜对目标成倒立实像；格里高利望远镜的主镜和次镜都成倒立的实像，两次成像后最终得到的是正立的实像。由于副镜的放大作用以及反射式结构对光路的折叠作用，这两种望远镜可以用较短的镜筒获得较长的系统焦距。格里高利望远镜由于有实的主焦点，镜筒相对卡塞格林望远镜要长一些。

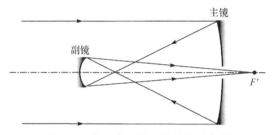

图 4.15　格里高利望远镜结构示意图

　　卡塞格林和格里高利望远镜仍受场曲与轴外光束的彗差、像散影响，因此视场不大。通过优化、改变主镜和副镜的面型，卡塞格林望远镜和格里高利望远镜都可以在消除球差的同时消除彗差。对于卡塞格林望远镜，将主镜改为凹双曲面反射镜，配合凸双曲面副镜；对于格里高利望远镜，将主镜改为凹椭球面反射镜，配合凹椭球面副镜。通过精确设计主镜和副镜面型，这两种望远镜可以做到基本没有彗差。采用这种方式消除彗差的卡塞格林和格里高利望远镜分别被称为里奇-克莱琴(Ritchey-Chrétien, RC)望远镜。因为消除了彗差，RC 望远镜的视场要比传统的卡塞格林和格里高利望远镜大。20 世纪以来，有不少 2 m 级以及 2 m 级以上的专业望远镜都采用了 RC 望远镜的结构，例如第 4.1 节提到过的哈勃空间望远镜、凯克望远镜和甚大望远镜。不过，RC 望远镜仍有像散和场曲。若要消除像散进一步扩大视场，可以继续引入第三块曲面镜，来补偿系统的像散。

　　除了改变反射镜面的面型，还有一种方式可以校正望远镜的像差，即使用辅助光学元件。对于 RC 望远镜，如图 4.16 所示，可以在其焦面前面放置一个或者数个小型非球面透射式元件来改善像散和场曲。这个思想也可以用于校正主焦点系统的像差，如图 4.17 所示，在主焦点前放置透射式非球面改正器可以校正像差，扩大视场。

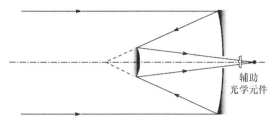

图 4.16　利用辅助光学元件改善像差的 RC 望远镜

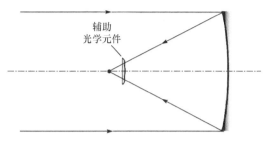

图 4.17　利用辅助光学元件改善像差的主焦点系统

　　双镜望远镜的主要光学参数与单镜望远镜基本相同。需要注意的是，双镜望远镜的焦距不再是主镜焦距。双镜望远镜的光学系统中有两个具有光焦度的曲面，分别是主镜和副镜，根据第 2 章式(2.1.46)可知，双镜望远镜的焦距由主镜的焦距、副镜的焦距，以及主镜和副镜之间的距离共同决定。

　　最后，我们来讨论一下双镜望远镜的焦点系统。卡塞格林焦点位于主镜后侧，不挡光，观测操作也较方便。但当望远镜指向改变时，卡塞格林焦点的位置也相应改变，安置在此处的观测设备通常与镜筒相连，跟随望远镜镜筒指向改变一起移动，因此最多只能安置中型体积的终端设备。若采用牛顿系统的思想，在卡塞格林、格里高利或者 RC 系统中倾斜放置一块平面镜，将卡塞格林焦点转移到镜筒的侧面，这样的系统称为耐斯密斯(Nasmyth)系统，所得的焦点称为耐斯密斯焦点，简称为耐焦。耐斯密斯系统的结构如图 4.18 所示。耐斯密斯系统通常配合地平式机架结构的望远镜一起使用，此时焦点位置不随镜筒的转动而变化，可以放置大型终端仪器。望远镜机架结构不在本书的讨论范围之内，感兴趣的读者请参阅参考文献[5]的第 3 章。

　　还有一种焦点系统也可以安置大型设备，这就是库德(Coudé)系统。在望远镜光学系统中，利用多个反射镜将光束沿望远镜跟踪转动轴引出，使光束会聚于望远镜外，这样的系统称为库德系统，焦点称为库德焦点。图 4.19 给出库德系统的一个示例。库德焦点是固定的，不随望远镜跟踪过程中的转动而运动。库德系统的焦距一般很长，光路可以延伸得很远，因此，可以配置大型的终端设备。因为焦距很长，库德焦点的视场很小，通常在这个焦点对单星进行精细的观测。库德焦点虽然固定不动，但在这个焦点所得的星象会随着望远镜的转动而旋转，需要使用消旋镜进行消旋处理。此外，由于经过多个反射镜镜面的反射，库德焦点的光能利用率相对于其他焦点较低。

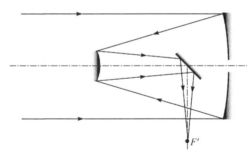

图 4.18　耐斯密斯结构示意图

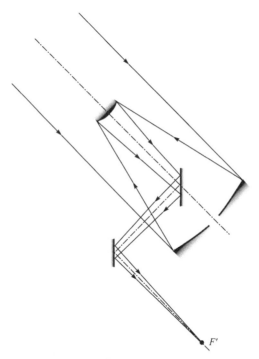

图 4.19　库德焦点结构示意图

　　大型反射望远镜一般会设计成同时具有多个焦点,每个焦点对应不同的焦距、焦比、视场角,连接不同光学参数需求的终端设备,观测时通过相应的机构切换不同的焦点来使用。

4.2.2.4　其他多镜式望远镜

　　为了进一步改善像质和扩大视场,可以进一步增加具有光焦度的反射镜面的数量,如三镜式或四镜式望远镜系统。在第 2 章中,我们提到利用多个光学元件分担光焦度，可以使得每个表面上的入射角尽量小，从而可以让整个光学系统的像差减小。依照这个一般性原则，显然，由多个具有光焦度的镜面分担光焦度的望远镜系统像差会更小。

三镜式望远镜系统中有三个具有光焦度的反射镜，相对于双镜望远镜，可以优化调整更多的自由度，尽量减小或者最小化像差，获得更好的像质和更大的视场，例如可以在较大视场内获得球差、彗差、像散、场曲均为零的设计结果。然而，由于自由度更多，三镜式望远镜结构更加复杂，加工、测试、装调的难度更大。

三镜式望远镜结构有很多种，我们选择其中相对简单的保罗-贝克式(Paul-Baker, PB)望远镜[6]供读者体会其设计思想。如图 4.20 所示，PB 望远镜可以分为两个部分，即主镜 M_1 和次镜 M_2 组成的无焦系统(出射光和入射光都是平行光)部分和第三镜 M_3 组成的会聚成像部分。如图 4.21 所示，无焦系统由两个共焦点的抛物面镜组成，M_1 为凹抛物面反射镜，M_2 为凸抛物面反射镜，准直光线通过无焦系统后仍是准直的，光束口径由 D 变为 kD，其中 $k = f_2'/f_1'$。这种由两个抛物面反射镜组成的无焦系统，既没有球差也没有彗差和像散，可以作为三镜式望远镜和四镜式望远镜的主次镜系统，将星光很好地传输给后续镜面。会聚成像部分 M_3 选用凹球面反射镜，令其曲率中心与次镜 M_2 的顶点重合，如此配置的好处是，虽然选取球面反射镜作为 M_3 会引入球差，但不会引入彗差和像散。没有彗差和

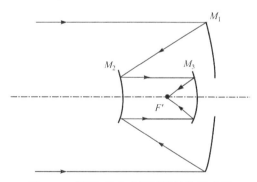

图 4.20　保罗-贝克式望远镜结构示意图

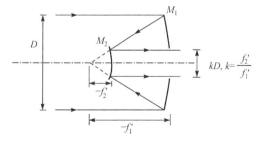

图 4.21　保罗-贝克式望远镜主镜次镜组成的无焦系统

像散的原因将在 4.2.3 小节折反式望远镜中解释。为了平衡 M_3 所引入的球差，可以将次镜 M_2 变为球面反射镜，令其曲率半径与 M_3 一致，由于 M_2 是凸球面反射镜，而 M_3 是凹球面反射镜，所以两者产生的球差大小一致，符号相反，可以互相抵消。在上述配置下，因为同时消除了球差、彗差和像散，PB 望远镜视场大、成像质量高。不过，PB 望远镜的焦点在镜筒内，不易安放终端仪器，焦距和焦比受限。

如 4.1 节所介绍，当望远镜口径达到 10 m 以上时，其主镜很难制造成单一镜面的形式，一般采用多块子镜拼接而成。在这种情况下，若主镜采用非球面反射镜，则需要磨制多块大型的离轴非球面子镜，磨制难度和造价都很高。因此，对于 10 m 级以上的望远镜，若主镜采用球面反射镜，这样各球面子镜面型一致，可互相替换，易于磨制，成本相对低廉。但是 10 m 级以上的望远镜一旦采用球面主镜就会引入非常大的球差，需要额外校正这些球差。于是，四镜式结构成为设计采用球面主镜的巨型望远镜的一种选择。

下面以一个二轴四镜式望远镜[7]为例简单介绍四镜式望远镜的设计思想。如图 4.22 所示，该望远镜主镜和次镜是由凹球面反射镜 M_1 和凸抛物面反射镜 M_2 组成的一个无焦系统，该系统没有彗差和像散，但球面主镜会引入球差，当主镜口径比较大时，引入的球差也比较大。第三镜 M_3 为凹球面反射镜，令其曲率中心与无焦系统出瞳中心重合(无焦系统的出瞳位于 M_2 后面)，这样设置的原因与前文介绍的三镜式望远镜的第三镜一样，都利用了孔径光阑中心与曲率中心重合的球面反射镜的特殊性质。根据物像关系，无焦系统的出瞳作为球面反射镜 M_3 的入瞳被 M_3 成像至原位置，但由于镜面 M_2 的阻挡，M_3 的出瞳位置实际不可达，所以望远镜系统在 M_3 的焦点附近使用一块转折镜 M_F 将光路转折 90° 后再传递给第四镜 M_4。M_4 位于转向光轴上 M_3 的出瞳处，M_4 的焦点为整个望远镜的焦点。通过优化 M_4 的二次曲面参数，可以消除整个系统的球差。因为有两个光轴，这样的望远镜属于二轴式望远镜。

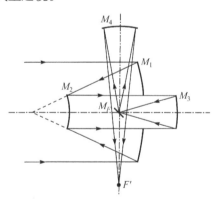

图 4.22 一种二轴四镜式望远镜结构示意图

4.2.3　折反射式望远镜

在 4.2.2 小节中,我们曾介绍在反射式望远镜的焦点前面使用小型透射式辅助光学元件来补偿望远镜像差,从而扩大望远镜视场的方法,若将透射元件尺寸扩大到全光瞳尺寸势必可以提供更好的像差补偿效果,进一步扩大视场。折反射式望远镜的设计正是采用这一思想,将反射式主镜结合透射式改正镜一起工作,可获得大视场范围内良好的成像效果。

折反射式望远镜通常采用球面主镜,这不仅是因为球面镜易于磨制,更重要的是利用球面镜的一种特殊配置令球面镜在系统中不产生彗差和像散。在具体阐述折反射式望远镜原理之前,我们先介绍一下这种特殊配置球面镜的原理。如图 4.23 所示, M 是一个曲率半径为 R 、焦距为 f 的凹球面反射镜,由孔径光阑控制到达 M 的光线,将光阑设置在与 M 顶点距离 R 处,并且令光阑中心与 M 的曲率中心重合。在这种光学结构下,对于平行于光轴的平行光束(图 4.23(a)所示情况)和与光轴有一定夹角的平行光束(图 4.23(b)所示情况),因为它们都通过光阑到达 M ,而球面镜的曲率处处相等,这两组光束被 M 反射的情况完全相同,所成的像也一样。因此,可以认为,孔径光阑在球面镜曲率中心的情况下,球面镜不会产生彗差和像散等离轴像差,只有球差。若根据这一配置设计望远镜主镜,那么只需校正主镜所引入的球差即可。折反射式望远镜主镜的设计就利用了这一思想。4.2.2 小节中的三镜式望远镜和四镜式望远镜中也使用了这一思想设计其中的第三镜。

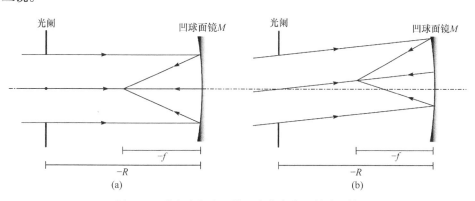

图 4.23　孔径光阑中心设置在曲率中心的球面镜

施密特望远镜是由施密特设计和提出的一种折反射式望远镜。如图 4.24 所示,施密特望远镜主要由凹型球面主镜和非球面改正板两部分组成,改正板的中心与球面主镜的曲率中心重合。在这种配置下,望远镜系统的孔径光阑为改正板的边框。根据第 2 章的内容,可知施密特望远镜的入瞳和出瞳均位于改正板所在的平面。如前文所述,主镜的孔径光阑中心与其曲率中心重合,主镜只引入球差,而这部分球差由非球面改正板进行校正。改正板一面是平面,另一面是非球面。如图 4.25 所示,光线通过改正板之后,其波前产生一定的延迟,波前延迟的量由改正板的面型决定。改正板的确定方法也颇具技巧性:为了校正主镜引起的球差,以一个抛物面作为参考面(因为抛物面没有球差,在轴上成理想像),抛物面与球面主镜的面型差 Δz 就是设置改正板形状所参考的量,改正板的面型应设置为光线通过改正板后引起 $2\Delta z$ 的相位延迟。

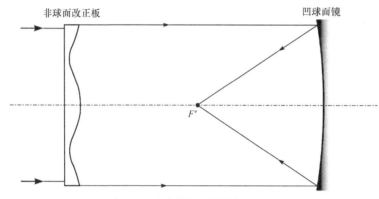

图 4.24　施密特望远镜结构示意图

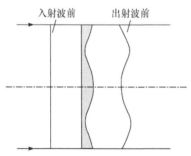

图 4.25　施密特望远镜改正板原理示意图

改正板使望远镜成像质量得到了很大的改善,同时扩大了望远镜的视场。但是,改正板是透射式元件,会引入色差,而且因为面型是非球面的,加工和检测难度大,特别是在口径较大的情况下,目前的技术最大可以制作 1 m 多口径的改正板。为了回避透射式改正板对口径的限制以及消除色差,研究人员提出使用反射式改正镜的反射式施密特望远镜。

由于施密特望远镜的改正板加工检测难度大,后人借鉴施密特的思想又陆续提出了多种折反射式望远镜,鲍沃斯(Bouwers)望远镜和马克苏托夫(Maksutov)望远镜就是其中的两种。鲍沃斯望远镜采用一块同心的弯月形改正板取代施密特望远镜中的非球面改正板。弯月形改正板前后表面为对称的球面,所以相对于非球面改正板,加工难度和造价都要低很多,不过弯月形改正板比施密特望远镜的非球面改正板要厚重一些。图 4.26 给出了鲍沃斯望远镜的结构示意图,弯月形改正板前后表面的曲率中心与球面主镜的曲率中心重合,望远镜的孔径光阑仍置于主镜曲率中心处。鲍沃斯望远镜中三个球面表面的曲率中心都与孔径光阑的中心重合,由前文叙述的球面镜的特性可知,整个系统没有彗差和像散。不过弯月形改正板还是会引入一定的色差。

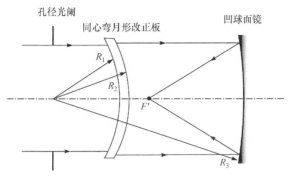

图 4.26　鲍沃斯望远镜结构示意图

　　马克苏托夫望远镜将鲍沃斯望远镜中的同心弯月形改正板改为不同心的弯月形改正板，即改正板前后表面仍为球面但曲率中心不重合，这个改动可以用来补偿鲍沃斯望远镜中改正板所引入的色差。但是由于马克苏托夫望远镜中弯月形改正板的两个球面和凹型球面反射镜的曲率中心(球心)不再重合，系统势必会引入彗差和像散，其中的彗差可以通过将改正板向主镜移动来减轻。马克苏托夫望远镜还有一处与鲍沃斯望远镜不同，就是马克苏托夫望远镜的孔径光阑被设置在改正板处，这样也会引入彗差和像散，需要把改正板进一步向主镜移动来减轻其中的彗差，所以马克苏托夫望远镜虽然有少许像散和残留的彗差，但是镜筒长度与施密特望远镜和鲍沃斯望远镜相比大大缩短。图 4.27 给出了马克苏托夫望远镜的结构示意图。

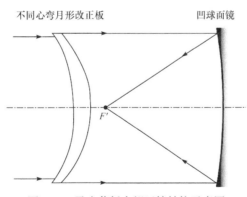

图 4.27　马克苏托夫望远镜结构示意图

　　最后，我们来简要讨论一下折反射式望远镜的焦点系统。如图 4.24、图 4.26 和图 4.27 所示，经典的折反射式望远镜的焦点位于改正板和主镜之间，给人眼观察和终端仪器接入带来不便。要解决这个问题，很自然的做法就是利用反射镜将折反射式望远镜的焦点移出望远镜镜筒。一般有两种做法，分别利用牛顿式望远镜和卡塞格林望远镜的思想。图 4.28 和图 4.29 以施密特望远镜为例，给出结合平面镜和曲面镜将焦点移至镜筒外的原理示意图。

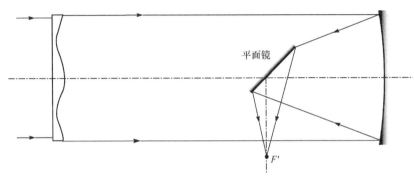

图 4.28　施密特-牛顿式望远镜结构示意图

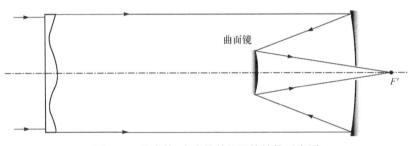

图 4.29　施密特-卡塞格林望远镜结构示意图

4.3　天文光学望远镜实例分析

本节以一个现代大型望远镜为例，分析其台址环境、望远镜结构与参数指标，以及配备的终端仪器等方面的情况，希望可以通过这个例子令读者对本章前两节中介绍的望远镜理论有直观的感受与理解。日本国家天文台的昴星团望远镜 (subaru telescope) 是一台有效口径为 8.2 m 的光学/红外望远镜，直到 2005 年都是世界上口径最大的单镜面望远镜。由于采用了多种先进技术，昴星团望远镜性能卓越，可获得高质量的天文图像，自 1999 年望远镜开始进行科学观测以来，天文学家已利用它在天文研究的多个领域取得了丰硕的成果。本节选取昴星团望远镜作为例子进行分析。经日本国家天文台的同意，本节内容主要根据日本国家天文台的昴星团望远镜网站资料编写。

4.3.1　台址环境

昂星团望远镜坐落在夏威夷一座休眠火山莫纳克亚(Mauna Kea)的山顶上。莫纳克亚是一个孤立的高峰,位于北纬 19°50′、西经 155°28′,海拔 4207.3 m,气压仅为海平面上气压的三分之二。由于海拔很高,云层通常在莫纳克亚顶峰下方形成,而那里的逆温层可以阻止云层升至顶峰,所以顶峰天气晴朗,据统计每年可以有 240 个晴朗夜晚。而且顶峰上的空气干燥,典型风速约为 7 m/s。同时,北纬 20°的低纬度,几乎可以观测到南北半球所有天区。莫纳克亚是盾状火山,这意味着人和货物很容易通过陆路运输抵达山顶。最后,夏威夷岛与大陆隔绝,且岛上人口的密度低,几乎没有城市的灯光会污染其黑暗的天空。上述因素使得火山莫纳克亚山顶成为世界上最好的天文观测站点之一,其台址资料如表 4.1 所列。目前,有 11 个国家的 13 台望远镜建造和运行在莫纳克亚山脉上。除昂星团望远镜外,莫纳克亚山上还有 3 台 8～10 m 级望远镜,即 1 台双子北望远镜和 2 台凯克望远镜。

表 4.1　莫纳克亚山顶的台址资料

参数	描述
纬度	北纬 19°50′
经度	西经 155°28′
海拔	4207.3 m
气压	600 mbar
典型的夜间温度	0 ℃
典型的白天温度	10 ℃
湿度	40%
典型风速	7 m/s

4.3.2　望远镜结构与参数指标

昂星团望远镜采用地平式机架,高约 22.2 m,重约 555 t(吨)。望远镜主要光学结构由主镜和三个次镜组成,主镜和每个次镜都构成一个 RC 系统。主镜直径为 8.3 m,有效通光口径为 8.2 m,焦比为 $F/1.83$,焦距为 15 m。主镜采用超低膨胀玻璃 ULE 制作,重约 22.8 t,镜面误差不超过 14 nm,由于采用了薄镜面技术,厚度只有 20 cm。望远镜主镜安装了主动光学系统,并安装了 261 个促动器对镜面进行主动支撑,无论望远镜指向天空何处,都能使主镜 M_1 保持完美的面型。三块次镜中,一块为用于可见光波段观测的次镜 M_2^1(参数见表 4.2),与主镜组成卡塞格林焦点系统用于可见光波段的观测；一块次镜 M_2^2(参数见表 4.2)为专门用于耐斯密斯焦点的可见光波段观测，与主镜和第三镜一起构成可见光波段的耐斯密斯系统；最后一块为用于红外波段观测的次镜 M_2^3(参数见表 4.2)，可与主镜组成卡塞格林焦点系统用于红外波段观测，或者与主镜和第三镜一起构成耐斯密斯系统用于红外波段观测。主镜和三块次镜的光学参数如表 4.2 所示。

表 4.2　昴星团望远镜主镜和次镜的光学参数[8]

镜面	直径/mm	曲率半径/mm	非球面系数	与主镜距离/mm
M_1(主镜)	8200	−30000	−1.008350515	—
M_2^1(可见光/卡焦)	1330	−5524.297	−1.917322232	−12652.174
M_2^2(可见光/耐焦)	1400	−5877.420	−1.865055214	−12484.300
M_2^3(红外/卡焦)	1265	−5524.297	−1.917322232	−12652.174

图 4.30 给出了昴星团望远镜的结构和焦点示意图。根据主镜和次镜的配置，望远镜共有四个观测焦点。宽视场主焦点是昴星团望远镜区别于其他 8～10 m 望远镜的特色之一。由于采用宽视场主焦点校正器和一种新型的大气色散补偿器来校正主镜的像差和大气色散，主焦点的视场很大，达到 30′，焦比为 $F/2$，而且主焦点的像质很好，直到视场边缘其像质都要好于 0.23 ″(此处像质的表征方法为点源像的半高全宽对应的视场角)。卡塞格林焦点视场为 6′，焦比为 $F/12.2$，根据观测仪器的需要可以选择使用次镜 M_2^1 或者次镜 M_2^3。如图 4.30 所示，昴星团望远镜还

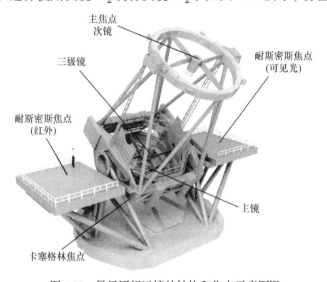

图 4.30　昴星团望远镜的结构和焦点示意图[9]

有两个耐斯密斯焦点，分别位于望远镜的左右平台上，其中用于可见光波段观测耐斯密斯焦点使用专门的次镜 M_2^2，耐斯密斯焦点的视场达到 $4'$，焦比为 $F/12.6$，用于红外波段观测的耐斯密斯焦点使用卡塞格林次镜 M_2^3 (此时该镜将沿光轴移动一段距离)，用于红外波段观测的耐斯密斯视场可达 $6'$，焦比为 $F/13.6$。两个耐斯密斯焦点的使用和切换由图中第三镜塔中的两块第三镜负责，每块第三镜对应一个耐斯密斯焦点。昴星团望远镜各观测焦点的像质情况如表 4.3 所示，其中主焦点和卡塞格林焦点的像质指标包含了跟踪误差。

表 4.3　昴星团望远镜各观测焦点的像质[10]

焦点	点源像的半高全宽
主焦点	0.175″
可见光卡焦	0.131″
红外卡焦	0.150″
可见光耐焦	0.160″
红外耐焦	0.177″

4.3.3　终端仪器

为了进行各种天文观测,昴星团望远镜各焦点都安装了不同的天文终端仪器。天文终端仪器中的传感器或者探测器最终将望远镜收集来自天体的光信号换为电信号,进而转化为天文学家可在计算机中分析的数据,从而得出来自天体的信息。所以望远镜和天文终端仪器在天文观测中非常关键。本小节将简要介绍昴星团望远镜的终端仪器,所涉及的传感器、探测器和自适应光学系统的理论部分,读者可分别参考第 3 章和第 5 章相关章节,光谱仪的理论基础可参阅文献[11]。

昴星团望远镜目前正在使用的终端仪器(包括自适应光学系统)有七个,覆盖了不同的波段和光谱分辨能力,下面按照各观测焦点顺序分别进行介绍。

1) 主焦点

主焦点安置的终端仪器充分利用了其宽视场特性。目前,昴星团望远镜主焦点使用的是**超广角主焦点相机**(hyper suprime-cam, HSC)。该相机可提供直径达 1.5 度的超宽视场,其图像传感器由 116 块高灵敏 CCD 拼接而成,像素总数超过 8700 万。HSC 可进行各种天体目标的巡天观测,例如对遥远星系进行巡天观测以揭示暗物质的分布。

2) 卡塞格林焦点

卡塞格林焦点放置了多种为特定研究目标的终端仪器,包括**多目标红外相机和多目标红外光谱仪**(multi-object infrared camera and spectrograph, MOIRCS)、**暗**

弱目标相机和光谱仪(faint object camera and spectrograph, FOCAS)、**制冷中红外相机和光谱仪**(cooled mid infrared camera and spectrometer, COMICS)。

MOIRCS 在 0.9~2.5 μm 波段提供宽视场成像和长狭缝/多目标光谱功能。MOIRCS 最突出的特性是多目标光谱观测能力，可以使研究人员在一次观测中同时获取约 40 个天体目标的红外光谱数据，从而为了解宇宙打开一个广阔的窗口。

FOCAS 是专为对暗弱天体进行高灵敏光学观测而设计的多功能科学仪器，具有光学成像和中低分辨率多目标光谱观测的能力，可以对暗弱天体目标进行宽带和窄带成像、光谱测量、成像偏振测量和光谱偏振测量，而且这些观测模式之间可以进行快速高效切换。利用 FOCAS，天文学家能够确定远距离星系中非常暗弱的天体的距离和详细的物理特性，如化学成分、质量、恒星总数等。

COMICS 提供 7.5~25 μm 的中红外波段的成像和光谱测量功能，可以探测在空间中在红外波段有强辐射但是在光波波段没有辐射的暖尘。通常这些暖尘发出的中红外辐射在到达地表之前就被吸收，但莫纳克亚山顶稀薄干燥的空气使探测这些中红外辐射成为可能。COMICS 的主要科学目标之一就是研究行星形成盘的结构和演化，以揭示行星系统是如何形成的。

3) 用于可见光波段观测的耐斯密斯焦点

耐斯密斯焦点的优势在于可以配置大型终端仪器，例如体积庞大的高分辨率光谱仪。目前，用于可见光波段观测的耐斯密斯焦点配置的是**高色散光谱仪**(high dispersion spectrograph, HDS)。HDS 的光谱分辨率极高，可将可见光划分为 10000 个波段并同时探测记录。HDS 在基于光谱分析的系外行星搜寻以及评估宇宙形成早期恒星元素丰度方面发挥着重要的作用。

4) 用于红外波段观测的耐斯密斯焦点

用于红外波段观测的耐斯密斯焦点配备了 **188 单元自适应光学系统**(adaptive optics system with 188 elements, AO188)。AO188 通过校正大气湍流的影响来辅助科学仪器获取高分辨率图像，AO188 是望远镜早期的 36 单元自适应光学系统(AO36)的第二代系统，与 AO36 相比，AO188 的变形镜升级到 188 单元，并且配备了激光引导星系统，使自适应光学系统在没有合适的自然导星时可以利用"人造导星"(即激光引导星)进行工作。在自适应光学系统的辅助下，天文学家不仅能够研究以前无法观察到的暗弱物体(如遥远的星系)，还能够利用它们观察恒星星盘的精确结构并进行系外行星探测。

目前，用于红外波段观测的耐斯密斯焦点放置的常规科学仪器是多功能的**红外相机光谱仪**(infrared camera and spectrograph, IRCS)，可以在 1~5 μm 波段成像和进行光谱测量。在相机模式下，IRCS 可以在 1~5 μm 波段有效成像，特别是在较长波长下。当以光谱模式工作时，IRCS 提供了相对较高的光谱分辨率，可以将光色散以对物体的运动或化学成分进行精细和宽光谱的测量。当与自适应光学系统一起使用时，IRCS 可达到最佳性能。因为功能多样，IRCS 还可以对多种天体进行观测，如恒星形成区、褐矮星、星系等。

本章简要介绍了天文望远镜及其典型系统，并以位于夏威夷莫纳克亚的日本国家天文台的昴星团望远镜为例，分析了该望远镜的台址环境、望远镜结构与参数指标，以及配备的终端仪器等方面的情况。

天文望远镜是天文学家的"眼睛"。为了更精细地观测更暗弱的天体，天文学家希望建造大口径的天文望远镜。自伽利略将第一架望远镜对准天空，400 多年来，随着科学技术和制造工艺不断突破，天文望远镜从伽利略的几厘米口径的折射式望远镜发展到如今在建的 30 m 级大口径望远镜。从光学的角度看，望远镜的发展历程基本上是一部克服像差的历史。从折射式望远镜到反射式望远镜和折反射式望远镜，无论是为了获得更大口径还是更大视场抑或是为了获得更好操作的焦点，天文望远镜始终需要尽量减轻像差以获得更好的像质。例如，折射式望远镜通过复合透镜减轻色差和球差，反射式望远镜通过两个或者多个镜面平衡抵消多种像差，折反射式望远镜通过非球面改正镜消除主镜的球差[12]。此外，还可以通过透射式辅助光学元件消除部分像差。在设计望远镜时，需要在满足功能需求的前提下尽量减小像差。另一方面，为了充分利用望远镜的集光能力，现代大型望远镜通常同时具有多个焦点，每个焦点根据焦点特性安置不同的终端仪器，观测时进行相应的焦点切换，设计望远镜需同时考虑多个焦点的性能。

习　　题

1. 在 589 nm 的平均观测波长下，一架 20 cm 口径的望远镜的极限角分辨是多少角秒？

2. 某双星相对于地球的张角为 1×10^{-6} 弧度，双星的辐射波长分别为 577 nm 和 579 nm，如果用望远镜观测该双星，望远镜的口径至少需要多大才能分辨出该双星？

3. 试分析影响望远镜的角分辨率的几个因素。

4. 位于西班牙加纳利群岛的 GTC 望远镜的口径约为 10 m，假设人眼瞳孔按 5 mm 计算。

(1) 同等条件下，GTC 望远镜的极限分辨率是人眼的多少倍？

(2) 同等条件下，GTC 望远镜的聚光能力是人眼的多少倍？

5. 试分析反射式望远镜选用凹抛物面镜做主镜的优点。

6. 大视场望远镜，如施密特望远镜和马克苏托夫望远镜，在主镜前面加改正镜的目的是什么?

参 考 文 献

[1] 卞毓麟. 光学天文望远镜的足迹. 物理, 37(12): 844-852, 2008.

[2] 郁道银, 谈恒英. 工程光学(第三版). 北京: 机械工业出版社, 2011.

[3] 张以谟. 应用光学(第 3 版). 北京: 电子工业出版社, 2008.

[4] Zhang S, Li C, Li S. Understanding Optical Systems through Theory and Case Studies. SPIE Press, 2017.

[5] Cheng J. The Principles of Astronomical Telescope Design. Springer, 2009.

[6] Wilson R N. Reflecting Telescope Optics I, 2nd. Springer, 2007.

[7] Schroeder D J. Astronomical optics, 2nd. Academic Press, 2000.

[8] Iye M, Karoji H, Ando H, et al. Current performance and on-going improvements of the 8.2m Subaru Telescope. Publ. Astron. Soc. Jpn., 2004, 56 (2): 381-397.

[9] https://www.naoj.org/Introduction/telescope.html.

[10] https://www.naoj.org/Observing/Telescope/ImageQuality/.

[11] Bernstein R A, Shectman S A. Astronomical Spectrographs// Oswalt T.D., McLean I.S. (eds) Planets, Stars and Stellar Systems. Springer, Dordrecht, 2013.

[12] 潘君骅. 光学非球面的设计、加工与检验. 苏州: 苏州大学出版社, 2004.

第 5 章　自适应光学

通过前面章节的讨论，我们熟悉了光学/红外探测器和天文望远镜，了解了光学/红外探测器和天文望远镜在天文观测中的重要作用，然而地基天文望远镜在观测时会受到地球周围大气湍流的影响。大气湍流对望远镜成像质量的影响可概述如下：大气湍流是大气的一种无规则随机运动，湍流中每一点的折射率都在随时间随机涨落，折射率的随机涨落导致通过其中的光波产生随机的波前畸变，来自遥远星体的平面波经过湍流大气后其波前发生随机畸变，在地基大口径天文望远镜焦面上得到的不再是艾里斑而是一片弥散的散斑。可见，大气湍流使地基大口径望远镜的成像质量严重降低，因而大大削弱了望远镜的光学分辨能力。

自适应光学是目前克服大气湍流、提高地基大口径天文望远镜成像质量最有效的手段之一。自适应光学系统的基本原理是通过实时补偿大气湍流引起的波前畸变，使得入射到望远镜的光波尽可能接近理想平面波，从而得到清晰的成像效果。要实现这个目的，需要自适应光学系统中的波前传感器、波前控制器和波前校正器三个核心部件实现高速闭环校正。波前传感器实时传感波前畸变，将波前畸变信息传递给波前控制器，波前控制器将波前畸变信息转化为电压信号，驱动波前校正器实施波前校正，使校正后的光波接近平面波。

自适应光学的基本原理虽然很简单，但是由于涉及的学科领域众多，自适应光学系统在技术上的实现变得很复杂。本章首先阐述大气湍流的统计特性(大气湍流的统计模型、大气湍流的折射率结构函数等)、大气湍流引起的光学效应(大气湍流引起的波前畸变的相位结构函数)，以及这些光学效应对天文成像的影响；然后，针对自适应光学需要解决的问题，详细阐述了自适应光学系统的工作原理及其核心部件的结构和原理，并且介绍了设计、分析及评价自适应光学系统的基本方法；最后，简要介绍几种为满足不同天文观测需求而提出和发展的自适应光学技术，以拓展读者的视野。

5.1　大气湍流的光学效应

5.1.1　柯尔莫哥洛夫模型

流体力学指出，当黏性流体的雷诺系数(Reynolds number)超过临界值时，流体的运动就会由规则的层流变成不规则的湍流。流体的雷诺系数可以根据流体的速度、尺度和黏性系数来计算，即 $R_e = V_0 L_0 / v_0$，其中 V_0 表示流体的特征速度，L_0 表示流体的特征尺度，而 v_0 表示流体的黏性系数。大气也是一种黏性流体，其黏性系数为 $v_0 = 1.5 \times 10^{-5}$ $m^2 \cdot s^{-1}$。对于尺度为 10 m、速度为 1.5 m/s 的大气扰动来说，其雷诺系数就达到了 10^6，远远超过了雷诺系数的临界值(约为 10^3)。因此，大气运动几乎总是完全湍流运动。

　　大气湍流是一种复杂的随机运动，对其进行描述和分析，不能用确定性的数学模型而需采用能够描述其基本物理过程的统计模型。到目前为止，描述大气湍流最成功的模型就是柯尔莫哥洛夫(Kolmogorov)模型[1]。该模型认为，在太阳辐射、空间温度差异和风的影响下，大尺度的湍流会不断地破裂为小尺度的湍流，而且伴随着湍流尺度的不断减小，大尺度湍流的动能也会随着湍流的破裂传递给小尺度湍流。这个湍流破裂和能量传递过程会一直延续到湍流的雷诺系数小于其临界值，此时能量传递过程停止，湍流的动能最终转化为热能消耗掉，而该湍流也就此消失。整个过程如图 5.1 所示，其中 L_0 为大气湍流的外尺度，量级在 100 m 左右，l_0 为大气湍流的内尺度，量级在 10 cm 左右。对于可见光波段，例如 500 nm 的绿光，即使是大气湍流的内尺度也是波长的 200000 倍，由此产生的衍射角度约为 5 μrad，几乎可以忽略不计，认为光在大气湍流中沿直线传播。因此，大气湍流对光波波前的影响可以认为是由在光线的直线传播方向上大气折射率随机起伏的累加效应导致的。

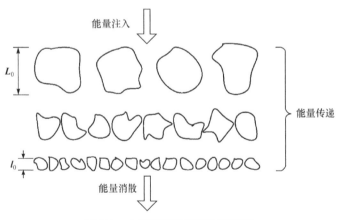

图 5.1　大气湍流尺度变化示意图

　　根据柯尔莫哥洛夫模型可知，在稳态情况下，能量注入大气湍流的速率与湍流热能耗散的速率相等。在这种情况下，大气湍流的速率仅仅依赖于大气湍流的尺度和能量注入/耗散的速率。由量纲分析可以得到如下关系[2]

$$V \propto \varepsilon_0^{1/3} L^{1/3} \qquad (5.1.1)$$

其中，V 为大气湍流的速率；L 为湍流的尺度；ε_0 为能量注入和耗散的速率。根据上式，可以估算大气湍流的功率谱密度(功率谱密度为单位频带内的信号功率，表示信号功率随着频率的变化关系，是研究大气湍流特性的重要统计量)。以一维情况为例，考虑到大气湍流的功率与湍流的动能关系，可以得到 $\Phi(f)\mathrm{d}f \propto V^2$，其中 $f \propto L^{-1}$，为大气湍流的空间频率，考虑到式(5.1.1)，可得 $\Phi(f)\mathrm{d}f \propto f^{-2/3}$，对该表达式右边微分得到微元 $\mathrm{d}f$ 内的功率为 $f^{-5/3}\mathrm{d}f$，则功率谱密度为 $\Phi(f) \propto f^{-5/3}$。

考虑三维情况，并假设大气在局部范围内统计均匀且各向同性，微元 $\mathrm{d}f$ 内的功率为 $\Phi(f)f^2\mathrm{d}f \propto f^{-2/3}$，同样表达式右边表示的功率在微元 $f^2\mathrm{d}f$ 内的功率为 $f^{-5/3}\mathrm{d}f$，则三维情况的功率谱表达式如下：

$$\Phi(f) \propto f^{-11/3} \qquad (5.1.2)$$

可见，大气功率谱密度随着空间频率的-11/3 次幂变化。需要注意的是，柯尔莫哥洛夫功率谱仅在 $L_0^{-1} \leqslant f \leqslant l_0^{-1}$ 的范围内成立。

除了功率谱密度，与其对应的结构函数和自相关函数在空域上描述大气湍流的统计特性。本节剩余部分将从大气湍流的折射率结构函数开始，讨论大气湍流的光学效应。

5.1.2　大气折射率结构函数

大气折射率的变化导致通过其中的光波波前产生了随机畸变，因此，对波前畸变的统计分析需要对大气折射率进行测量。但是，由于大气折射率随时间无规则涨落，而且变化幅度非常小，所以大气折射率的高精度测量非常困难。在大气的众多参数中，温度和湿度实际决定了大气折射率的变化，而且温度和湿度的测量相对容易，且测量精度较高。实验结果表明，大气的折射率结构函数和大气温度的结构函数具有相同的函数形式，因此下面从大气温度的结构函数出发研究大气的折射率结构函数。

由于大气中各处的温度在不停地随机变化，按照随机过程理论，在空域上温度的结构函数可描述其统计特性。假设大气中有两点，其中一点的空间坐标矢量为 $\boldsymbol{r}$，另一点的空间坐标矢量为 $\boldsymbol{r} + \boldsymbol{\rho}$，$\boldsymbol{\rho}$ 为两点之间的距离矢量，这两点温度差的方差可以表示为

$$D_{\mathrm{T}}(\boldsymbol{\rho}) = \left\langle \left| T(\boldsymbol{r}) - T(\boldsymbol{r} + \boldsymbol{\rho}) \right|^2 \right\rangle$$

其中，$D_{\mathrm{T}}(\cdot)$ 称为大气温度结构函数；$T(\cdot)$ 为某位置的大气温度；$\langle\cdot\rangle$ 表示对时间

进行平均。假设大气在局部范围内统计均匀且各向同性，根据柯尔莫哥洛夫模型，可得结构函数[2]

$$D_{\mathrm{T}}(\rho) = \left\langle \left| T(\boldsymbol{r}) - T(\boldsymbol{r}+\boldsymbol{\rho}) \right|^2 \right\rangle = C_{\mathrm{T}}^2 \rho^{2/3} \tag{5.1.3}$$

其中，$\rho = |\boldsymbol{\rho}|$（下同）；$C_{\mathrm{T}}^2$ 为大气温度的结构常数，反映温度变化的强度。大气温度结构函数与大气温度自相关函数的关系为

$$\begin{aligned}
D_{\mathrm{T}}(\rho) &= \left\langle \left| T(\boldsymbol{r}) - T(\boldsymbol{r}+\boldsymbol{\rho}) \right|^2 \right\rangle \\
&= \left\langle \left| T(\boldsymbol{r}) \right|^2 \right\rangle + \left\langle \left| T(\boldsymbol{r}+\boldsymbol{\rho}) \right|^2 \right\rangle - 2\left\langle T(\boldsymbol{r})T(\boldsymbol{r}+\boldsymbol{\rho}) \right\rangle \\
&= 2[C_{\mathrm{T}}(0) - C_{\mathrm{T}}(\rho)]
\end{aligned}$$

其中，$C_{\mathrm{T}}(\rho) = \left\langle T(\boldsymbol{r})T(\boldsymbol{r}+\boldsymbol{\rho}) \right\rangle$ 为大气温度自相关函数。上式的推导用到了温度的统计均匀且各向同性性质 $\left\langle \left| T(\boldsymbol{r}) \right|^2 \right\rangle = \left\langle \left| T(\boldsymbol{r}+\boldsymbol{\rho}) \right|^2 \right\rangle$。

大气的折射率可以近似表示为

$$n = 1 + 77.6 \times 10^{-6} \, P/T$$

其中，P 为大气压力，单位为毫巴(mbar)；T 为大气温度，单位为开尔文(Kelvin)。由上式可得大气折射率随温度的变化为

$$\delta n = -77.6 \times 10^{-6} \frac{P}{T^2} \delta T$$

将折射率随温度的变化关系代入与式(5.1.3)温度结构函数形式类似的折射率结构函数，我们可以得到大气折射率结构函数为

$$D_{\mathrm{N}}(\rho) = C_{\mathrm{N}}^2 \rho^{2/3} \tag{5.1.4}$$

其中，$C_{\mathrm{N}}^2 = \left(\dfrac{\delta n}{\delta T}\right)^2 C_{\mathrm{T}}^2$ 为大气的折射率结构常数。类似地，在大气在局部范围内统计均匀且各向同性的假设下，我们可以得到大气折射率结构函数与大气折射率自相关函数的关系

$$\begin{aligned}
D_{\mathrm{N}}(\rho) &= \left\langle \left| n(\boldsymbol{r}) - n(\boldsymbol{r}+\boldsymbol{\rho}) \right|^2 \right\rangle \\
&= 2[C_{\mathrm{N}}(0) - C_{\mathrm{N}}(\rho)]
\end{aligned} \tag{5.1.5}$$

其中，$C_{\mathrm{N}}(\rho) = \left\langle n(\boldsymbol{r})n(\boldsymbol{r}+\boldsymbol{\rho}) \right\rangle$ 为大气折射率自相关函数。

根据大气的折射率结构函数(5.1.4)，大气折射率的功率谱密度可以定量地表示为[2]

$$\Phi_{\mathrm{N}}(f) = 0.033 C_{\mathrm{N}}^2 f^{-11/3} \tag{5.1.6}$$

可见，大气折射率功率谱密度与大气折射率结构常数成正比。大气折射率结构常数随高度和纬度变化，其大小反映了大气湍流运动的强弱，是设计自适应光学系统的重要依据。

5.1.3　大气相位结构函数

折射率的大小反映了光波在介质中传播速度的快慢，大气湍流折射率的涨落会改变光波在大气中的传播速度，进而改变光波的波前，使原来平整的波前发生扭曲和畸变。以下的讨论均假设大气在局部范围内统计均匀且各向同性，因此随机变化的折射率在局部范围内统计均匀且各向同性。为考虑简便，我们假设入射到大气外围的星光为单色平面波，将大气看成许多层厚度为 δh 的大气湍流的叠加。均匀振幅的平面波经过一层大气湍流后，其光场的复振幅可以表示为

$$E(x,y) = A\exp[\mathrm{i}kw(x,y)] \tag{5.1.7}$$

其中，A 为均匀分布的振幅；i 表示单位虚数；$k = 2\pi/\lambda$ 为平面波的波数，λ 为平面波的波长；$w(x,y)$ 为光场透过一层大气湍流后的光程的改变量，则 $kw(x,y)$ 为光场透过一层大气湍流后的相位变化 $\varphi(x,y)$。根据光程差的定义，平面波经过一层大气湍流后光场的相位可以表示为

$$\varphi(x,y) = kw(x,y) = k\int_h^{h+\delta h} n(x,y,z)\mathrm{d}z \tag{5.1.8}$$

其中，$n(x,y,z)$ 为大气中点 (x,y,z) 处的折射率，其中 z 表示传播方向的坐标，(x,y) 表示垂直于光传播方向的横坐标。实际上，光场中某一点的绝对相位值没有物理意义，光场中两点的相对相位差才有意义。与大气温度结构函数和大气折射率结构函数类似，我们采用大气相位结构函数(相位差的方差)来描述大气相位的统计特性。与式(5.1.3)类似，并且采用同样的空间坐标符号，大气中两点的相位差的方差可以表示为

$$D_\varphi(\rho) = \left\langle \left| \varphi(\boldsymbol{r}) - \varphi(\boldsymbol{r}+\boldsymbol{\rho}) \right|^2 \right\rangle \tag{5.1.9}$$

$D_\varphi(\cdot)$ 即为大气相位结构函数。大气相位结构函数与大气相位自相关函数的关系为

$$D_\varphi(\rho) = 2\left[C_\varphi(0) - C_\varphi(\rho) \right] \tag{5.1.10}$$

其中，$C_\varphi(\rho) = \langle \varphi(\boldsymbol{r})\varphi(\boldsymbol{r}+\boldsymbol{\rho}) \rangle$ 为大气相位的自相关函数。将式(5.1.8)代入相位自相关函数，可得

$$C_\varphi(\rho) = k^2 \int_h^{h+\delta h} \mathrm{d}z \int_h^{h+\delta h} \langle n(\boldsymbol{r},z)n(\boldsymbol{r}+\boldsymbol{\rho},z') \rangle \mathrm{d}z' \tag{5.1.11}$$

令 $\xi = z' - z$ ，代入上式，容易得到

$$
\begin{aligned}
C_\varphi(\rho) &= k^2 \int_h^{h+\delta h} \mathrm{d}z \int_{h-z}^{h+\delta h-z} \langle n(\boldsymbol{r},0)n(\boldsymbol{r}+\boldsymbol{\rho},\xi)\rangle \mathrm{d}\xi \\
&= k^2 \delta h \int C_N(\rho,\xi)\mathrm{d}\xi
\end{aligned} \tag{5.1.12}
$$

将式(5.1.12)代入式(5.1.10)，并考虑式(5.1.5)，可得大气相位结构函数为

$$
\begin{aligned}
D_\varphi(\rho) &= 2k^2\delta h \int [C_N(0,\xi) - C_N(\rho,\xi)]\mathrm{d}\xi \\
&= 2k^2\delta h \int [C_N(0,0) - C_N(\rho,\xi) + C_N(0,\xi) - C_N(0,0)]\mathrm{d}\xi \\
&= k^2\delta h \int [D_N(\rho,\xi) - D_N(0,\xi)]\mathrm{d}\xi
\end{aligned}
$$

将式(5.1.4)代入上式，可得

$$
D_\varphi(\rho) = k^2 C_N^2 \delta h \int \mathrm{d}\xi \left[\left(\sqrt{\xi^2+\rho^2}\right)^{2/3} - \xi^{2/3}\right]
$$

对上式中的积分进一步计算可得

$$
D_\varphi(\rho) = 2.91 k^2 \rho^{5/3} C_N^2 \delta h \tag{5.1.13}
$$

当光场经过很多层厚度为 δh 的大气，到达地基望远镜瞳面时，大气的相位结构函数为

$$
\begin{aligned}
D_\varphi(\rho) &= 2.91 k^2 \rho^{5/3} \sum_i C_{N_i}^2 \delta h \\
&= 2.91 k^2 \rho^{5/3} \int C_N^2(h)\mathrm{d}h
\end{aligned}
$$

当目标星的天顶角不为零，为 γ 时，上式可以写成更一般的形式

$$
D_\varphi(\rho) = 2.91 k^2 (\cos\gamma)^{-1} \rho^{5/3} \int C_N^2(h)\mathrm{d}h \tag{5.1.14}
$$

进一步简化为

$$
D_\varphi(\rho) = 6.88(\rho/r_0)^{5/3} \tag{5.1.15}
$$

其中，$r_0 = \left[0.423 k^2 (\cos\gamma)^{-1} \int C_N^2(h)\mathrm{d}h\right]^{-3/5}$ 称为弗里德(Friedel)常数，或大气相干长度。大气相干长度为统计量，反映大气湍流的强弱程度，揭示大气湍流对成像质量的影响。显然，大气相干长度越大，大气湍流强度越小，大气湍流引入的波前畸变越小，成像质量越好；反之，大气相干长度越小，大气湍流强度越大，大气湍流引入的波前畸变越大，成像质量越差。此外，大气相干长度是与波长相关的物理量，随着波长的 6/5 次幂增加，波长越长，相干长度越大。这也是自适应光学通常在红外和近红外波段进行成像观测的原因。

大气折射率功率谱反映了大气湍流在不同尺度下的能量分布，类似地，大气相位的功率谱反映了不同尺度的大气湍流引起的相位涨落的大小，是自适应光学补偿大气湍流的重要理论依据。根据维纳-欣钦定理(Wiener-Khinchine theorem)，相位结构函数的功率谱与相位的自相关函数是一对傅里叶变换对，可以表示为[2]

$$\Phi_\varphi(f) = \frac{1}{(2\pi)^3}\int C_\varphi(\rho)\exp(if\cdot\rho)d\rho \tag{5.1.16}$$

在局部大气湍流的统计均匀性和各向同性的假设下，计算上式中的积分，可以得到

$$\Phi_\varphi(f) = 0.023 r_0^{-5/3} f^{-11/3} \tag{5.1.17}$$

5.1.4　非等晕效应(anisoplanatic effect)和时效性(temporal effect)

大气湍流引起的波前畸变可以通过大气相位结构函数来衡量，但是大气湍流导致的波前畸变除了相干长度这一影响因素外，还有等晕角和相干时间两个重要因素，本小节讨论这两个因素引起的大气湍流非等晕效应和时间效应。

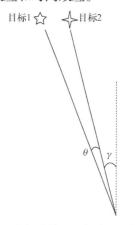

图 5.2　大气非等晕几何关系示意图

如图 5.2 所示，在天顶角为 γ 的天区附近，对地面望远镜的张角为 θ 两目标星发出的光经过大气后到达地基望远镜的光场分别为 $A_1\exp(i\varphi_1)$ 和 $A_2\exp(i\varphi_2)$，则望远镜瞳面处的光场为两者的叠加，即

$$A\exp(i\varphi) = A_1\exp(i\varphi_1) + A_2\exp(i\varphi_2)$$

显然只有在 $\varphi_1 = \varphi_2$ 时，两目标星对望远镜是完全等晕的。实际上，完全等晕的情况是不存在的，因为来自不同目标星的光波经过各层大气湍流的路径不同，其到达望远镜瞳面的波前畸变就不同。为了研究来自不同目标星的光场波前之间的关系，将 $\rho = \bar{h}\theta/\cos\gamma$ 代入式(5.1.15)，可得

$$D_\varphi(\theta) = 6.88\left(\frac{\bar{h}\theta}{r_0\cos\gamma}\right)^{5/3}$$

其中，$\bar{h}$ 为大气湍流层的加权平均高度，其权重为对不同高度大气湍流的折射率结构常数。根据大气相位结构函数的定义可知，位于角距离为 θ 的目标星之间的波前差的方差(非等晕误差)为

$$\sigma_{\text{aniso}}^2 = 6.88\left(\frac{\bar{h}\theta}{r_0\cos\gamma}\right)^{5/3} \tag{5.1.18}$$

通常，当两颗星的光场波前差的幅值小于 1 弧度时，可以近似认为来自两个目标星的星光经过大气湍流后光场的波前畸变近似一致。根据式(5.1.18)，此时两目标星之间最大角距离为

$$\theta_0 = (6.88)^{-3/5}\left(\frac{r_0\cos\gamma}{\bar{h}}\right) = 0.314\left(\frac{r_0\cos\gamma}{\bar{h}}\right) \tag{5.1.19}$$

θ_0 为等晕角。在天文自适应光学中，需要在天空中寻找亮星作为导星，进行波前传感，进而实现对附近暗弱目标星的观测。导星和目标星之间必须接近，即在等晕角范围内，才能利用自适应光学系统对来自目标星的光波波前进行校正，否则，非等晕误差太大，自适应光学对目标星成像质量的改善十分有限，甚至会令像质变差。通常情况下，大气湍流的等晕角典型值为 $5''\sim10''$。

大气湍流引起的波前畸变会随着大气折射率的随机涨落不断变化，其时间变化规律也可以用大气相位结构函数来描述，即

$$D_\varphi(\tau) = \left\langle \left|\varphi(\mathbf{r},t) - \varphi(\mathbf{r},t+\tau)\right|^2 \right\rangle \tag{5.1.20}$$

$D_\varphi(\tau)$ 为大气相位的时间结构函数，τ 为时间间隔。根据泰勒冻结湍流近似(Taylor's frozen turbulence approximation)，望远镜上方的大气可以近似看成一层以均速 υ 运动的静态大气湍流，那么大气湍流引起的波前畸变也以速度 υ 通过望远镜瞳面，并且在通过望远镜前后不发生显著变化。泰勒冻结湍流近似可以表示为 $\varphi(\mathbf{r},t+\tau) = \varphi(\mathbf{r}+\upsilon\tau,t)$，将其代入公式(5.1.15)，可得

$$\begin{aligned}D_\varphi(\tau) &= \left\langle \left|\varphi(\mathbf{r},t) - \varphi(\mathbf{r}+\upsilon\tau,t)\right|^2 \right\rangle \\ &= 6.88(\upsilon\tau/r_0)^{5/3}\end{aligned} \tag{5.1.21}$$

类似地，我们可以得到大气湍流校正的非实时误差为

$$\sigma_t^2 = 6.88\left(\frac{\upsilon\tau}{r_0}\right)^{5/3}$$

当非实时误差的开方小于 1 弧度时，其对像质的影响可以忽略不计。由此，我们可以得到大气湍流的相干时间，即

$$\tau_0 = (6.88)^{-3/5}\left(\frac{r_0}{\upsilon}\right) = 0.314\left(\frac{r_0}{\upsilon}\right) \tag{5.1.22}$$

只有当自适应光学系统对大气湍流进行补偿的时间间隔小于大气湍流的相干时间时，大气的非实时误差才可以忽略不计，此时，可以近似认为自适应光学系统对大气进行了实时校正。大气的相干时间一般为 ms 量级，因此，自适应光学

系统的闭环控制频率必须达到几百 Hz，甚至上千 Hz 才能实现对大气湍流实时补偿。

5.1.5 波前畸变的泽尼克表达

大气湍流引起的波前畸变必须通过合理地表达，才能够对其进行补偿和校正。波前畸变的表达通常有两种方式，即区域法和模式法。区域法将波前畸变划分成不同的区域，在各区域根据波前的形状进行表达。模式法将波前畸变表示成为一系列畸变模式(通常为一组完备的正交多项式)的加权和，通过求解不同畸变模式的系数对波前畸变进行表达。相较而言，模式法由于物理意义明确并且可以根据不同的情况采取更为灵活的补偿方式，得到了广泛采用。自适应光学中普遍采用模式法对大气湍流进行表示和补偿。在模式法中，可以作为波前畸变模式的正交多项式有很多，其中以泽尼克(Zernike)多项式最为常见。

1976 年，诺尔(Noll)首次采用泽尼克多项式来表达大气湍流引起的波前畸变[3]。泽尼克多项式是定义在单位圆上的正交归一化多项式，是半径 r (注意这里的 r 为单位圆内位置距离)和极角 θ 的函数。泽尼克多项式的定义为

$$\begin{cases} Z_{j_{\text{even}}} = \sqrt{n+1}R_n^m(r)\sqrt{2}\cos(m\theta) \\ Z_{j_{\text{odd}}} = \sqrt{n+1}R_n^m(r)\sqrt{2}\sin(m\theta) \end{cases}, \quad m \neq 0 \\ Z_j = \sqrt{n+1}R_n^0(r), \quad m = 0 \tag{5.1.23}$$

其中，$0 \leqslant r \leqslant 1$；$Z_j$ 表示第 j 项泽尼克多项式；n 为径向指数，m 为角向指数，n 和 m 均为整数，且满足 $m \leqslant n$，$n-|m|$ 为偶数，$R_n^m(r)$ 则表示为

$$R_n^m(r) = \sum_{s=0}^{(n-m)/2} \frac{(-1)^s (n-s)!}{s![(n+m)/2-s]![(n-m)/2-s]!} r^{n-2s}$$

相同 n 值的泽尼克多项式属于同一阶，n 由小变大，相应的泽尼克多项式从低阶变化到高阶。由于泽尼克多项式是定义在单位圆上的，在实际使用过程中必须将待表达的波前畸变的半径归一化。随着径向指数和角向指数的增加，泽尼克多项式的幂次越来越大，空间频率也越来越高。表 5.1 给出了前 10 项泽尼克多项式表达式。

泽尼克多项式在单位圆上是正交归一的，即

$$\frac{1}{\pi}\iint Z_i(r,\theta)Z_j(r,\theta)r\mathrm{d}r\mathrm{d}\theta = \delta_{ij} \tag{5.1.24}$$

其中，δ_{ij} 为克罗内克(Kronecker)函数，当 $i=j$ 时，为 1，$i \neq j$ 时，为 0。

表 5.1　前 10 项泽尼克多项式表达式

	$m=0$	$m=1$	$m=2$	$m=3$
$n=0$	$Z_1=1$ （平移）			
$n=1$		$Z_2=2r\cos\theta$ $Z_3=2r\sin\theta$ （倾斜）		
$n=2$	$Z_4=\sqrt{3}(2r^2-1)$ （离焦）		$Z_5=\sqrt{6}r^2\sin2\theta$ $Z_6=\sqrt{6}r^2\cos2\theta$（像散）	
$n=3$		$Z_7=\sqrt{8}(3r^3-2r)\sin\theta$ $Z_8=\sqrt{8}(3r^3-2r)\cos\theta$（彗差）		$Z_9=\sqrt{8}r^3\sin3\theta$ $Z_{10}=\sqrt{8}r^3\cos3\theta$

泽尼克多项式的项数可以随着 n 和 m 的增加不断增加，因此，理论上可以用泽尼克多项式表达任意连续波面的波前畸变，即

$$\varphi(r,\theta)=\sum_{j=1}^{\infty}a_jZ_j(r,\theta) \tag{5.1.25}$$

其中，a_j 为第 j 项泽尼克多项式的系数。根据泽尼克多项式正交归一的特点，在式(5.1.25)的两边分别乘以 $Z_j(r,\theta)$ 再在单位圆范围内积分，就可以获得各项泽尼克多项式的系数

$$a_j=\frac{1}{\pi}\iint\varphi(r,\theta)Z_j(r,\theta)r\mathrm{d}r\mathrm{d}\theta \tag{5.1.26}$$

大气湍流的空间频率是无限连续的，虽然用于表达波前畸变的泽尼克多项式越多，表达得越精确，但是实际中由于传感器对波前的有限采样以及信噪比的限制，不可能采用过多的泽尼克多项式进行表达和补偿，项数过多反而会导致波前重建错误以及放大噪声。因此，估计校正一定项数之后的波前残差就显得十分必要。

假设大气湍流引起的波前畸变为 $\varphi(r,\theta)$，采用前 J 项泽尼克多项式表达的波前畸变为 $\varphi_J(r,\theta)=\sum_{j=1}^{J}a_jZ_j(r,\theta)$，波前畸变残差的方差可以表示为

$$\Delta_J=\frac{1}{\pi}\iint\left\langle\left|\varphi(r,\theta)-\varphi_J(r,\theta)\right|^2\right\rangle r\mathrm{d}r\mathrm{d}\theta \tag{5.1.27}$$

将 $\varphi_J(r,\theta)$ 的泽尼克表达代入上式，并考虑 $\langle a_j\rangle=0$，上式可以简化为

$$\Delta_J=\left\langle\left|\varphi(r,\theta)\right|^2\right\rangle-\sum_{j=1}^{J}\left\langle\left|a_j\right|^2\right\rangle$$

将大气相位结构函数代入上式，大气波前畸变的残差可近似表示为[3]

$$\Delta_J \approx 0.2944 J^{-\sqrt{3}/2} (d/r_0)^{5/3} \tag{5.1.28}$$

其中，d 为望远镜口径；r_0 为大气相干长度；Δ_J 的单位为平方弧度。

　　在望远镜口径 d 固定以及获得站点的大气相干长度 r_0 的情况下，只要确定了表达波前畸变的泽尼克多项式项数，就可以估算出理想情况下，经过自适应光学系统补偿后的大气波前残差。表 5.2 第二列给出了补偿前 15 项之后大气波前畸变的残差，表格第三列给出了单项泽尼克多项式的方差。由表 5.2 可以看出，低阶泽尼克多项式表征的像差在大气波前畸变中占主导地位，只要将低阶泽尼克多项式表征的像差补偿掉，波前畸变的残差就会迅速降低；随着空间频率的增加，高阶泽尼克多项式表征的像差的方差在整个波前畸变中占据的比重越来越小；同一阶泽尼克多项式(径向指数 n 相同)表征的像差的方差在整个波前畸变中所占的比重相同。

表 5.2　补偿前 J 项泽尼克多项式后的波前残差及单项泽尼克多项式的方差

J	$\Delta_J \left((d/r_0)^{5/3}\right)$	$\Delta_{J-1} - \Delta_J \left((d/r_0)^{5/3}\right)$
1	1.0299	5.85
2	0.582	0.448
3	0.134	0.448
4	0.111	0.023
5	0.0880	0.023
6	0.0648	0.023
7	0.0587	0.0062
8	0.0525	0.0062
9	0.0463	0.0062
10	0.0401	0.0062
11	0.0377	0.0024
12	0.0352	0.0024
13	0.0328	0.0024
14	0.0304	0.0024
15	0.0279	0.0024

　　光学系统的成像质量与入射到系统的波前畸变是紧密相关的。斯特列尔比(Strehl ratio)是常用的光学系统像质评价指标，其定义为有像差时光学系统对点光源所成像的中心强度与无像差时光学系统对该点源所成像的中心强度之比。在像差较小的情况下，斯特列尔比与波前畸变的关系可以近似表示为

$$S \approx \exp(-\sigma^2) \tag{5.1.29}$$

其中，σ^2 为以平方弧度表示的波前畸变方差。

由式(5.1.29)和大气波前畸变由泽尼克多项式表达的残差，可以很方便地估算出，在理想情况下经过泽尼克多项式模式法补偿后的望远镜的成像质量，这是自适应光学系统设计和评估的重要依据。

5.1.6　大气湍流对成像的影响

根据第 2 章傅里叶光学的内容，对于非相干成像系统，系统的光学传递函数是系统广义光瞳函数的自相关。对于透过大气对天文目标成像的望远镜来说，系统的广义光瞳函数可以表示为

$$H(r) = \mathrm{circ}\left(\frac{r}{d/2}\right)\exp[\mathrm{i}\varphi(r)] \tag{5.1.30}$$

其中，r 为望远镜光瞳上的位置向量；$\mathrm{circ}\left(\dfrac{r}{d/2}\right)$ 是半径为 $d/2$ 的圆域函数；$\mathrm{circ}(\cdot)$ 的定义与第 2 章相同；$r = |r|$；$\varphi(r)$ 为大气湍流引起的波前畸变。在这里，我们假设望远镜光学系统为理想光学系统，不引入像差，像差完全由大气湍流引起。根据傅里叶光学可知，由大气湍流和望远镜组成的光学系统的光学传递函数可以表示为

$$T(f) = \left\langle \int_0^{2\pi} \mathrm{d}\theta \int_0^{d/2} \mathrm{circ}\left(\frac{r}{d/2}\right)\mathrm{circ}\left(\frac{|r + \lambda z f|}{d/2}\right)\exp\{\mathrm{i}[\varphi(r) - \varphi(r + \lambda z f)]\}r\mathrm{d}r \right\rangle$$

其中，z 为望远镜出瞳面到焦面的距离；$f = \dfrac{\rho}{\lambda z}$ 为空间频率；ρ 为望远镜焦面上的两点间的位置矢量。考虑到波前畸变的随机变化特性以及在局部范围内可近似认为具有均匀性和各向同性，上式可以简化为

$$
\begin{aligned}
T(f) &= \int_0^{2\pi} \mathrm{d}\theta \int_0^{d/2} r\mathrm{d}r\, \mathrm{circ}\left(\frac{r}{d/2}\right)\mathrm{circ}\left(\frac{|r + \lambda z f|}{d/2}\right)\langle \exp\{\mathrm{i}[\varphi(r) - \varphi(r + \lambda z f)]\}\rangle \\
&= T_0(\lambda z f)T_A(\lambda z f)
\end{aligned} \tag{5.1.31}
$$

其中，$T_0(\lambda z f) = \displaystyle\int_0^{2\pi} \mathrm{d}\theta \int_0^{d/2} \mathrm{circ}\left(\frac{r}{d/2}\right)\mathrm{circ}\left(\frac{|r + \lambda z f|}{d/2}\right)r\mathrm{d}r$ 为望远镜的光学传递函数；$T_A(\lambda z f) = \langle \exp\{\mathrm{i}[\varphi(r) - \varphi(r + \lambda z f)]\}\rangle$ 为大气湍流的光学传递函数。

在长曝光情况下，根据大气湍流服从高斯随机分布的特点[4,5]，大气湍流和望远镜的光学传递函数可以简化为

$$T_{LE}(f) = T_0(\lambda zf)\left\langle \exp\left\{-\frac{1}{2}\left[\varphi(\boldsymbol{r}) - \varphi(\boldsymbol{r} + \lambda zf)\right]^2\right\}\right\rangle$$

$$= T_0(\lambda zf)\exp\left[-3.44(\lambda zf/r_0)^{5/3}\right] \tag{5.1.32}$$

在短曝光情况下，由于曝光时间很短，大气湍流引起的波前畸变中，整体倾斜只改变星像在望远镜焦面的位置，不改变星像的强度分布。此时，望远镜透过大气湍流的光学传递函数可以表示为[4, 5]

$$T_{SE}(f) = T_0(\lambda zf)\exp\left\{-3.44(\lambda zf/r_0)^{5/3}\left[1 - \left(\frac{\lambda zf}{d}\right)^{1/3}\right]\right\} \tag{5.1.33}$$

其中，d 为望远镜的口径。

5.2 自适应光学系统的工作原理和核心元件

5.2 节阐述了大气湍流的光学效应对望远镜成像的影响，本节主要讨论自适应光学系统补偿大气湍流、提高望远镜成像质量的基本原理以及自适应光学系统核心元件的工作原理。

5.2.1 自适应光学系统的结构和工作原理

为了克服大气湍流对望远镜成像质量的影响，自适应光学系统必须实时补偿大气湍流引起的波前畸变，为此自适应光学系统主要由三部分组成：波前传感器、波前校正器和波前控制器。波前传感器探测由大气湍流引起的通过其中光场的波前畸变，为波前控制器提供实时的波前畸变信息；波前控制器根据波前传感器提供的波前畸变信息，通过波前控制算法，将波前畸变信息转化为电压控制信号，提供给波前校正器；波前校正器利用波前控制器提供的电压控制信号，驱动波前校正器产生形变，对波前进行实时校正。

望远镜自适应光学系统的结构示意图如图 5.3 所示。星光经过大气湍流后，光波的波前发生畸变，存在波前畸变的光波进入地基天文望远镜中，在望远镜的焦面上会聚，形成弥散的星像。为了补偿因为大气湍流所引入的波前畸变，需要在望远镜焦点后方安装自适应光学系统。望远镜焦点后方发散的光束经过准直镜成为平行光，然后入射到自适应光学系统的波前校正器上，波前校正器根据波前控制器传来的控制信号产生形变，对畸变波前实施校正，校正后的光束被分束片分为两束，一束光进入波前探测器，用于探测波前残差，而另一束光进入科学相机获得经过自适应光学系统补偿后的星像，或者引入终端仪器，为终端仪器提供稳定、高能量集中度的观测信号。

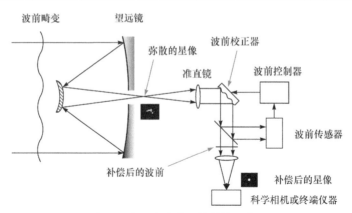

图 5.3　自适应光学系统结构示意图

5.2.2　自适应光学系统的核心元件

如前所述，自适应光学系统的核心元件主要有三个，即波前传感器、波前校正器和波前控制器。本小节将对自适应光学系统的三个核心元件进行详细讨论。

5.2.2.1　波前传感器

根据第 2 章波动光学的内容，波前畸变会影响系统的光学传递函数，降低光学系统的成像质量。因此，若要提高光学系统的成像质量，必须将系统像差或者系统周围介质引入的动态像差测量出来，然后通过实时校正波前畸变或者图像后处理清晰化，才能获得高质量的图像。但是，目前的光电探测器只能够探测光波的强度，无法探测光波的相位，因此只能通过测量光强间接获得光波的相位。这种通过测量光强来提取波前或者相位的方法，称为波前传感。

波前传感技术可以分为两大类，一类是通过特殊的光学结构测量光强，计算出光波的相位，称为直接波前传感技术；另一类是基于光强分布通过多步迭代优化，给出最优化的相位或者消除畸变相位，称为间接波前传感技术。直接波前传感技术主要包括夏克-哈特曼(Shack-Hartmann sensor, SHS)波前传感器、剪切干涉仪(shearing interferometer)、曲率传感器(curvature sensor)和四棱锥传感器(pyramid sensor, PyS)。间接波前传感技术主要包括相位恢复(phase retrieval)、相位多重变更(phase diversity)、图像锐化(image sharpening)等。下面逐一介绍这些波前传感器的基本原理。

1) 夏克-哈特曼波前传感器

夏克-哈特曼波前传感器结构简单紧凑、传感精度高，而且不依赖于波长，在光学测试领域中有广泛应用。夏克-哈特曼传感器源于哈特曼传感器。哈特曼传感器由一块哈特曼掩模板和一个阵列型探测器构成。哈特曼掩模板是一块布满小孔的不透光掩模板,其上均匀排布的小孔可以将入射波前分割成很多的子波前,被分割的子波前传播一定的距离后到达探测器。探测器记录的强度分布图就是与哈特曼掩板上小孔对应的光斑阵列。哈特曼掩板上每一个小孔的中心轴跟探测器都存在一个交点,称为参考质心。当入射光为理想平面波时,探测器记录的每一个光斑质心和与其对应的参考质心的偏移为零,重构的波前接近理想平面;当入射光存在波前畸变时,探测器记录的光斑质心和参考质心就会存在偏移,通过分析探测器记录的每一个光斑相对于参考质心的偏移,就可以提取出每一个子波前的斜率,即入射波前的局部倾斜,从而重构出入射波前。哈特曼传感器的成功之处在于利用微分原理将入射波前分割成许多子波前,并将子波前近似为平面波,通过提取每一个子光斑的偏移来估算每一个子波前的斜率,即入射波前的局部倾斜。哈特曼传感器的缺点在于光斑的信噪比低,这是由于哈特曼掩模板将入射光束分成了很多子光束,这些子光束通过自由空间传播到探测器,探测器接收到的光斑能量分布不集中。为了提高探测信号的信噪比,研究人员将哈特曼掩模板更换为微透镜阵列,即用微透镜阵列代替小孔阵列,并且将探测器阵列放置于微透镜阵列的焦面处,这就是现在广泛使用的夏克-哈特曼传感器。利用微透镜的聚光能力提高光斑的能量集中度,可以大大提高波前传感器的信噪比。夏克-哈特曼传感器继承了哈特曼传感器通过分割入射波前提取波前局部倾斜的传感方式,同时克服了哈特曼传感器信噪比不高的缺点。

图 5.4 为夏克-哈特曼传感器的结构示意图。图中曲线代表入射的畸变波前;微透镜阵列前的分段实线表示被微透镜分割的、可以近似为平面的子波前;

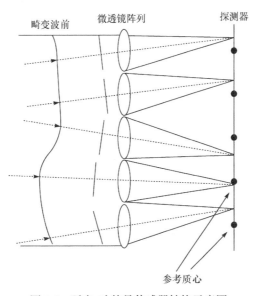

图 5.4　夏克-哈特曼传感器结构示意图

探测器上的黑色圆点表示微透镜光轴与探测器的交点，即理想参考质心；带箭头的虚线表示每一个被分割的子波前的传播方向。由于子波前的传播方向与微透镜的光轴存在一定的夹角，所以通过微透镜形成的子光斑不会会聚在参考质心上，而是存在一定的偏移。通过计算实际光斑质心相对于参考质心的偏移，就可以估算出入射波前的局部倾斜，进而重构出入射波前。

　　下面，我们以微透镜阵列上的单个微透镜为例，分析夏克-哈特曼传感器的波前传感原理。图 5.5 为单个微透镜上局部波前与质心偏移的几何关系示意图。入射到该微透镜上的畸变波前被微透镜分割后，可以近似为倾斜的理想平面。根据第 2 章几何光学的内容，由于被分割的子波前是倾斜的，即子波前的传播方向与微透镜的光轴存在夹角，所以通过微透镜的光被微透镜会聚于焦面上偏离参考质心的某处。根据图 5.5 中的几何关系，可以得出质心偏移与微透镜焦距的比值即为入射畸变波前的局部倾斜，具体表述为

$$\frac{\partial w}{\partial x}=\frac{\Delta x}{f_{LA}}=\frac{x_c-x_0}{f_{LA}}$$
$$\frac{\partial w}{\partial y}=\frac{\Delta y}{f_{LA}}=\frac{y_c-y_0}{f_{LA}}$$

(5.2.1)

其中，w 为入射畸变波前(以光程计算，长度单位)；f_{LA} 为微透镜阵列的有效焦距；Δx 和 Δy 分别表示 x 方向和 y 方向上的质心偏移；x_c 和 y_c 分别为 x 方向和 y 方向上的实际光斑质心坐标；x_0 和 y_0 分别为 x 方向和 y 方向上的参考质心坐标。光斑的质心坐标为每一个子光斑区域内像素坐标的加权平均值，权重为像素的强度值，可以表示为

$$x_c=\frac{\sum_{m,n}x_{m,n}I_{m,n}}{\sum_{m,n}I_{m,n}}, \quad y_c=\frac{\sum_{m,n}y_{m,n}I_{m,n}}{\sum_{m,n}I_{m,n}}$$

(5.2.2)

其中，$(x_{m,n},y_{m,n})$ 为探测器像素 (m,n) 的坐标；$I_{m,n}$ 为探测器像素 (m,n) 的强度。

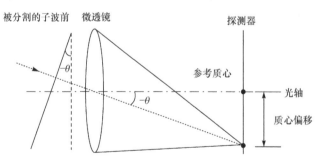

图 5.5　单个微透镜入射波前倾斜与质心偏移的几何关系示意图

　　由夏克-哈特曼传感器的工作原理可知，其波前传感精度主要取决于子孔径数目的多少，即微透镜的数目。微透镜数目越多，入射波前被分割的份数越多，被分割的子波前越接近于理想平面，假设信噪比足够大，波前重构的精度就越高，但微透镜数目越多，微透镜面积越小，光斑可以有效移动范围就越小，这意味着像差测量的动态范围变小；反之，由于入射波前被分割的数目有限，将子波前近似为平面波的误差就大，波前传感的精度越低，但好处是像差测量的动态范围变大。虽然增加微透镜数目能提高夏克-哈特曼传感器的测量精度，但并不意味着微透镜数目越多越好。当微透镜数目达到一定数值时，被分割的子波前可以很好地近似为平面波，在此基础上再增加微透镜的数目，也不会明显提高夏克-哈特曼传感器的精度。因为，根据微分的概念，此时，每一个子波前都可以看成理想平面，即使再增加微透镜的数目，也并不能提高入射波前局部倾斜的测量精度，而且，过多的微透镜数目会导致单个微透镜上的光能量减少，降低光斑的信噪比，反而使得测量精度下降。

　　此外，根据式(5.2.1)可知，夏克-哈特曼传感器的灵敏度在硬件上取决于探测器像素大小和微透镜阵列的有效焦距，而其动态测量范围则取决于微透镜的大小和微透镜阵列的有效焦距。

　　为了进一步提高夏克-哈特曼传感器的应用范围，研究人员提出了很多方法对其进行改进。例如，通过增加一个与微透镜阵列共轭并且可以移动的带有子孔径的平板来提高夏克-哈特曼传感器的动态测量范围[6]；通过改进质心算法提高夏克-哈特曼传感器的波前重构精度[7-9]。此外，通过改变夏克-哈特曼传感器中探测器位置，可以得到离焦型夏克-哈特曼传感器，这种改进的结构用于相位恢复，可以大幅提高相位恢复的精度和收敛速度[10]。在离焦型夏克-哈特曼传感器的结构上，采用增加二阶光斑矩信息的重构算法，即在提取入射波前局部倾斜的同时提取入射波前的局部曲率，并让局部倾斜和局部曲率的信息同时参与波前重构，可以大幅度提高波前重构精度[11]。

　　2) 曲率传感器

　　曲率传感器是自适应光学系统中常见的波前传感器之一。顾名思义，曲率传感器利用入射波前的局部曲率对波前进行重构。

　　曲率传感器的原理如图 5.6 所示。入射波前具有正曲率的部分(遵循第 2 章的符号规则，起会聚作用的局部波前，其曲率为正)，在成像透镜的会聚作用下，在成像透镜的焦面之前会聚；而入射波前具有负曲率的部分，在成像透镜的会聚作用下，在成像透镜的焦面之后会聚。因此，正曲率的局部波前在成像透镜焦面之前的离焦面上的强度分布具有光斑小且亮的特点，而在焦面之后等距离的离焦面上的强度分布具有光斑大且暗的特点；负曲率的局部波前在焦面前后等距离的离焦面上的强度分布情况则与正曲率的局部波前正好相反。基于这一原理，曲率传感器在离焦距离相等、离焦符号相反的两个离焦面上分别测量强度分布，由于这两个强度分布的差异反映了畸变波前的局部曲率信息，因此可以从中计算入射波前的曲率。在曲率传感器中，畸变波前的曲率与光强分布的数学关系可以表示为[12]

$$\frac{I_1(r)-I_2(-r)}{I_1(r)+I_2(-r)}=\frac{f(f-L)}{2L}\left[\frac{\partial}{\partial n}w(fr/L)\delta-\nabla^2 w(fr/L)\right] \tag{5.2.3}$$

其中，$I_1(r)$ 和 $I_2(-r)$ 分别表示离焦平面 P_1 和 P_2 上的光强分布；负号表示图像旋转 180°，这是由于成像透镜的焦面前后图像旋转了 180°；f 为成像透镜的有效焦距；L 为焦面到离焦面的距离；$\frac{\partial}{\partial n}$ 为孔径边缘波前的径向倾斜；δ 为孔径边缘的线性脉冲分布；∇^2 为拉普拉斯算子；w 为入射波前。

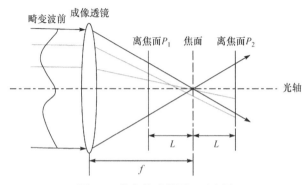

图 5.6　曲率传感器原理示意图

式(5.2.3)又称为光强传输方程。光强传输方程是关联光强分布和相位分布的二阶微分方程，通过求解该微分方程，可以重构出入射波前。

曲率传感器利用畸变波前局部曲率导致在焦面前后强度分布不同的特点实现波前传感。由曲率传感器的原理示意图 5.6 可知，曲率传感器探测的强度分布和信噪比都与探测面到焦面的距离(即离焦距离)紧密相关。离焦距离越大，传感器探测到的光斑面积越大，传感器的分辨率越高，即波前传感精度越高，但是由于强度分布不集中，信号的信噪比较低；离焦距离越小，传感器探测到的光斑面积越小，探测器探测的分辨率越低，即波前传感精度越低，但是信号的信噪比较高。因此，离焦距离要取得适中才能兼顾传感器的精度和信噪比。

3) 剪切干涉仪

自适应光学技术发展的早期，剪切干涉仪是一种重要的波前传感器。剪切干涉仪利用剪切干涉的原理，将入射波前和经过稍许移位的入射波前进行干涉，由于参与干涉的两个波前都是入射波前本身，而且剪切错位量很小，因此，两个波前之间的相位差不大且相对稳定，可以形成稳定的干涉条纹。通过对干涉条纹进行分析，可以提取出入射波前的局部倾斜，进而获得入射的畸变波前。

剪切干涉仪的结构示意图如图 5.7 所示。入射光经过剪切装置后，剪切装置会将入射光分成两束光，一束光保持不变，另一束光相对于入射光有微小的移位，称为剪切量。这个剪切量很小，互为参考光的两束光可以形成稳定的干涉图样，用于提取入射波前的局部倾斜。通常情况下，剪切干涉仪需要分别提取 x 方向和 y 方向两个方向的局部倾斜，因此，需要两套剪切装置。假设入射到剪切干涉仪剪切装置上的光场为 $A\exp[ikw(x,y)]$，其中 A 为均匀分布的振幅，$w(x,y)$ 为畸变波前，x 和 y 两个方向上的剪切量分别为 s_x 和 s_y，则两个方向上的剪切干涉强度分别为

$$
\begin{aligned}
I_x &= \left| \frac{1}{2}A\exp[ikw(x,y)] + \frac{1}{2}A\exp[ikw(x+s_x,y)] \right|^2 \\
&= \frac{1}{2}A^2 + \frac{1}{2}A^2\cos[kw(x+s_x,y) - kw(x,y)] \\
I_y &= \left| \frac{1}{2}A\exp[ikw(x,y)] + \frac{1}{2}A\exp[ikw(x,y+s_y)] \right|^2 \\
&= \frac{1}{2}A^2 + \frac{1}{2}A^2\cos[kw(x,y+s_y) - kw(x,y)]
\end{aligned}
\tag{5.2.4}
$$

如果剪切装置引入的剪切量足够小，根据泰勒展开(Taylor expansion)近似，原波前和经过移位的波前之差可以用波前的局部倾斜近似为

$$
I_x = \frac{1}{2}A^2 + \frac{1}{2}A^2\cos\left[k\frac{\partial w(x,y)}{\partial x}s_x \right], \quad I_y = \frac{1}{2}A^2 + \frac{1}{2}A^2\cos\left[k\frac{\partial w(x,y)}{\partial y}s_y \right] \tag{5.2.5}
$$

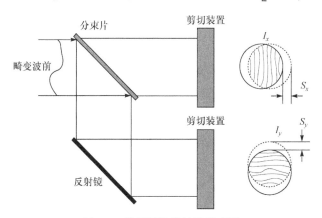

图 5.7　剪切干涉仪结构示意图

由剪切干涉仪的原理可知，剪切干涉仪测得的干涉条纹的强度正比于剪切量与入射波前局部倾斜乘积的余弦函数值。这就意味着，剪切干涉仪的灵敏度与剪

切量密切相关，剪切量越小，强度变化越小，传感器的灵敏度相对较低；反之，剪切量越大，强度变化越剧烈，灵敏度越高。值得注意的是，剪切量过大时，原始波前与移位波前之差的泰勒展开近似误差也将增大，导致波前的局部倾斜的误差增大，因此，剪切干涉仪的剪切量要根据实际情况合理选择。此外，剪切干涉仪需要分别探测不同剪切方向上的干涉条纹，导致装置相对比较复杂，光能利用率也相对较低。

4) 四棱锥波前传感器

四棱锥波前传感器也是自适应光学系统中常用的波前传感器之一，最早用于天文成像当中。四棱锥波前传感器由一个四棱锥、一个中继透镜和一个阵列型探测器组成，其中四棱锥的顶点与成像透镜的焦点重合。会聚到成像透镜焦平面的光斑被四棱锥分为四个部分，这四个部分光经过中继透镜后，在探测器上形成四个瞳面像，通过对比分析四个瞳面像强度分布的差异，可以提取入射波前的局部倾斜，进而重构出入射波前。

四棱锥波前传感器的结构示意图如图 5.8 所示。当入射光为理想平面波时，波前没有畸变，焦面上的像没有畸变，此时被四棱锥分成的四个光斑无论形状还是强度分布都完全一样，它们经过中继透镜在其焦面上形成的四个瞳面像也完全一样。但是，当入射光存在波前畸变时，由于焦面上的像会有畸变和偏移，被四棱锥分成的四个光斑不仅形状不同，强度分布也不同，于是探测器探测到的四个瞳面像就会存在差异，通过计算这四个光瞳像的差异，可以得到入射波前的局部倾斜，其关系为

$$\frac{\partial w}{\partial x}=\frac{1}{f}\cdot\frac{(I_a+I_c)-(I_b+I_d)}{I_a+I_b+I_c+I_d}, \quad \frac{\partial w}{\partial y}=\frac{1}{f}\cdot\frac{(I_a+I_b)-(I_c+I_d)}{I_a+I_b+I_c+I_d}, \tag{5.2.6}$$

其中，f 为成像透镜的焦距；I_a、I_b、I_c 和 I_d 分别表示探测器上四个瞳面像的强度分布。根据能量守恒可知，四个光瞳像的强度之和为入射光斑的总能量，式(5.2.6)中除以光斑的总能量是为了得到归一化的强度变化，将由入射光能量变化引起的差异排除，提高波前探测的准确性。

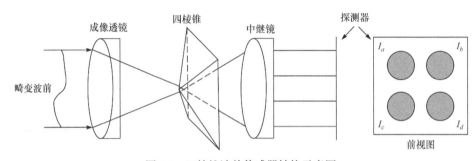

图 5.8　四棱锥波前传感器结构示意图

四棱锥波前传感器的最大优点在于其高分辨率和高精度。四棱锥波前探测器通过四个瞳面像逐点计算入射波前的局部倾斜，其分辨率和精度由探测器像素大小决定，相对于分辨率和精度由微透镜数目决定的夏克-哈特曼传感器，四棱锥波前传感器的分辨率和精度大大提高。四棱锥波前传感器的另一个优点是探测器的精度可以根据需要通过更换探测器灵活改变，而不需要改变探测器前面的光学系统。由于瞳面上各处点的局部倾斜都是由探测器上四个瞳面像的对应点计算的，探测器的像素越小，波前重构的精度越高，因此直接更换与所需精度相匹配的探测器即可，具有较高的灵活性。

除了上面讨论的四种直接传感波前的波前传感器，还有通过迭代等优化方式来获取波前的间接传感方式，如相位恢复和图像锐化。

5) 相位恢复

相位恢复是一种通过迭代优化从光场强度信息恢复光场相位信息的算法，最早由格西伯格(Gerchberg)和萨克斯顿(Saxton)提出，并应用于高分辨显微成像。相位恢复算法的流程如图 5.9 所示，光场在瞳面和像面之间进行傅里叶迭代，迭代过程中在瞳面和像面分别施加相应的瞳面和被测光强约束，直至获得最优化的相位。相位恢复算法最初提出时，只采用一幅强度分布图用于迭代优化，由于约束条件单一，相位恢复存在收敛速度慢，甚至不收敛。为了解决相位恢复算法不收敛的问题，研究人员提出采用多个衍射强度图来增加约束，保证算法的快速收敛，例如记录多个衍射面的强度或者记录多个波长下的衍射强度等。其中，比较著名的是基于相位多重变更方法的相位恢复[13]和叠层成像技术(ptychography)[14]。基于相位多重变更方法的相位恢复实验装置如图 5.10 所示，其基本思想是在傅里

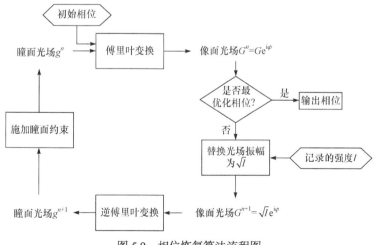

图 5.9　相位恢复算法流程图

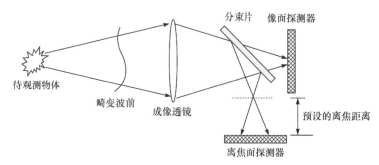

图 5.10　基于相位多重变更方法的相位恢复实验装置示意图

叶迭代优化过程中使用分别在焦面和已知离焦距离的离焦面上记录的两张强度分布图约束相位恢复过程中的光场，从而达到加速算法收敛的目的。叠层成像技术利用小于入瞳孔径的圆孔横向移动获得的一系列强度分布图，采用众多的强度分布来约束优化的收敛方向，使得最优化问题迅速朝着真实的入射波前收敛。值得注意的是，为了相互约束，当圆孔移动时，前后位置需要相互重叠。

6) 图像锐化

图像锐化是另一种类型的间接波前传感技术，该技术不对畸变波前进行求解，而是让主动器件(如变形镜、液晶相位调制器等)参与优化迭代，通过主动改变系统波前，获得清晰的图像。图像锐化利用选定的图像清晰度评价函数对成像探测的图像进行评价，当判定图像还不够清晰时，通过优化搜索算法得到主动器件的控制信号，驱动主动器件，改变系统波前，促使图像朝着评价函数的极值方向改善，然后再采集图像进行评价和优化以及驱动主动器件，直至图像的强度分布满足既定的评价函数标准。在图像锐化过程中，评价函数和优化搜索算法是核心。评价函数是评判图像清晰程度的依据，与最终的成像质量密切相关。常见的评价函数有 $\int I^2(x,y)\mathrm{d}x\mathrm{d}y$、$\int I^4(x,y)\mathrm{d}x\mathrm{d}y$ 等。优化搜索算法决定优化方向，直接关系优化的速度和趋近真实波前的方向。常用的优化搜索算法有梯度下降搜索、遗传算法和模拟退火等。当评价函数足够小或者足够大，以及满足优化要求时，可以认为主动器件的面形基本补偿了真实的畸变波前，从而停止优化迭代。

图像锐化与所成像的物体结构密切相关。如果有关于物体结构的先验信息，就可以大大加速图像锐化的收敛速度。但是如果没有物体先验结构信息，而且物体结构比较复杂，图像锐化的速度就会变慢甚至不收敛。

需要指出的是，间接波前传感方法需要进行迭代优化，耗时较长，因此常用于校正静态像差或者畸变缓慢变化的情况，而不适用于入射波前实时变化的情况。

5.2.2.2　波前校正器

波前校正器是自适应光学系统的另一个核心器件。自适应光学系统工作时，波前校正器能够根据波前控制器提供的控制信号，实时产生校正畸变波前所需要的形变，从而实现对大气湍流引起的畸变波前的高速校正。可以说，波前校正器的性能很大程度上决定了自适应光学系统性能，因此，波前校正器的发展水平是自适应光学技术发展水平的重要体现。

根据第 2 章中的光学理论知识，如果要校正畸变波前，必须通过改变光程的方法对畸变波前进行补偿。根据光程的定义，改变光程的方法有两种，一种是改变光波通过介质的折射率，另一种是改变光波传播几何路径的长度。相应的，根据波前校正器校正波前原理的不同，波前校正器也可以分为两种，一种是折射型波前校正器，另一种是反射型波前校正器，分别采用上述两种改变光程的方式。

1) 折射型波前校正器

折射型波前校正器是通过改变光波通过介质的折射率实现波前校正的，典型代表是液晶空间光调制器。液晶空间光调制器有纯相位调制型和振幅相位混合调制型两种，本书仅讨论纯相位型液晶空间光调制器。液晶空间光调制器由许多独立的液晶单元在空间上按照一定的顺序排列组成，每一个液晶单元都可以通过电压驱动独立地改变该液晶单元的折射率。由于组成液晶空间光调制器的每一个独立液晶单元都具有相同的厚度，当不施加电压或者不同的液晶单元上施加相同的电压时，所有的液晶单元都具有相同的折射率，此时液晶空间光调制器不改变通过其中的光波的波前；但是，当每一个独立的液晶单元上都施加不同的电压时，每一个液晶单元都具有不同的折射率，光波通过这些独立的液晶单元时，就会有不同的光程，不同的光程就对应着不同的相位，这样产生相位的差异就可以对入射光场的畸变波前进行补偿。

液晶空间光调制器既有优势也有不足。液晶空间光调制器作为波前校正器的最重要的优点是分辨率高。液晶空间光调制器利用了液晶分子本身的性能，从理论上讲，液晶空间光调制器的分辨率是分子量级的，因为每一个液晶分子都可以通过单独施加电压改变其自身折射率的大小，进而改变通过其自身的光波的相位。因此，液晶空间光调制器的分辨率可以做到很高。液晶空间光调制器的缺点主要在于响应时间长、校正范围小、存在色散效应等。特别是，由于液晶分子需要较长的响应时间，以及液晶单元之间的间隔对光波的振幅调制，严重限制了其在自适应光学中的应用。此外，由于液晶空间光调制器需要线偏振的入射光，因此液晶空间光调制器的使用会导致光能量损失。但是，随着研究人员对液晶材料的研究以及对器件的不断改进，液晶空间光调制器作为一种极具潜力的折射型波前校正器件有广阔的应用前景。

2) 反射型波前校正器

反射型波前校正器通过改变光波传播几何路径的长度实现波前校正，典型器件是变形镜。变形镜由光学镜面和垂直于光学镜面按照一定方式排列分布的促动器组成。促动器对光学镜面施力，改变变形镜面的面形，从而改变光波传播的几何路径的长度，实现畸变波前的校正。促动器有压电式、磁致伸缩式、静电力式等多种类型，其中静电力式薄膜变形镜、压电式陶瓷

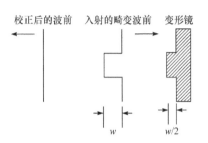

图 5.11　变形镜补偿入射畸变波前原理示意图

变形镜应用较广。变形镜补偿入射畸变波前的原理示意图如图 5.11 所示。为便于阐述，图中采用方波表示入射的畸变波前。与方波滞后部分对应的变形镜区域在促动器的推动下发生形变，镜面隆起，方波的滞后部分被变形镜镜面的隆起部分提前反射回去，少传播了一段距离，而方波的超前部分则多传播了一段距离才入射到变形镜上被反射回来，最终经过变形镜的补偿，入射的畸变波前就变成了接近理想平面的平面波前。假设方波的滞后部分滞后路程为 w，则根据光程的计算，变形镜的形变量应为 $w/2$，才能对方波实施校正。

变形镜的优点在于响应速度快、校正范围大、没有色散效应、光谱响应范围宽、光能利用率高。这些优势使变形镜在自适应光学中得到了广泛使用，成为最常用的波前校正器。变形镜的缺点是其空间分辨率有限。变形镜的空间分辨率严重依赖于促动器间距和数目，虽然可以通过减小变形镜促动器之间的间距和增加促动器数目来提高变形镜的空间分辨率，但是会牺牲变形镜的其他性能。一方面，促动器间距的变小，不仅变形镜的校正范围会有所下降，而且间距过小会增加变形镜促动器之间的交联(cross talk)效应(即促动器之间的相互影响)，降低变形镜的校正性能；另一方面，促动器个数增加无疑会增大变形镜的体积和控制负担，不利于变形镜的使用。

根据变形镜镜面的连续性，变形镜可以分为分立镜面和连续镜面两种，如图 5.12 所示。分立镜面变形镜在早期的自适应光学系统中使用较多，随着技术的进步，连续镜面变形镜因其优良的拟合校正特性和低能量损耗逐渐成为自适应光学系统中普遍采用的波前校正器。

分立镜面变形镜通常由多个分立的小块子镜面和分立的垂直于子镜的促动器组成，如图 5.12(a)所示。分立镜面变形镜的镜面由多个独立的小块子镜面排列而成，小块子镜面通常为平面，形状多采用正方形或六角形。分立镜面变形镜的促动器也都是独立的，这些独立的促动器按照一定排列分布在分立镜面的背面，每个分立式的小块子镜的背面都分布有一定数目的促动器。当每块子镜背后只有

一个促动器时，每块子镜只能在垂直镜面的方向移动，只能校正局部平移波前，当每一块子镜后面有三个以上的促动器时，小镜面既可以沿镜面垂直方向移动，也可以以一定的角度倾斜，此时，每块子镜既可以校正局部平移波前，也可以校正局部倾斜波前。

连续镜面变形镜由连续的薄镜面和垂直于镜面的促动器阵列组成，如图 5.12(b) 所示。不同的促动器对薄镜面施加不同的力，使镜面发生形变，对入射的畸变波前进行校正。

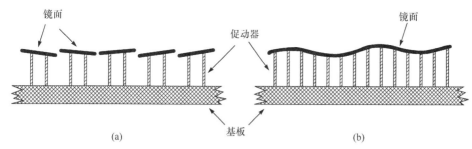

图 5.12　变形镜结构示意图

(a) 分立镜面变形镜；(b) 连续镜面变形镜

在连续镜面变形镜中，双压电晶片式变形镜是一种比较特殊的变形镜，它由镜面和位于镜面下的两块极性相反且连续分布的压电陶瓷片组成，结构如图 5.13 所示。当电极和压电陶瓷促动器之间施加电压时，由于两块压电陶瓷极性相反，一块压电晶片会在沿着晶片的方向发生收缩，而另一块晶片在沿着晶片的方向发生扩张，导致镜面的曲率发生变化产生形变，从而实现对入射波前的校正。前面介绍的曲率传感器利用波前的曲率特性进行传感，因此在自适应光学系统中，双压电晶片式变形镜可以直接利用曲率传感器的曲率输出进行镜面驱动。

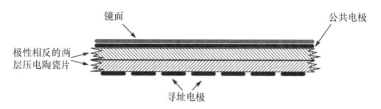

图 5.13　双压电晶片式变形镜结构示意图

分立镜面变形镜和连续镜面变形镜各有优缺点。分立镜面变形镜由于子镜分立互相独立，有着自身独特的优点：组成分立镜面变形镜的每一个小子镜面都可以独立地移动，而不受周围子镜面的影响，因此小镜面之间的交联影响很小；分立镜面变形镜校正范围大；分立镜面变形镜的小子镜相对独立，便于装配和维护；分立镜面变形镜操作和设计都比较简单，便于制造大口径的变形镜。同样，子镜分立也导致分立镜面变形镜存在一些无法克服的缺点：由于镜面不连续，会存在光能损失，而且子镜间的缝隙会存在一定的衍射效应，当衍射效应严重时会大大降低系统的成像质量；分立镜面变形镜波前拟合精度低，导致波前校正残差较大，改善成像质量有限。因此，采用分立镜面变形镜的自适应光学系统很少，只是在自适应光学发展的早期有较多的应用。而连续镜面变形镜由于镜面的连续性，不仅提高了变形镜的波前校正性能，还成功地避免了分立镜面变形镜子镜之间的间隔引入的衍射效应，提高了光能利用率。连续镜面变形镜的缺点是，设计、操作和维护都比较困难，而且相邻促动器之间的交联会对变形镜镜面的形变产生影响。

5.2.2.3　波前控制器

在自适应光学系统中，波前控制器是自适应光学系统中连接波前传感器和波前校正器必不可少的核心器件。波前控制器中的控制算法将波前传感器输出的波前误差信号转换为驱动波前校正器的电压控制信号，并传递给波前校正器，驱动其进行波前校正。

波前控制器的控制方式分为开环控制和闭环负反馈控制两种。所谓开环控制就是波前传感器直接测量入射的畸变波前，将畸变波前信息传递给波前控制器计算控制信号，波前控制器利用控制信号驱动波前校正器对入射波前实施校正，结构如图 5.14(a)所示。与开环控制不同的是，闭环负反馈控制则是传感入射光的畸变波前与波前校正器面形引起的波前变化的残差，将波前残差信息不断地转化为控制信号，驱动波前校正器改变面型，直至波前残差为零(理想情况下)，闭环负反馈控制的结构如图 5.14(b)所示。开环控制与闭环控制的根本区别在于波前传感的是入射畸变波前还是经波前校正器校正后的残差波前。

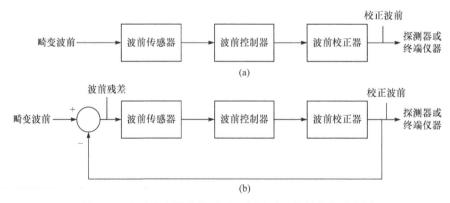

图 5.14　自适应光学中的开环(a)和闭环(b)控制流程示意图

在自适应光学中，开环控制和闭环负反馈控制各有优缺点。开环控制的优点是简单、稳定、可靠，缺点是由于开环控制没有残差波前作为反馈信号，无法对波前校正进行实时修正。因此，如果波前控制器在开环控制模式下实现，需要极高精度的波前探测能力和波前校正能力，而且需要对硬件进行高精度的校准和定标，对硬件的要求很苛刻。闭环负反馈控制的优点是对外部扰动不敏感，可以根据波前残差的反馈自行修正，对波前传感器和波前校正器等硬件的要求相对较低，不需要高精度的定标，而且容易实现；缺点是波前控制系统的设计和分析较为复杂，而且系统的时频响应特性会受到限制，以避免系统出现闭环控制的超调、振荡等现象。在自适应光学中，绝大多数波前控制器都采用了闭环负反馈控制，不过也有少部分采用了开环控制，在后面的小节中将会提到。下面我们着重介绍基于闭环负反馈控制的控制器。

由图 5.14(b)中的闭环负反馈结构示意图可知，波前控制器要输出一个控制信号驱动波前校正器产生形变，使光经过波前校正器所产生的波前改变量和入射波前相互抵消，从而保证反馈残差波前信号接近于零。因此，波前控制器要解决的问题就是如何将测量的波前信息转化为波前校正器的控制信号，这个问题在数学上可以表示为

$$c = Ms \tag{5.2.7}$$

其中，c 是一个列向量，为波前控制器输出的控制信号；M 为控制矩阵；s 为波前传感器测得的残差波前信息对应的列向量。设计合理的波前控制器，确定相应的控制矩阵，就可以根据式(5.2.7)得到波前校正器的控制信号。下面介绍两种常见的波前控制器。

1) 最小二乘控制器

最小二乘控制器(least-squares controller)是自适应光学中最简单的控制器，其原理为利用最小二乘方法最小化波前校正器校正后的波前残差，求出波前控制器的驱动电压，其数学描述为

$$\min_{c} |s_{\text{in}} - s_{\text{wc}}|^2$$

其中，c 为波前控制器输出的控制信号对应的列向量；s_{in} 为入射畸变波前信息所对应的列向量；而 s_{wc} 为波前校正器产生波前信息对应的列向量；$s_{\text{in}} - s_{\text{wc}}$ 即为波前传感器测得的残差波前信息所对应的列向量；$|\cdot|^2$ 为向量的 2 范数，即 $|a|^2 = a^{\text{T}}a$，其中上角标 T 表示矩阵转置，下同。根据波前校正器的工作原理，s_{wc} 可表示为 Hc，其中 H 为波前校正器的响应函数矩阵，H 中每一列为波前校正器的每一个促动器施加单位电压时所得的响应(用波前信息向量表示)。将 $s_{\text{wc}} = Hc$ 代入上述最小化问题进行求解，可得

$$c = (H^{T}H)^{-1}H^{T}s$$

因此，最小二乘控制器的控制矩阵可以表示为

$$M_{LSC} = (H^{T}H)^{-1}H^{T} \tag{5.2.8}$$

其中，$(H^{T}H)^{-1}H^{T}$ 为波前校正器的响应函数矩阵的广义逆。响应函数矩阵的广义逆可以通过对 H 进行奇异值分解求得，奇异值分解求广义逆的方法在很多矩阵理论参考书中都有介绍，此处不再赘述。值得注意的是，在计算广义逆矩阵的过程中，为了避免噪声的过度放大，需要对奇异值向量进行截断，截断的标准需要慎重考虑，截断标准太高，会降低自适应光学系统的校正精度，截断标准太低，又会影响自适应光学系统运行的稳定性。

2) 最小方差控制器

最小方差控制器(minimum-variance controller)在求解控制矩阵的过程中结合了入射波前和波前传感器噪声的统计信息。与最小二乘控制器最小化波前校正残差的平方和不同，最小方差控制器最小化波前校正残差的均方误差(mean squared error)，其最优化问题可以表述为

$$\min_{M} \left\langle \left| s_{in} - s_{wc} \right|^{2} \right\rangle$$

其中，M 为控制矩阵；s_{in} 为入射畸变波前信息所对应的列向量；$s_{wc} = HMs$ 为波前校正器产生波前的信息向量；H 为波前校正器的响应函数矩阵；s 为波前传感器输出波前信息对应的列向量；$\langle \cdot \rangle$ 表示求统计平均，此时 s_{in} 和 s 为随机变量。在入射波前均值为 0 以及波前传感器噪声与入射波前统计无关假设下，求解前述最小化问题，可得[15]

$$M_{MVC} = (H^{T}H)^{-1}H^{T}\Sigma_{s}\Sigma_{s_{in}}^{-1} \tag{5.2.9}$$

其中，$\Sigma_{s} = \langle ss^{T} \rangle$ 为波前传感器输出的方差矩阵；$\Sigma_{s_{in}} = \langle s_{in}s_{in}^{T} \rangle$ 为入射波前方差矩阵。因为波前传感器的输出可看成所测量的波前真值与噪声的和，Σ_{s} 中不仅包含入射波前的统计信息，还包含波前传感器噪声的统计信息。

对比最小二乘控制器和最小方差控制器的控制矩阵可以发现，最小方差控制器除了利用波前校正器的响应函数矩阵，还利用了入射波前和波前传感器噪声的统计信息。最小方差控制器的控制目标是最小化在波前校正残差的方差，在自适应光学系统中，与波前残差方差相关的就是系统的成像质量，即系统的斯特列尔比。因此，最小化系统残差的方差也就是最大化系统的斯特列尔比，即最优化自适应光学系统的校正性能。

最小二乘控制器和最小方差控制器都是有效的自适应光学系统控制器，最小二乘控制器相对简单，容易实施，但是最终自适应光学系统的成像质量略差。最

小方差控制器由于利用了入射波前和波前传感器噪声的统计信息作为先验信息，理论上其性能更好，但是这些先验信息的准确获得在实际系统中是比较困难的，这也是最小方差控制器难以具体实施的原因。

5.3　自适应光学系统的设计、分析及性能评价

自适应光学系统涉及了流体力学、光学、电子学、自动控制等众多领域，而且相互交叉，致使其在技术实现上变得十分复杂。因此，在设计、分析和评价自适应光学系统时，不仅要注重单个元器件的性能，更要全盘关注各个元器件之间的相互关联和匹配，以确保自适应光学系统整体稳定运行无误。本节将简要概述自适应光学系统设计中需要注意的问题、系统分析及性能评价。

5.3.1　自适应光学系统的设计

自适应光学系统的基本设计流程图如图 5.15 所示，主要包括自适应光学系统总体目标的确定、大气湍流统计特性分析、核心元件的选择和设计，以及光学系统设计四个主要步骤，其中大气湍流特性分析和核心元件的选择和设计直接关系到整个自适应光学系统的性能。

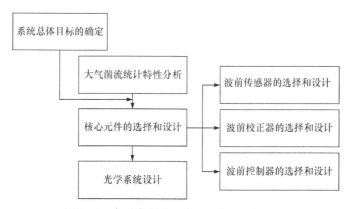

图 5.15　自适应光学系统的基本设计流程图

1) 自适应光学系统总体目标的确定

根据望远镜观测科学目标的要求，确定自适应光学系统要达到的总体目标，例如系统的斯特列尔比；然后根据斯特列尔比估算系统允许的波前误差，并进行分配，为下一步元器件的选择和设计提供参考。根据自适应光学系统中存在的误差来源，可以将误差分配如下：

$$\sigma^2 = \sigma_{\text{fitting}}^2 + \sigma_{\text{servo}}^2 + \sigma_{\text{recons}}^2 + \sigma_{\text{noise}}^2 + \sigma_{\text{aniso}}^2 \tag{5.3.1}$$

其中，$\sigma^2_{\text{fitting}}$ 为波前校正器的拟合误差；σ^2_{servo} 为波前控制器的伺服控制误差；σ^2_{recons} 为波前传感器的波前重构误差；σ^2_{noise} 为噪声引起的探测误差；σ^2_{aniso} 为非等晕误差。

2) 大气湍流统计特性分析

自适应光学系统需要克服大气湍流，提高望远镜光学系统的成像质量，而大气湍流的统计特性与望远镜安装站点所在地的纬度、海拔等一系列因素都有关。因此，在设计自适应光学系统之初，必须清楚需要克服的大气湍流的统计特性。需要确定的大气湍流统计参数主要包括大气相干长度、大气相干时间、平均风速和大气等晕角等。

大气相干长度是大气湍流特性的重要统计参数，反映了大气的宁静度。在波长为 550 nm 情况下，站点的大气相干长度的典型值为 90～150 mm，优秀站点在大气宁静的情况下甚至可以达到 200 mm。根据前面讨论可知，由大气相干长度和望远镜的口径可以估算出入射到望远镜主镜上的波前畸变的均方值，据此，可以进一步估算波前传感器的波前测量范围和波前校正器的校正范围。

大气相干时间反映了入射到望远镜主镜上的波前畸变的时间相关性，决定了非实时校正误差，可以用来估算自适应光学系统闭环控制系统所需的环路频率(loop frequency)。此外，大气相干时间和平均风速还可以用来估算自适应光学系统需要的时间频率带宽。

一般情况下，用于波前传感的导星和需要观测的目标星的位置之间存在一定的夹角，这时波前传感器所测得的畸变波前与来自目标星光的畸变波前存在一定的偏差，大气等晕角就是衡量这个偏差的重要参数。因此，进行自适应光学系统设计时，大气等晕角也是必须考虑的大气统计参数。

3) 核心元件的选择和设计

结合大气湍流统计特性，可以初步给出波前传感器、波前校正器和波前控制器的技术参数，为核心元件的选择和设计提供理论依据。

A. 波前传感器的选择和设计

对于夏克-哈特曼波前传感器，主要技术参数包括子孔径数目和大小、波前传感器的波前重构精度和波前传感器的动态测量范围等。

根据大气相干长度和望远镜口径的比值，可以估算出入射到望远镜上的波前畸变的均方误差，依此可以估算波前传感器所需的动态测量范围；波前传感器的波前重构精度要高于自适应光学系统分配到波前传感器上的误差；波前传感器的动态测量范围和波前重构精度共同决定了波前传感器的子孔径数目和大小。

除此之外，还要考虑波前传感器中光电探测器的暗电流噪声、读出噪声及周围环境噪声对波前传感精度的影响。

根据上述波前传感器技术参数可以对波前传感器进行选择和设计，在成本和技术条件允许的情况下，可以将波前传感器的技术参数指标适当地提高，以确保自适应光学系统的稳定运行。

B. 波前校正器的选择和设计

波前校正器的主要技术参数包括动态校正范围、促动器数目和排布、响应时间，及其非线性响应等。特别是波前校正器的非线性响应，在设计自适应光学系统和控制器算法时，应当给予足够重视。

波前校正器的动态校正范围，也称为最大形变量，即波前校正器镜面形变化的最大范围，它代表着自适应光学系统可校正波前畸变的范围。和波前传感器一样，波前校正器的动态校正范围要根据入射到望远镜主镜上的波前畸变的均方误差来估算，而波前畸变的均方误差可以由大气湍流的相干长度和望远镜的口径的比值估算得到。

波前校正器的促动器数目和排布，决定了自适应光学系统对波前误差的空间拟合精度。在相同口径的情况下，波前校正器促动器的数目越多，波前校正器对畸变波前的校正的精度越高。与波前传感器一样，波前校正器的对畸变波前的拟合精度要根据分配到波前校正器上的误差来定。

波前校正器的响应时间是指促动器施加电压后，从引起的镜面形变达到稳态输出需要的时间。波前校正器的响应时间要比大气湍流的相干时间短，否则达不到实时校正的效果。在一般情况下，天文望远镜的自适应光学系统中的波前校正器的响应时间至少要达到毫秒量级。

波前校正器的非线性是指当促动器对镜面施加力时，所施加的力与波前校正器的形变量的关系是非线性的。波前校正器的非线性产生的原因与促动器工作的物理机制有关。例如，压电陶瓷驱动的波前校正器的非线性主要是压电陶瓷的迟滞特性和蠕变特性引起的。波前校正器的非线性主要影响波前校正器的校正精度。在选择波前校正器时，要保证波前校正器的非线性不会导致波前校正器的拟合精度超过波前校正器上的分配误差。当然，如果在波前控制器中能够加入波前校正器的非线性驱动模型，就可以很好地克服波前校正器的非线性，进而提高波前校正精度。

除去上述波前校正器的技术参数之外，驱动波前校正器产生形变量的一些技术参数在系统设计时也应给予考虑，比如促动器的施力范围、施力分辨率等。

C. 波前控制器的选择和设计

波前控制器的主要技术参数包括伺服控制误差和带宽。

波前控制器可以看成一个高通滤波器，仅对低频变化的波前畸变进行校正，而放弃对高频变化的波前畸变的校正。这是因为低频变化的波前畸变的功率较高，对望远镜成像质量影响较大，而高频的波前畸变的功率较低，对成像质量影响较小，而且校正高频变化的波前畸变需要更高的技术门槛和更高的经济成本。不过，由于波前控制器没有对高频变化的波前畸变实施校正，会引入一定的伺服控制误差，这就要求伺服控制误差必须小于分配到波前控制器上的误差。

自适应光学波前控制器的带宽有多种不同的定义方式，读者可参阅参考文献[16]第145页。在所定义的带宽内，自适应光学系统可以校正大气对成像的影响，而在带宽外，由于控制器的控制能力迅速衰减，无法得到有效的校正。自适应光学系统所需要的时间带宽可以通过站点的平均风速和大气相干长度来估算。

4) 自适应光学系统光路设计

核心器件选择和设计完成之后，就可以对自适应光学系统进行光学系统设计。光学系统设计中需要注意的问题主要包括视场的设定、光学元件的孔径匹配，以及光学系统静态像差的校正等。

自适应光学系统的视场要与自适应光学系统安置站点的大气等晕角匹配。由于大气等晕角的限制，等晕角之外的视场，自适应光学系统对其成像质量的提升有限甚至有可能使像质变差。

自适应光学系统设计要兼顾各个核心元件的光学孔径，确保元件之间孔径匹配。自适应光学系统比较复杂，光学元件以及波前校正器和波前传感器的口径都不一样，如果不能保证元件之间的孔径匹配，就无法充分发挥核心元件的性能。

此外，自适应光学系统的设计还要尽量减小光学系统本身的静态像差。自适应光学系统运行过程中，会自动校正光路中存在的波前畸变，包括大气湍流引入的动态波前畸变和光路中各个光学元件引入的静态像差，当光路中的存在过大的静态像差时，会占用波前校正器的动态校正范围，影响自适应光学系统对大气湍流引入的动态波前畸变的校正，从而降低自适应光学系统的性能，制约望远镜成像质量的提高。

5.3.2　自适应光学系统的分析

为了确保自适应光学系统运行的稳定，需要对自适应光学系统进行详细的系统分析，主要包括波前误差分析和核心元器件的匹配分析。

1) 误差分析

自适应光学系统的稳定运行，离不开对误差的分析和控制。自适应光学系统的误差主要包括波前校正器的拟合误差、波前传感器的重构误差、伺服控制误差、非等晕误差和噪声引入的探测误差等。这些误差的大小必须控制在所分配的误差范围内，否则无法保证自适应光学系统的性能达到设定的指标。

2) 核心元器件的匹配分析

自适应光学系统一般是一个负反馈闭环控制系统，各个核心元器件必须互相匹配才能保证系统的稳定运行。

A. 波前传感器子孔径数目和波前校正器促动器数目的匹配。由 5.3.1 小节的讨论可知，波前控制器通过控制矩阵将波前传感器传感的波前信息转化为波前校正器的驱动信号，因此，波前传感器的子孔径数目必须与波前校正器的促动器数目匹配。如果严重失配，要么冗余信息过多，造成很大的计算成本浪费，影响自适应光学系统的闭环控制的环路频率，要么信息严重不足，造成矩阵的病态求解，导致自适应光学系统无法稳定运行。具体匹配关系见参考文献[5]。

B. 波前校正器、波前控制器和波前传感器响应时间的匹配。时间响应是自适应光学系统的关键点，没有快速的时间响应，自适应光学系统就无法实现对大气湍流的实时校正。自适应光学系统包含的波前校正器、波前控制器和波前传感器三个核心器件，都需要实时运行，三者的响应时间必须匹配，以保证自适应光学系统的快速运行。

5.3.3　自适应光学系统的性能评估

自适应光学系统的性能评估一般以系统的斯特列尔比为判据。根据斯特列尔比定义，对于自适应光学系统而言，系统的斯特列尔比为校正后点扩散函数的中心强度与理想系统的点扩散函数中心强度之比。斯特列尔比的数值越大，系统的成像质量越高，自适应光学系统的性能也越好，反之，数值越小，成像质量越差，自适应光学系统的性能也越差。但是，理想系统的点扩散函数的中心强度值一般很难给出。对于自适应光学系统，经过自适应光学系统良好校正的系统，可以认为系统的像差很小，系统的斯特列尔比可以近似表示为

$$S \approx \exp(-\sigma^2) \approx 1 - \sigma^2$$

其中，σ 为系统的波前残差，为无量纲的弧度表示的值。开始设计自适应光学系统时，就要根据天文观测设定的科学目标，确定自适应光学系统设计目标，即斯特列尔比。对自适应光学系统的评估，也要根据系统最终测量的波前残差，估算系统的斯特列尔比是否达到设定目标，如果没有，就要对自适应光学系统进行进一步的误差分析，并分析误差的来源和大小，进行相应的改进。

5.4　自适应光学系统的类型

自适应光学系统通过实时补偿大气湍流扰动引起的波前畸变，大幅度提高了地基大口径天文望远镜的成像质量，使望远镜收集的来自科学目标辐射能量更集中，为后续科学终端仪器的设计和使用提供了巨大的便利。因此自适应光学系统已成为地基大口径天文望远镜不可或缺的基础设施之一。同时，为了满足天文观测的需要，自适应光学系统已经从最开始的小视场单共轭自适应光学系统发展到

了大视场多共轭自适应光学系统。本节将简要介绍目前已经发展或者在发展中的自适应光学系统[19]，以及这些自适应光学系统的特点和基本原理，本节图片改编自参考文献[19]。

5.4.1　单共轭自适应光学系统

单共轭自适应光学系统(single conjugate adaptive optics, SCAO)是最早提出的自适应光学系统，也是最简单的自适应光学系统。

单共轭自适应光学系统的结构如图 5.16 所示。单共轭自适应光学系统将望远镜入瞳面上的波前畸变(即各层大气湍流引入的波前畸变的总和)作为入射到光学系统上的畸变波前，波前校正器和波前传感器都与望远镜入瞳共轭，避免对光场的传播相位进行传感和校正，确保自适应光学系统对大气湍流引起的波前畸变进行有效校正。所谓的单共轭就是指波前校正器和波前传感器都和望远镜入瞳面共轭，只校正入瞳面上的波前畸变。需要指出的是，在图 5.16 中以及后续各种自适应光学系统示意图中，波前校正器、波前传感器的位置只是示意性的，不代表真实器件的放置和使用。

单共轭自适应光学系统的性能与波前校正器、波前传感器和波前控制器的性能，以及大气湍流的等晕角紧密相关。当科学目标足够亮，可以为波前传感提供足够的光子数时，科学目标本身就可以作为导星。此时，不存在非等晕误差，自适应光学系统的斯特列尔比仅仅取决于硬件的性能。当科学目标太暗时，需要在科学目标周围的大气等晕角范围内寻找一颗足够亮的星体，作为导星供波前传感器进行波前传感。此时，如图 5.16 所示，由于来自导星和科学目

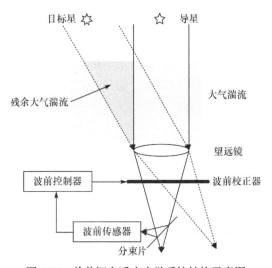

图 5.16　单共轭自适应光学系统结构示意图

标的光波在大气中传播的路径不一致，会有一部分大气湍流引起的波前畸变无法补偿。此时，自适应光学系统的斯特列尔比除了受限于硬件外，还受到非等晕误差的限制。

5.4.2　极端自适应光学系统

极端自适应光学系统(extreme adaptive optics, XAO)的基本原理与单共轭自适应光学的基本原理完全一样。极端自适应光学系统的目的是通过最大限度地提升硬件的性能，将自适应光学系统的波前残差降低到最小，获得高达 0.9 以上的斯特列尔比。

极端自适应光学系统主要靠提升波前校正器、波前传感器和波前控制器的性能，降低波前畸变残差，来提高系统的斯特列尔比。对于波前校正器来说，提升其波前拟合性能需要增加促动器数目；对于波前传感器来说，提升其波前重构精度主要通过增加子孔径数目实现；对于波前控制器来说，需要提高其伺服控制误差和带宽。对于一架口径为 8~10 m 级的地基天文望远镜，单共轭自适应光学系统和极端自适应光学系统对波前传感器、波前控制器和波前校正器的基本技术的对比，如表 5.3 所示。对比表 5.3 可以发现，为了实现 0.9 以上的斯特列尔比，极端自适应光学系统所需的硬件技术参数要比单共轭自适应光学系统大约高一个量级，由此会带来极高的计算成本和经济成本。

表 5.3　单共轭和极端自适应光学系统硬件性能对比[17, 18]

	波前校正器促动器数目	波前传感器	子孔径数目	波前控制器环路频率/Hz
Keck SCAO	349	夏克-哈特曼	20×20	670
Subaru XAO	2000	四棱锥	—	3600

由单共轭自适应光学系统的基本原理可知，极端自适应光学系统也无法克服非等晕引起的波前畸变残差。因此，目前极端自适应光学系统的实际应用依然限制在导星的轴上视场或偏离导星很小的视场内。正是这个原因，导致极端自适应光学系统一般应用于明亮恒星的暗弱伴星以及系外行星的搜索和成像。

5.4.3　激光导星自适应光学系统

单共轭自适应光学系统以亮的恒星为导星，即自然导星(natural guide stars, NGS)，但是自然导星的天空覆盖率太低，不能满足天文观测的需求。为此，研究人员提出通过向空中发射激光的方式人工制造激光导星(laser guide stars, LGS)用于自适应光学系统，即激光导星自适应光学系统。激光导星自适应光学系统可

以在天空中任何需要的位置形成导星，一定程度上解决了自然导星天空覆盖率严
重不足的问题。

目前，实现激光导星的技术有两种：一种是利用大气对激光的瑞利散射产生
的导星，称为瑞利导星；另一种是利用激光激发距离地面约 90 km 处的钠原子
共振发光，称为钠导星。瑞利导星的高度通常为 20～30 km，通常采用波长为
532 nm 的绿光，或者波长更短的蓝紫光。当激光通过大气时，沿着激光的传播
路径上都存在瑞利散射，因此需要的激光能量较高，而且需要设置时间门限以确
保波前传感器探测指定高度散射回来的激光。此外，如图 5.17 所示，由于瑞利
导星相对高度较低，锥体效应(cone effect)明显，而且激光传播路径没有完全覆
盖所在高度以下的大气湍流，会存在聚焦非等晕效应。钠导星利用钠原子的共振
发光，发出波长为 589 nm 左右的黄绿光，由于钠原子层相对稀薄，钠导星一般
比较暗，不会随着激光能量的增强而增强。不过，由于钠导星相对高度较高，锥
体效应和聚焦非等晕效应对波前校正的影响要比瑞利导星小一些。

激光导星自适应光学系统的结构如图 5.17 所示。与自然导星单共轭自适应
光学系统相比，激光导星自适应光学系统需要额外的激光发射系统和波前传感系
统，相对比较复杂。

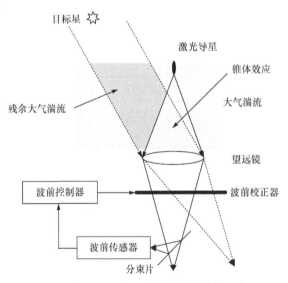

图 5.17　激光导星自适应光学系统结构示意图

相比自然导星单共轭自适应光学系统，激光导星可以解决自然导星亮度不足
和天空覆盖率低的问题。激光导星的高亮度可以提高波前传感器的信噪比，但是
利用激光导星进行波前重构，也存在很大的弊端。①激光导星存在光斑拖长现
象，光斑拖长会导致波前重构精度下降，当光斑超出传感器子孔径探测窗口时，

波前重建无法进行；②激光导星由于高度有限，会存在锥体效应，影响波前重构精度，而且激光导星高度越低，影响越大；③产生激光导星的激光通过了上行和下行的大气路径，路径上的整体倾斜相互抵消，故不能利用激光导星探测大气湍流引起的整体倾斜，所以需要与自然导星结合起来，进行波前传感，导致整个波前传感系统的结构和使用相对复杂，同时，其天空覆盖率仍然受限于传感整体倾斜的自然导星。

5.4.4　多共轭自适应光学系统

　　单共轭自适应光学系统仅仅校正望远镜入瞳面上的波前畸变，因此只能在与导星的轴上视场及轴上附近的小视场内获得较好的校正效果。为了克服大气的非等晕效应，获得大视场范围内的校正效果，研究人员提出了多共轭自适应光学系统(multi-conjugate adaptive optics, MCAO)。

　　多共轭自适应光学系统的基本思想是采用多个波前校正器和波前传感器，分别与不同高度的大气湍流共轭，对不同高度的大气湍流引起的波前畸变分别进行实时补偿。这样就可以最大限度地补偿视场内大气湍流引起的波前畸变，从而最大限度地解决单共轭自适应光学系统存在的非等晕问题。多共轭自适应光学系统中的多共轭就是指有多个诸如单共轭自适应光学系统中的共轭体系。多共轭自适应光学系统的结构如图 5.18 所示。比较图 5.16 和图 5.18 可知，由于多共轭体系的存在，在视场内得不到补偿的残留波前畸变大大减小，从而实现了大视场范围内的自适应光学校正，而且多共轭体系越多，校正效果越好。

　　目前，发展中的多共轭自适应光学系统主要包括层向多共轭自适应光学系统和星向多共轭自适应光学系统两种。层向多共轭自适应光学系统结构如图 5.18(a)所示，每一个波前校正器和与其共轭的波前传感器都和一定高度的大气湍流共轭。层向多共轭自适应光学系统中的每一个波前传感器传感与其共轭的大气湍流引起的波前畸变，每一个波前校正器补偿与其共轭的大气湍流引起的波前畸变。因此，层向多共轭自适应光学系统的多共轭体系可以独立闭环运行，这也是区别于星向多共轭自适应光学系统的重要特征。星向多共轭自适应光学系统结构如图 5.18(b)所示。星向多共轭自适应光学系统对于每一个方向的导星都有一个波前传感器对应，传感该方向上的波前畸变。但是由于波前校正器分别共轭到了不同高度的大气湍流，需要校正对应高度来自不同方向的波前畸变，因此，星向多共轭自适应光学系统需要对传感器传感的不同方向的波前畸变进行层析重建，获得为不同高度上的波前畸变。由此可见，星向多共轭自适应光学系统各个共轭体系是不能独立运行的。此外，由于波前传感器的数目必须与导星的数目一致，当视场内有多颗导星时，会导致系统很庞大、复杂。

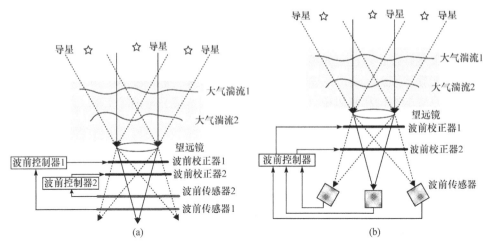

图 5.18 层向(a)、星向(b)多共轭自适应光学系统结构示意图

多共轭自适应光学系统的迅速推进和发展，得益于激光导星技术的发展，可以在视场内根据需要发射激光导星，提高导星的天空覆盖率，获得大视场范围内的大气湍流补偿。多共轭自适应光学系统虽然在大视场方面有很大的优势，但是结构复杂、成本高，需要多个共轭体系的协同工作，对自适应光学系统的稳定运行构成了很大的挑战。

5.4.5 近地层自适应光学系统

多共轭自适应光学系统可以实现在较大视场内的大气湍流补偿，但是多共轭自适应光学系统太复杂，操作运行比较困难，而且经济成本较高，为了保持多共轭自适应光学系统大视场的优势，同时简化其系统复杂性，研究人员提出了近地层自适应光学系统(ground layer adaptive optics, GLAO)。近地层自适应光学系统的思想很简单，就是只用一个波前校正器校正对波前畸变影响最大的近地层大气湍流引起的波前畸变，忽略其他高度的大气湍流引入的波前畸变。近地层自适应光学系统的核心思想是通过部分校正波前畸变换取观测所需要的大视场。

近地层自适应光学系统的结构如图 5.19 所示。为了在大视场内改善成像质量，近地层自适应光学系统需要在视场内的不同位置有多个导星，以用于波前传感。近地层自适应光学系统的波前校正器和多个波前传感器都与近地层大气湍流共轭，多个波前传感器同时传感分布在视场内不同方向上的波前畸变，然后对不同方向上的波前畸变进行平均。由于来自不同导星的光在近地层大气以上互相不重叠以及大气湍流引起相位变化的随机性，平均的结果是在近地层以上的大气湍流所引起的波前畸变均值近似为零。这样，传感器只是测得近地层大气湍流引起的波前畸变，将所得到的波前畸变转化为波前校正器的驱动信号，则波前校正器只对近地层大气湍流引起的波前畸变进行补偿。由于视场内每一个方向上的波前畸变都没有得到完全校正,因此视场内的所有的科学目标的成像质量都只是在一定程度上得到了改善。但是由于近地层的大气湍流强度最大,仅对近地层大气湍流层引起的波前畸变进行校正,已经可以在较大的视场范围内获得成像质量的改善。近地层自适应光学也被称为视宁度增强技术(seeing enhancement technique)。

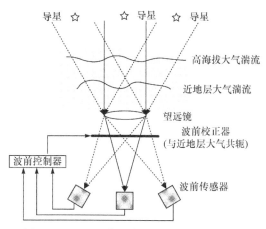

图 5.19　近地层自适应光学系统结构示意图

近地层自适应光学系统最大的特色是大视场,从某种程度上可以说是多共轭自适应光学系统向单共轭自适应光学系统的折中。近地层自适应光学保留了多共轭自适应光学系统的大视场(视场甚至超过了多共轭自适应光学系统),而放弃了多共轭自适应光学为取得全视场高成像质量增加的复杂的光机系统,使自适应光学系统趋于简单。因此,近地层自适应光学系统更适合天文观测中大范围的巡天观测。

5.4.6　多目标自适应光学系统

近地层自适应光学系统虽然实现了大视场范围内的畸变波前校正,而且一定程度上改善了望远镜的成像质量,但是近地层自适应光学视场内各个位置的成像质量一样,不论该位置是否科学目标。为了保持近地层自适应光学系统大视场的优点,同时尽可能改善科学目标的成像质量,研究人员提出了多目标自适应光学系统(multi-objects adaptive optics, MOAO)。近地层自适应光学系统关注的重点是大视场,而多目标自适应光学系统关注的是大视场内的多个科学目标。这一区别在多目标自适应光学系统的视场内导星方位布置上有明显体现。多目标自适应光学系统可以在大视场内获得多个目标的清晰像,可以为天文观测中的多目标光谱仪提供能量集中度高和信噪比高的光信号。

　　多目标自适应光学系统由多个变形镜和多个波前传感器等构成，在成像效果上相当于多个单共轭自适应光学系统的并联。在多目标自适应光学系统中，视场中的导星都分布在科学目标的周围，目的就是更准确地测量科学目标光波所经过路径上的波前畸变，以期对科学目标有更好的成像质量改善。多目标自适应光学系统的多个波前传感器传感来自不同方向导星的波前畸变，通过大气湍流层析重建的方法，给出每个科学目标所在视场方向的波前畸变，对来自每个科学目标的光波利用对应的波前校正器采用开环控制模式校正其波前畸变，从而获得视场内多个目标的高成像质量图像。

　　多目标自适应光学系统的难点在于开环控制。在 5.2 节波前控制器的讨论中，我们已经知道，由于开环控制没有负反馈信息提供参考，对硬件的要求更高，特别是对波前传感器的测量线性度和波前校正器的校正线性度这两个指标的要求。

　　本节我们讨论了多种类型的自适应光学系统，它们并不是相互独立的，而是相互联系的。例如，大视场的多共轭自适应光学系统、近地层自适应光学系统、多目标自适应光学系统都离不开激光导星，而激光导星自适应光学系统依然需要自然导星辅助传感大气湍流的整体倾斜，近地层自适应光学系统与多目标自适应光学系统的融合，既可以精简光机系统，又可以大幅度提高天文观测效果。未来，随着技术的发展，自适应光学技术会应用到更多的领域中，在社会生产和生活中也会越来越普及。

　　本章阐述了大气湍流引起的光学效应对天文望远镜成像质量的影响，分析了自适应光学技术的基本原理和组成自适应光学系统的核心元件的基本工作原理，结合大气湍流的统计特性和自适应光学系统，给出了自适应光学系统设计、分析和性能评估的方法，最后简要介绍了各种自适应光学技术的基本结构及其相关问题。

　　大气湍流的存在，使得经过大气的光波波前发生畸变，光波的畸变波前严重降低了望远镜的成像质量。为了克服大气湍流扰动对望远镜成像质量的影响，必须熟悉大气湍流的统计特性，包括描述大气湍流的柯尔莫哥洛夫模型、大气折射率结构函数、大气相位结构函数、大气非等晕效应等。根据光程和光波波前的关系，可以利用大气湍流统计特性，得到畸变光波的统计特性，为通过大气湍流成像的理论分析和自适应光学系统的设计和评估提供理论依据。

　　自适应光学的核心元件包括波前传感器、波前校正器和波前控制器，三者组成闭环负反馈控制系统。波前传感器传感大气湍流引入的波前畸变，传感的波前畸变信息由波前控制器转化为控制信号，驱动波前校正器补偿大气湍流引起的波前畸变，使探测器阵列接收的光波更接近理想平面波，从而提高系统的成像质量。

自适应光学系统不是波前传感器、波前校正器和波前控制的简单组合，而是一个有机的整体，因此进行自适应光学系统的设计需要合理和科学的理论分析，并利用可靠的性能评价指标对系统进行评估。

自适应光学自概念提起之初，经历了多年的发展，为了满足天文观测的需要，在天文中发展了多种类型的自适应光学技术。这些自适应光学技术虽然在一定程度上满足了科学观测的需要，但是也存在一定的问题。此外，这些自适应光学技术并不是相互独立的，而是互相借鉴、互为基础发展起来的。

习　　题

1. 简述自适应光学系统的工作原理。

2. 根据大气相干长度与波长之间的关系，解释为什么自适应光学系统容易在红外和近红外波段获得接近衍射极限的成像质量。

3. 简述夏克-哈特曼波前传感器的工作原理。

4. 简述曲率传感器的工作原理。

5. 比较透射型波前校正器和反射型波前校正器波前校正原理的异同。

6. 简述双压电晶片变形镜的结构，并解释其产生形变的基本原理。

7. 单共轭自适应光学系统中，需要保证波前校正器和波前传感器与所需补偿的大气湍流共轭，解释其原因。

参 考 文 献

[1] Kolmogorov A N. Dissipation of energy in locally isotropic turbulence. Doklady Akad. Nauk SSSR 1941, 32: 16. (Translation in Turbulence, Classic Papers on Statistical Theory, eds. S. K. Friedlander and L. Topper, Interscience, New York, 1961.)

[2] Roddier F. The Effects of Atmospheric Turbulence in Optical Astronomy//Progress in Optics XIX, ed. E. Wolf. New York: North-Holland, 1981: 283-376.

[3] Noll R J. Zernike polynomials and atmospheric turbulence. J. Opt. Soc. Am., 1976, 66: 207–211.

[4] Roggemann M C, Welsh B M, Fugate R Q. Improving the resolution of ground-based telescopes. Reviews of Modern Physics, 1997, 69(2): 437-505.

[5] Zhang S, Li C, Li S, Understanding Optical Systems Through Theory and Case Studies. SPIE Press, 2017.

[6] Yoon G, Pantanelli S, and Nagy L J. Large-dynamic-range Shack-Hartmann wavefront sensor for highly aberrated eyes. Journal of Biomedical Optics, 2006, 11: 030502.

[7] López D, Ríos S. Interferometric Shack–Hartmann wavefront sensor with an array of four-hole apertures. Applied Optics, 2010, 49: 2334-2338.

[8] Ares J, Arines J. Influence of thresholding on centroid statistics: Full analytical description. Applied Optics, 2004, 43: 5796-5805.

[9] Irwan R, Lane R G. Analysis of optimal centroid estimation applied to Shack-Hartmann sensing. Applied Optics, 1999, 38: 6737-6743.

[10] Li C, Li B, and Zhang S. Phase retrieval using a modified ShackHartmann wavefront sensor with defocus. Appl. Opt., 2014, 53(4): 618-624.

[11] Feng F, Li C, and Zhang S. Moment-based wavefront reconstruction via a defocused Shack–Hartmann sensor. Optical Engineering, 2018, 57(7): 074106.

[12] Roddier F. Curvature sensing and compensation: a new concept in adaptive optics. Appl. Opt., 1988, 27: 1223-1225.

[13] Gonsalves R A. Phase retrieval and diversity in adaptive optics. Opt. Eng., 1982, 21: 215829.

[14] Maiden A, rodenburg J M. An improved ptychographical phase retrieval algorithm for diffractive imaging. Ultramicroscopy, 2009, 109(10): 1256-1262.

[15] Roggemann M C, Welsh B M. Imaging through the Atmosphere. CRC, Boca Raton, FL, 1996.

[16] Roddier F. Adaptive Optics in Astronomy. Cambridge University Press, 1999.

[17] Wizinowich P, Acton S, Shelton C, et al First Light adaptive optics images from the Keck ii Telescope: A new era of high angular resolution imagery. Publications of the Astronomical Society of the Pacific, 2002, 112: 315-319.

[18] Jovanovic N, Martinache F, Guyon O, et.al, The Subaru coronagraphic extreme adaptive optics system: Enabling high-contrast imaging on solar-system scales. Publications of the Astronomical Society of the Pacific, 2015, 127: 890-910.

[19] https://www.eso.org/sci/facilities/develop/ao/ao_modes/.html.

第 6 章　天文中的干涉技术

天文干涉技术是天文观测中广泛使用的技术手段，是实现高分辨天文观测的一种重要途径。天文望远镜的理论衍射极限分辨率取决于其口径与工作波长，但是大气湍流的存在会在望远镜的入瞳面上引入波前畸变。根据第 5 章关于大气湍流对成像质量影响的讨论可知，瞳面上波前畸变的引入必然导致大口径望远镜光学传递函数的下降，从而大幅度降低大口径望远镜的实际分辨率，使其远远达不到理论上的衍射极限分辨率，其实际分辨率由大气湍流的相干长度 r_0 决定。鉴于此，天文干涉技术应运而生，其目的是尽量降低大气湍流对分辨率的影响，同时极大地提高分辨率。天文干涉装置一般由多个子孔径或者望远镜构成，通过技术手段使多个子孔径收集的光波叠加干涉。由于干涉技术的分辨率取决于基线长度，即子孔径之间的最大距离，因此从理论上讲，在子孔径为 r_0 尺度的情况下，只要基线长度足够大，就可以实现极高的观测分辨率。虽然实现天文干涉需要很高的技术水平，但是其远高于单口径望远镜的分辨率，促使着天文学家不断努力发展相应的技术。目前，天文干涉技术已经在包括光学波段、红外波段、亚毫米波段和射频波段在内的多个波段实现。

与第 2 章讨论干涉部分一样，本章利用随机光场相关性的统一理论(又称为统计光学)来处理干涉现象，围绕天文干涉技术展开讨论。6.1 节首先简要阐述天文干涉技术的概况，主要包括迈克耳逊恒星干涉仪和长基线振幅干涉术、散斑干涉术及强度干涉术。6.2 节主要围绕振幅干涉术的基本原理，简要阐述迈克耳逊恒星干涉仪和长基线光干涉。6.3 节简要讨论散斑干涉术和散斑成像技术。第四节阐述强度干涉术的基本原理及其量子解释，以及恒星强度干涉仪的基本实现。

6.1　天文干涉概述

虽然宇宙中的大多数天体都很庞大，但是由于它们距离地球十分遥远，需要依赖天文望远镜才能收集到足够强的辐射对天体进行观测。天文望远镜的观测能力受限于其口径，口径越大，望远镜的集光能力越强，对于同样的工作波长，其衍射极限分辨率也越高。因此，天文学家需要大口径甚至极大口径的天文望远镜对暗弱天体进行观测。但是，大气湍流使原本应该会聚在望远镜焦面上的光斑变成一大片散斑，严重降低了天文望远镜的实际分辨率，使其远远达不到理论上的衍射极限分辨率。为了提高望远镜的分辨率，一方面可以采用自适应光学系统对大气湍流进行实时补偿，其原理在第 5 章已经讨论过，此处不再赘述；另一方面，可以采用干涉技术，提高天文观测的分辨率。干涉技术的分辨率与其基线距离成反比，通过增加基线距离，可以大幅度提高干涉技术的分辨率。

最早的天文干涉仪于 20 世纪 30 年代由英国科学家斐索(Fizeau)提出，但是斐索提出的实验装置获得的条纹清晰度不高，而且没有进行较为系统的理论阐述。之后，迈克耳逊将两个反射镜固定在最大间隔约为 6 m 的可调节桁架上，架设到口径为 2.5 m 的胡克(Hooke)望远镜上，成功测量了木星的四颗主要卫星的角直径，并且详细讨论了使用该装置对不同天体的观测的结果，给出了条纹对比度的概念，为天文光干涉乃至干涉理论的发展奠定了重要的理论基础。迈克耳逊提出的干涉装置成功地突破了大气湍流对望远镜分辨率的限制，提高了望远镜的实际分辨率。为区别于光学中常用的迈克耳逊干涉仪，这套天文干涉装置被称为迈克耳逊恒星干涉仪。但是，由于大部分天体距离地球太遥远，对地球的张角很小，在可见光波段，子孔径最大间隔为 6 m 的迈克耳逊恒星干涉装置的分辨率基本上达不到测量天体角直径的要求。后来天文学家把迈克耳逊装置的最大间隔延伸到了 16 m 左右。此外，为了进一步增大子孔径之间的距离，从而提高分辨率，人们又发展出了长基线光干涉技术。但是由于稳定性和大气湍流的影响，这些装置并没有发挥出其应有的威力。直到自适应光学技术发展起来之后，利用自适应光学技术补偿大气湍流对干涉装置中每个望远镜的影响才使长基线光干涉成为可能，此后长基线的天文光干涉装置才逐渐应用到天文观测中来。

迈克耳逊恒星干涉仪以及加大其子孔径之间距离的长基线光干涉都是利用位于不同位置的子孔径收集到的源自恒星光场之间的相关性，对恒星的角直径进行测量，属于振幅干涉技术。光场之间的相关性就是第 2 章中定义的复相干度或者相干函数。

如上所述，当望远镜口径很大时，望远镜焦面上的光斑变成了散斑。法国科学家拉贝瑞(Labeyrie)发现散斑中包含着被测天体目标的高频成分，进而提出了一种利用望远镜全口径的全新干涉技术——散斑干涉技术。散斑干涉术记录了许多幅短曝光散斑图，通过对多幅散斑图像傅里叶谱的模平方进行平均，提取出天体的傅里叶强度谱，并且进一步辅以相位谱的递推算法，实现天体的高分辨成像。因此，这种技术又称为散斑成像技术。

来自天体的光不仅在不同位置的振幅存在相关性，不同位置的强度也存在一定的相关性。在天文上，利用位于不同位置的子孔径上的光场强度涨落的关联性实现测量的技术，称为强度干涉术。强度干涉术体现了光场强度涨落起伏之间的相关性，主要利用了强度涨落起伏与强度二阶相干函数的概念。强度干涉术最早在射电天文中实现。

6.2　振幅干涉术

振幅干涉术是一种利用光场的部分相干性对恒星等天体的结构参数进行测量的技术。部分相干性在本书第 2 章已详细讨论过，本节首先简要回顾复相干度的相关概念，然后对天文中最常用的迈克耳逊恒星干涉仪和长基线光干涉技术展开讨论。

6.2.1　复相干度

根据复相干度的定义，对于不同位置、不同时间的两个光场，$U_1(r_1,t)$ 和 $U_2(r_2,t+\tau)$，它们之间的相干性可以用复相干度表示，其定义为

$$\gamma(r_1,r_2,\tau) = \frac{\left\langle U_1^*(r_1,t)U_2(r_2,t+\tau)\right\rangle}{\sqrt{\left\langle \left|U_1(r_1,t)\right|^2\right\rangle}\sqrt{\left\langle \left|U_2(r_2,t+\tau)\right|^2\right\rangle}} \tag{6.2.1}$$

其中，$\langle\cdot\rangle$ 表示对时间取平均。两个光场的叠加强度可以表示为

$$I = \left\langle \left|U_1(r_1,t)\right|^2\right\rangle + \left\langle \left|U_2(r_2,t+\tau)\right|^2\right\rangle + \left\langle U_1(r_1,t)U_2^*(r_2,t+\tau)\right\rangle + \left\langle U_1^*(r_1,t)U_2(r_2,t+\tau)\right\rangle$$

$$= \left\langle \left|U_1(r_1,t)\right|^2\right\rangle + \left\langle \left|U_2(r_2,t+\tau)\right|^2\right\rangle + 2\sqrt{\left\langle \left|U_1(r_1,t)\right|^2\right\rangle}\sqrt{\left\langle \left|U_2(r_2,t+\tau)\right|^2\right\rangle}\,\mathrm{Re}\{\gamma(r_1,r_2,\tau)\}$$

$$\tag{6.2.2}$$

其中，上标*表示光场的复共轭，$\mathrm{Re}\{\cdot\}$ 表示取函数的实部。可以发现，复相干度表征了干涉项，而干涉项的存在使叠加的光场出现了干涉条纹。根据条纹可见度的定义，条纹可见度可以表示为

$$V = \frac{I_{\max}-I_{\min}}{I_{\max}+I_{\min}} = \frac{2\sqrt{\left\langle \left|U_1(r_1,t)\right|^2\right\rangle}\sqrt{\left\langle \left|U_2(r_2,t+\tau)\right|^2\right\rangle}}{\left\langle \left|U_1(r_1,t)\right|^2\right\rangle + \left\langle \left|U_2(r_2,t+\tau)\right|^2\right\rangle}\left|\gamma(r_1,r_2,\tau)\right| \tag{6.2.3}$$

如果两个光场的强度相等，很容易得到 $V=\left|\gamma(r_1,r_2,\tau)\right|$，即干涉条纹的条纹可见度等于复相干度的模。在实际天文测量过程中，通过对光场干涉条纹强度和位置的测量，就可以获得两个光场的复相干度。

两个光场的复相干度描述了两个光场的相干性，同时也表征了光源的结构特征。根据范西特-泽尼克定理(Van Cittert-Zernike theorem)，复相干度的傅里叶变换就等于光源的角强度分布，即光源的像。复相干度是测量天体结构参数的重要依据，也是天文干涉技术的理论基础。

6.2.2 迈克耳逊恒星干涉仪

迈克耳逊恒星干涉仪是现代天文干涉技术的鼻祖，在天文干涉技术中具有重要的历史地位。本小节首先介绍迈克耳逊恒星干涉仪的基本结构和工作原理，然后分两种情况对其工作原理进行详细讨论。

迈克耳逊恒星干涉仪的结构如图 6.1 所示。反射镜 1 和反射镜 2 固定在一个与入射光线垂直的桁架上，它们之间的距离可以根据需要调节。桁架架设在望远镜上方。来自天体的光，通过作为两个子孔径的反射镜 1 和反射镜 2 接收，再分别经过反射镜 3 和反射镜 4 会聚到望远镜焦面上，形成干涉条纹。移动两个子孔径，改变它们之间的距离，望远镜的焦面上就会出现随着距离改变而改变的干涉条纹强度分布。随着两个子孔径之间的距离不断增大，干涉条纹可见度会随之逐渐变化，当达到某一距离时，条纹会消失，条纹可见度变为零。此时，根据两个子孔径之间的距离就可以估算出天体的参数。这就是迈克耳逊恒星干涉仪的基本测量原理。

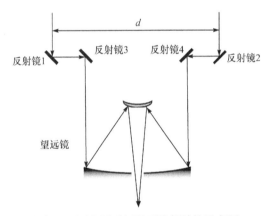

图 6.1　迈克耳逊恒星干涉仪结构示意图

下面，我们以迈克耳逊恒星干涉仪测量双星的角距离和单个恒星的角直径为例，分别展开讨论，给出定量的结果。

若被测天体为双星，为了讨论方便，我们将图 6.1 所示的迈克耳逊恒星干涉仪等效简化为如图 6.2 所示情况。因为天体与地球的距离非常远，迈克耳逊干涉仪的两个子孔径可以等效为两个距离为 d 的针孔，望远镜可以由一个透镜近似。当迈克耳逊干涉仪的观测目标为双星时，可以将双星看成两个点源，每个点源发出的光都会通过两个针孔在透镜的焦面上叠加，形成干涉条纹，而最终的干涉条纹可以看成是两个点源分别形成的干涉条纹的叠加。因此，当且仅当双星对两个针孔的各自光程差的差值为半波长的奇数倍时，在该波长下，一个点源在焦面上形成的干涉条纹的最大值会落到另一个点源在焦面上干涉条纹的最小值上，两组干涉条纹相互抵消而消失。

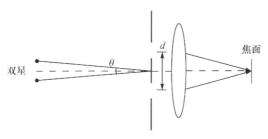

图 6.2　对双星测量时迈克耳逊恒星干涉仪的等效结构示意图

由于在针孔后来自两个点源的光从两个针孔到焦面同一点的光程差完全一样，两个点源各自光程差的差异仅由光场在两个针孔前的传播引起。根据第 2 章杨氏双缝干涉实验的结论，两个点光源对两个针孔的光程差由两个针孔间的距离 d 和双星对地球的张角 θ 决定，即 $d\theta$。当 $d=0$ 时，两个点源形成的干涉条纹完全重合，没有相对移动。随着两个针孔距离的不断增大，条纹之间相对移动也不断增大，当两个针孔之间的距离满足双星对两个针孔的光程差的差值为半波长的奇整数倍时，干涉条纹消失。因此，对于给定的工作波长 λ，使干涉条纹消失的最小间距满足

$$d_{\min}\theta \approx \frac{\lambda}{2} \qquad\qquad (6.2.4)$$

其中，$d_{\min}$ 为条纹消失的最小距离。对于孔径为圆形的光学系统，经过严格的公式推导，上式可以精确地表示为

$$d_{\min}\theta = 0.61\lambda \qquad\qquad (6.2.5)$$

根据上式，就可以获得双星之间的角距离为

$$\theta = 0.61\frac{\lambda}{d_{\min}}$$

当对单个恒星进行测量时，图 6.1 所示的迈克耳逊恒星干涉仪可以等效简化为如图 6.3 所示情况。为了讨论方便，我们将恒星简化为一维的线光源，即将恒星看成无穷多个一维排列点源的集合。每个点源发出的光都会通过两个针孔在透镜的焦面上叠加，形成干涉条纹，最终的干涉条纹可以看成是无穷多个点源发出的光分别经过两个针孔形成的干涉条纹的叠加。根据光的波动理论，当且仅当线光源两端点光源对两个针孔的各自光程差的差值为波长的非零整数倍的时候，焦面上强度为零，条纹消失。可以按照如下方式理解：我们首先考虑线光源两端的点光源对两个针孔的各自光程差的差值为一个波长时，如图 6.4 所示，即线光源

两端 A 点和 B 点对两个针孔的各自光程差的差值为一个波长,线光源中点 O 与 B 点对两个针孔的各自光程差的差值为半个波长。此时,点光源 A 和 O 点下方紧邻 O 点的点光源 A' 对两个针孔的各自光程差的差值正好相差半个波长,根据上面讨论的天体为双星时的结论,此时,点光源 A 和 A' 在焦面上的干涉条纹相互抵消而消失。同样,A 点下方紧邻 A 点的点光源 C 和 A' 点下方紧邻 A' 的点光源 C' 两者对两个针孔的各自光程差的差值也是半个波长,两者在焦面形成的干涉条纹相互抵消而消失。以此类推,直到点光源 O 和点光源 B 对两个针孔的各自光程差的差值也是半个波长,两者在焦面上的干涉条纹也相互抵消而消失。因此,最终焦面上的干涉条纹相互抵消,条纹消失。对于线光源两端的点光源对两个针孔的各自光程差的差值为波长的 m 倍(m 为整数,且 $m>1$)的情况,总可以把线光源划分成 m 个部分,每个部分的两端对两个针孔的各自光程差的差值为一个波长,按照上面的分析,每个部分产生的干涉条纹相互抵消,所以此时整个线光源产生的干涉条纹相互抵消。

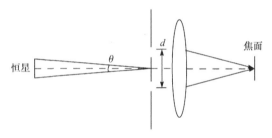

图 6.3　对单恒星测量时迈克耳逊恒星干涉仪的等效结构示意图

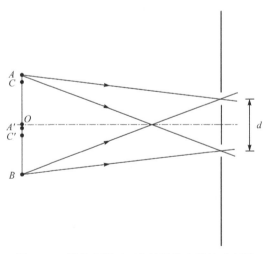

图 6.4　一维线光源对两个针孔的光程差示意图

与双星情况一样,由于在针孔后所有点光源发出的光从两个针孔到焦面同一点的光程差完全一样，光程差的差异仅由光场在两个针孔前的传播引起。具体说来，恒星直径边缘两点光源对两个针孔的光程差的差异由两个针孔间的距离 d 和恒星对地球的张角 θ 决定，即 $d\theta$。随着两个针孔距离的不断增大，当两个针孔之间的距离满足恒星直径边缘两点光源对两个针孔的光程差的差值为波长的非零整数倍时，条纹消失。因此，对于给定的工作波长 λ，使条纹消失的最小间距满足

$$d_{\min}\theta \approx \lambda \tag{6.2.6}$$

对于孔径为圆形的光学系统，通过严格的公式推导，上式可以精确地表示为

$$d_{\min}\theta = 1.22\lambda \tag{6.2.7}$$

因此恒星的角直径可以表示为

$$\theta = 1.22\frac{\lambda}{d_{\min}}$$

通过在望远镜上架构可以调节距离的子孔径，迈克耳逊恒星干涉仪可以测量天体的大小，成功克服了大气湍流对测量的影响，提高了观测分辨率。为了充分发挥迈克耳逊恒星干涉仪的观测能力，测量更遥远、更暗弱的天体，一方面需要扩大子孔径的口径，提高子孔径的集光能力，另一方面，需要增加两个子孔径间的距离，即基线长度，从而进一步提高观测分辨率，这就是现代天文学发展的长基线天文光学干涉技术。

6.2.3 长基线光干涉技术及相关技术概述

根据第 2 章的衍射理论，在波长一定的情况下，望远镜的衍射极限分辨率反比于其口径。例如，一架口径为 10 m 的望远镜，在波长为 0.5 μm 的情况下，其理论上的极限角分辨率约为 0.05 μrad。即使没有大气湍流的影响，受限于望远镜系统像差、重力变形、环境温度等因素的影响，望远镜的实际分辨率也很难达到 0.05 μrad。如果要想高于这个分辨率，必须建造更大口径的望远镜，不仅需要一定的建设周期，而且随之而来的经济成本、技术难度也会急剧上升。但是，对于光学干涉技术而言，当波长一定时，其极限分辨率取决于基线(baseline)长度，即 λ/B，其中 B 为基线长度，即子孔径间的最大间距。因此，要提高光干涉的分辨率，只需要增加基线长度即可。在实施层面，增加基线长度，相对成本和技术难度都会下降很多。因此，长基线天文光干涉技术对天文学的发展具有重要意义。

长基线光干涉系统主要由子孔径(或望远镜)、延迟线(delay line)光学系统、合束器(beam combiner)三部分构成。图 6.5 为长基线天文光干涉技术的结构示意图。基线距离为 B 的两架望远镜作为长基线光干涉的两个子孔径，收集来自同

一目标的光场，经过延迟线、合束器等装置后，入射到探测器上。要使两束光在探测器上产生稳定的干涉条纹，需要满足两个条件。第一个条件是，天文观测目标的角直径必须大于长基线光干涉的角分辨率，即光干涉的基线长度必须足够长。第二个条件是长基线光干涉的延迟线光学系统必须保证两个子孔径到探测器的光程相等，即保证源自目标光束的时间相干性。因此，长基线光干涉对延迟线精度有很高的要求。

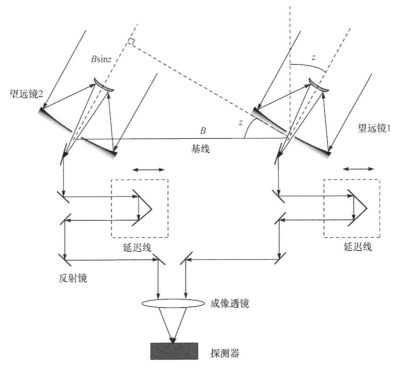

图 6.5　长基线天文光干涉技术结构示意图

　　为了保证光束之间的时间相干性，长基线光干涉需要一系列诸如子孔径、延迟线、合束器的关键技术和组件，下面我们仅对比较重要的部分做简要介绍。

　　1) 子孔径

　　在光干涉中，光束都由子孔径收集。子孔径可以是各种形状的孔，也可以是各种形状的反射镜，还可以是整架的天文望远镜。整架望远镜作为子孔径有两个优势。第一个优势是天文望远镜一般都有指向跟踪系统，在跟踪目标或者调整指向时，不需要额外的辅助系统。第二个优势是大口径的天文望远镜作为光干涉的子孔径可以提高子孔径的集光能力，目前，大多数长基线光干涉都倾向于采用整架望远镜作为子孔径。

为了尽量保证光干涉收集的光束具有相同的强度、偏振等特性，一般要求作为子孔径的望远镜各方面参数完全相同，如具有相同的类型、相同的光学系统，以及望远镜光学镜面上相同的镀膜等。此外，还要避免望远镜跟踪目标时由于抖动、振动等因素引入的额外光程差，因此，长基线光干涉一般采用不随望远镜跟踪而移动的库德焦点。

子孔径的口径确定后，还要根据站点的视宁度决定是否需要配备自适应光学系统。当子孔径的口径大于观测波长下的大气相干长度时，系统需要配备自适应光学系统来克服大气湍流扰动引入的光程差，同时提高望远镜焦面的能量集中度。如果子孔径的口径远小于观测波长下的大气相干长度，只需要倾斜补偿系统校正大气湍流扰动引起的倾斜误差即可。

2) 延迟线

延迟线的作用主要是为了补偿基线引入的光程差(如图 6.5 中所示的 $B\sin z$，其中 z 为望远镜指向天体的天顶角)，以及部分由于大气湍流引入的光程差，确保子孔径收集的光场满足时间相干性。为了保证系统的紧凑性，延迟线一般通过多次反射来实现，通常由反射元件和可以改变反射元件位置的运动部件组成。

延迟线的反射元件一般由两个互相垂直的平面反射镜、角锥棱镜(corner cube)、屋脊反射镜(roof mirror)或者猫眼(cat's eye)等元件构成，这些反射器件可以使光束沿着入射方向出射，不仅便于后期的合束，而且还可以节省空间，使延迟线结构更为紧凑。

延迟线的运动部件一般由线性驱动电机、音圈电机、压电陶瓷驱动器等器件构成。为了实现延迟线的大尺度和高精度光程补偿，通常会采用两种以上的运动部件结合使用。典型的延迟线会将压电陶瓷驱动器等小尺度、高精度驱动器和反射元件固定在一个载物台上，载物台可以在线性驱动电机的驱动下沿着轨道运动。大尺度的光程补偿通过控制载物台移动实现，高精度的光程补偿则通过压电陶瓷驱动反射元件来实现。这种组合方式补偿的延迟线通常可以补偿大到几米，小到几十纳米的光程差。

3) 合束器

顾名思义，合束器的作用就是把各个子孔径收集过来的光束合到一起，使光束在探测器上叠加，形成干涉条纹。

最常用的合束器是分束片或者分束棱镜，它们都有一个半反半透面，可以将其反射的光束和透射的光束合在一起，使光束沿着同一方向传播。

此外，合束器还可以通过抛物面反射镜实现。采用抛物面反射镜，首先需要将各个子孔径收集的光束排列起来，使它们沿着同一方向传播，然后一起入射到抛物面反射镜上，抛物面反射镜就会将入射到镜面不同位置的光束会聚到焦点，形成合束。

随着光纤技术和集成光学技术的发展，还可以通过光纤或者集成光纤器件实现合束。

4) 色散补偿器

来自天体的光波通过大气时，特别是天体不在天顶附近时，由于大气折射率随波长存在微小的变化，不同波长的光就会产生不同的光程差，这就是大气色散。大气色散的存在会使不同波长的光产生的干涉条纹发生相对移动，导致条纹可见度降低，甚至消失。因此，长基线光干涉还需要对大气色散进行校正。

色散补偿器通常有两种类型。一种类型采用两片不同材料的楔形玻璃组成，两片楔形玻璃可以发生相对位移，以改变光束通过的厚度。另一种类型由两对不同材料的楔形玻璃组成，其中一对楔形玻璃可以绕着光轴旋转，以补偿不同大小的色散。

5) 窄带滤波片

根据第 2 章光干涉内容我们知道，两列光波必须在相干时间以内叠加，才能产生稳定的干涉条纹；而且光波的相干时间与光波的带宽成反比，即 $\dfrac{1}{\Delta \nu}$，其中 $\Delta \nu$ 为光波的频率带宽，带宽越大，相干时间越短，带宽越窄，相干时间越长。延迟线的存在使子孔径收集的光波基本保持在相干时间以内，使用窄带滤波片可以压缩光波的带宽，使光束的相干时间变长，实现稳定的光干涉。

除了上面列举的主要因素之外，长基线光干涉还有很多关键组件，如条纹跟踪器(fringe tracker)、指向跟踪器、空间滤波器等，此处不再赘述，感兴趣的读者可以参考文献[1]。

6.3 恒星散斑干涉术和散斑成像技术

当遥远恒星发出的光穿过大气湍流进入望远镜成像时，从第 5 章关于大气湍流的描述可知，大气随机的不均匀性会引起折射率的随机变化，从而导致短时间曝光的恒星像强度的随机起伏。当曝光时间小于大气湍流起伏变化的相干时间时，在恒星像中就可以观察到大气湍流导致的散斑。

由第 5 章公式(5.1.32)可知，当望远镜瞳面上的空间频率 $f > \dfrac{r_0}{\lambda z}$（$f = |\boldsymbol{f}|$，$\boldsymbol{f}$ 的意义见后文，其他符号均与第 5 章定义相同）时，大气湍流长曝光传递函数 $\exp\left[-3.44(\lambda z f / r_0)^{5/3}\right]$ 的数值则小于 0.03，因此大气湍流严重限制了长曝光像的分辨率。为了解决长曝光像远远达不到理论上望远镜衍射极限分辨率的问题，Lebeyrie 提出了一种恒星散斑干涉术，该技术利用恒星散斑像包含望远镜衍射极

限分辨率信息来获取高分辨图像，是一种利用短曝光的散斑像来获取衍射极限像的后处理技术。

6.3.1 小节概述散斑干涉术的基本方法及基本原理；6.3.2 小节详细阐述散斑干涉术的传递函数及其性质；6.3.3 小节简要讨论散斑成像干涉术中的信噪比问题；6.3.4 小节描述散斑全息的概念；6.3.5 小节给出散斑干涉术的实际实现方法；6.3.6 小节讨论散斑中的成像问题，由于 Lebeyrie 散斑技术仅恢复了像的傅里叶谱的模，而没有相位，傅里叶谱的信息不完整，所以该小节主要讨论相位恢复方法。

6.3.1 散斑基本原理

6.3.1.1 恒星散斑概述

图 6.6 所示为计算机模拟的点源恒星散斑像。模拟的成像条件是：大气相干长度 r_0 为 10 cm，光束的中心波长为 500 nm，带宽为 10 nm，望远镜口径为 8 m。从图中可以很明显地看到类似激光散斑的结构。散斑形成的根本原因是：光经过折射率不均匀的大气时，大气折射率起伏的不同区域令其中传输的光束发生衍射，散斑就是衍射光束之间形成的干涉图样。恒星散斑形成的原因可定性解释如下：假设大气的相干长度为 r_0(Fried 参数)，望远镜的口径为 D，在直径为 r_0 的区域内，大气引起光的相位变化可近似认为是均匀的。我们可以近似认为望远镜瞳面可划分为 $(D/r_0)^2$ 个小的子孔径，子孔径的直径为 r_0，如图 6.7 所示。经过窄带滤波后，在短曝光情况下，像面上形成的图像相当于通过 $(D/r_0)^2$ 个子孔

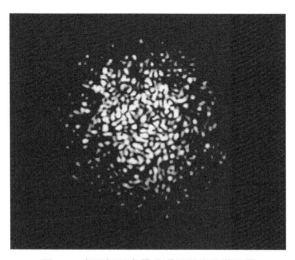

图 6.6　点源恒星窄带光谱短曝光的散斑像

径的光束之间的干涉图样，这就是散斑形成的物理图像。从这个定性的图像化解释可知，望远镜中两个子孔径之间达到最大距离约为 D 时，通过它们的光束产生的干涉散斑最小，其尺寸为最小散斑尺寸。这些散斑包含望远镜衍射极限分辨率下恒星像的信息，其大小在量级上与没有大气存在时望远镜的艾里斑大小相同。鉴于此，恒星散斑像包含了望远镜衍射极限情况下恒星像的信息。这也是恒星散斑干涉术可以克服大气湍流对像质的影响得到接近衍射极限像的物理基础。

图 6.7　望远镜瞳面的等效子孔径示意图

长曝光像是许多短曝光像的叠加，这个平均效应使得长曝光像很平滑，丢失了许多细节信息。长曝光像的直径反映出望远镜台址站点的视宁度的好坏。

6.3.1.2　理论概述

1970 年，Labeyrie[2]在其开创性文章中提出一种对一系列短曝光恒星图像进行后处理来提取一定类型恒星像的崭新方法。这个技术可以克服大气湍流的影响，提取出接近望远镜衍射极限的恒星像。

从第 2 章我们知道，准单色光非相干短曝光成像的方程可由下式表示

$$I(x) = O(x) \otimes P(x) \tag{6.3.1}$$

其中，$I(x)$ 是短曝光像的强度；$O(x)$ 是物体强度；$P(x)$ 是大气加望远镜的短曝光点扩散函数；$\otimes$ 表示卷积操作。为书写简便起见，本节描述二维空间坐标时

采用矢量表示形式, x 表示二维空间矢量。对于散斑成像的分析, 可以在空间域中进行或者在其对应的频域中进行, 两者完全等价。散斑干涉术正是利用了散斑像的傅里叶变换模平方的样本平均(即维纳功率谱), 其表达式为

$$W(f) = \left\langle |i(f)|^2 \right\rangle = |o(f)|^2 \left\langle |T(f)|^2 \right\rangle \tag{6.3.2}$$

这里利用了第 2 章公式(2.3.27), 空间频率用矢量表示, 其表达式如下:

$$i(f) = o(f)T(f) \tag{6.3.3}$$

其中, $i(f)$ 为散斑像的傅里叶变换; $o(f)$ 为物体强度的傅里叶变换; $T(f)$ 为光学传递函数, 即点扩散函数 $P(x)$ 的傅里叶变换; f 表示空间坐标矢量 x 对应的空间频率矢量; $\langle \cdot \rangle$ 表示样本平均, 所有的符号下同。

在空间域中, 长曝光像的强度可表示为

$$\langle I(x) \rangle = O(x) \otimes \langle P(x) \rangle \tag{6.3.4}$$

在频域中则为

$$\langle i(f) \rangle = o(f) \langle T(f) \rangle \tag{6.3.5}$$

对于长曝光情况, 恒星像的分辨率由平均光学传递函数 $\langle T(f) \rangle$ 决定, 如本节引言所述, 其最大分辨率由大气的空间相干长度 r_0 限制; 而对于散斑干涉术, 因为利用一系列短曝光散斑像的傅里叶变换模平方的样本求平均, 由公式(6.3.2)可知, 其所得图像的分辨率由散斑传递函数的模平方的平均 $\left\langle |T(f)|^2 \right\rangle$ 决定。$\left\langle |T(f)|^2 \right\rangle$ 被称为散斑传递函数。在下面一小节, 我们将进一步分析得到如下结论: $\left\langle |T(f)|^2 \right\rangle$ 包含有 $\langle T(f) \rangle$ 丢失的高频信息, 甚至包含衍射极限的高频信息, 这就是恒星散斑干涉术可以得到接近望远镜衍射极限像的理论依据。

恒星散斑干涉术的具体做法为: 在目标天体的等晕区范围内选择一颗较亮单恒星作为参考星, 在尽可能相接近的时间内对目标天体和参考星各拍摄一组散斑像, 然后分别计算其傅里叶变换模平方的样本平均, 将两者相除后开方, 即得到目标天体强度傅里叶变换的模。这么做是因为: 参考星可认为是一个点光源(Delta 函数, 傅里叶变换为常数), 其散斑像 $R(x)$ 的傅里叶变换模平方的样本平均 $\left\langle |r(f)|^2 \right\rangle$ 可表示为

$$\left\langle |r(f)|^2 \right\rangle = C \left\langle |T(f)|^2 \right\rangle$$

其中, C 为常数。由上式可见, $\left\langle |r(f)|^2 \right\rangle$ 中仅包含散斑传递函数 $\left\langle |T(f)|^2 \right\rangle$ 的信息, 将目标散斑像的傅里叶变换模平方的样本平均(即式(6.3.2))与上式相除后再开方即可得目标天体强度傅里叶变换的模 $|o(f)|$。

6.3.2　散斑传递函数及其性质

以下叙述遵循参考文献[3]的思路。对于散斑恒星像，其成像过程如图 6.8 所示。在等晕条件下，恒星点光源非相干成像的光学传递函数 $T(f)$ 由广义瞳函数 $H(\xi)$ 的自相关给定，即

$$T(f) = \int H^*(\xi) H(\xi + \lambda z f) \mathrm{d}\xi \tag{6.3.6}$$

其中，λ 是光波长；z 是望远镜焦距。对于图 6.8 所示情况，广义瞳函数 $H(\xi)$ 为恒星点源的光通过大气到达望远镜瞳面的复振幅 $A(\xi)$ 与望远镜本身瞳函数 $H_0(\xi)$ 的乘积，即

$$H(\xi) = A(\xi) H_0(\xi) \tag{6.3.7}$$

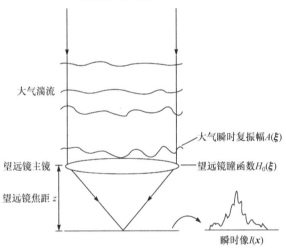

图 6.8　恒星点源通过大气成像示意图

散斑干涉术的传递函数表示为

$$\left\langle |T(f)|^2 \right\rangle = \iint H_0^*(\xi_1) H_0(\xi_2) H_0(\xi_1 + \lambda z f) H_0^*(\xi_2 + \lambda z f)$$
$$\times \left\langle A^*(\xi_1) A(\xi_2) A(\xi_1 + \lambda z f) A^*(\xi_2 + \lambda z f) \right\rangle \mathrm{d}\xi_1 \mathrm{d}\xi_2 \tag{6.3.8}$$

其中，$\left\langle A^*(\xi_1) A(\xi_2) A(\xi_1 + \lambda z f) A^*(\xi_2 + \lambda z f) \right\rangle$ 为随机振幅 $A(\xi)$ 的四阶矩。对于 $A(\xi)$ 的概率分布，可近似认为 $A(\xi)$ 的分布为复随机变量的高斯随机过程。这样 $A(\xi)$ 的四阶矩可简化为

$$\left\langle A_1^* A_2 A_3 A_4^* \right\rangle = \left\langle A_1^* A_2 \right\rangle \left\langle A_3 A_4^* \right\rangle + \left\langle A_1^* A_3 \right\rangle \left\langle A_2 A_4^* \right\rangle \tag{6.3.9}$$

由第 5 章可知，长曝光的光学传递函数可写为

$$\langle T(\boldsymbol{f})\rangle = T_0(\boldsymbol{f})T_A(\lambda z\boldsymbol{f}) \tag{6.3.10}$$

其中，$T_0(\boldsymbol{f})$ 是望远镜的光学传递函数；$T_A(\lambda z\boldsymbol{f})$ 是长曝光情况下的大气光学传递函数。

利用式(6.3.9)，我们可得到如下表达式

$$\left\langle A^*(\boldsymbol{\xi}_1)A(\boldsymbol{\xi}_2)A(\boldsymbol{\xi}_1+\lambda z\boldsymbol{f})A^*(\boldsymbol{\xi}_2+\lambda z\boldsymbol{f})\right\rangle$$

$$=\left\langle A^*(\boldsymbol{\xi}_1)A(\boldsymbol{\xi}_1+\lambda z\boldsymbol{f})\right\rangle\left\langle A(\boldsymbol{\xi}_2)A^*(\boldsymbol{\xi}_2+\lambda z\boldsymbol{f})\right\rangle$$

$$+\left\langle A^*(\boldsymbol{\xi}_1)A(\boldsymbol{\xi}_2)\right\rangle\left\langle A(\boldsymbol{\xi}_1+\lambda z\boldsymbol{f})A^*(\boldsymbol{\xi}_2+\lambda z\boldsymbol{f})\right\rangle$$

将上式代入式(6.3.8)，可得

$$\left\langle |T(\boldsymbol{f})|^2\right\rangle = \iint H_0^*(\boldsymbol{\xi}_1)H_0(\boldsymbol{\xi}_2)H_0(\boldsymbol{\xi}_1+\lambda z\boldsymbol{f})H_0^*(\boldsymbol{\xi}_2+\lambda z\boldsymbol{f})$$

$$\times\left\langle A^*(\boldsymbol{\xi}_1)A(\boldsymbol{\xi}_1+\lambda z\boldsymbol{f})\right\rangle\left\langle A(\boldsymbol{\xi}_2)A^*(\boldsymbol{\xi}_2+\lambda z\boldsymbol{f})\right\rangle\mathrm{d}\boldsymbol{\xi}_1\mathrm{d}\boldsymbol{\xi}_2$$

$$+\iint H_0^*(\boldsymbol{\xi}_1)H_0(\boldsymbol{\xi}_2)H_0(\boldsymbol{\xi}_1+\lambda z\boldsymbol{f})H_0^*(\boldsymbol{\xi}_2+\lambda z\boldsymbol{f})$$

$$\times\left\langle A^*(\boldsymbol{\xi}_1)A(\boldsymbol{\xi}_2)\right\rangle\left\langle A(\boldsymbol{\xi}_1+\lambda z\boldsymbol{f})A^*(\boldsymbol{\xi}_2+\lambda z\boldsymbol{f})\right\rangle\mathrm{d}\boldsymbol{\xi}_1\mathrm{d}\boldsymbol{\xi}_2 \tag{6.3.11}$$

大气的统计性质可认为是平稳随机过程，则上式中的平均操作 $\langle\cdot\rangle$，仅仅与其两项的空间距离有关，而与其绝对位置与方向无关。按照上述讨论，$\left\langle|T(\boldsymbol{f})|^2\right\rangle$ 表达式中的两项，第一项可利用式(6.3.10)写为

$$\int H_0^*(\boldsymbol{\xi}_1)H_0(\boldsymbol{\xi}_1+\lambda z\boldsymbol{f})\,\mathrm{d}\boldsymbol{\xi}_1\int H_0^*(\boldsymbol{\xi}_2)H_0(\boldsymbol{\xi}_2+\lambda z\boldsymbol{f})\,\mathrm{d}\boldsymbol{\xi}_2\cdot\left\langle A^*(\boldsymbol{0})A(\lambda z\boldsymbol{f})\right\rangle\left\langle A(\boldsymbol{0})A^*(\lambda z\boldsymbol{f})\right\rangle$$

$$=|T_0(\boldsymbol{f})|^2|T_A(\boldsymbol{f})|^2$$

第二项可写为

$$\iint H_0^*(\boldsymbol{\xi}_1)H_0(\boldsymbol{\xi}_2)H_0(\boldsymbol{\xi}_1+\lambda z\boldsymbol{f})H_0^*(\boldsymbol{\xi}_2+\lambda z\boldsymbol{f})$$

$$\times\left\langle A^*(\boldsymbol{0})A(\boldsymbol{\xi}_1-\boldsymbol{\xi}_2)\right\rangle\left\langle A(\boldsymbol{0})A^*(\boldsymbol{\xi}_1-\boldsymbol{\xi})\right\rangle\mathrm{d}\boldsymbol{\xi}_1\mathrm{d}\boldsymbol{\xi}_2$$

$$=\iint H_0^*(\boldsymbol{\xi}_1)H_0(\boldsymbol{\xi}_2)H_0(\boldsymbol{\xi}_1+\lambda z\boldsymbol{f})H_0^*(\boldsymbol{\xi}_2+\lambda z\boldsymbol{f})|T_A(\boldsymbol{\xi}_1-\boldsymbol{\xi}_2)|^2\mathrm{d}\boldsymbol{\xi}_1\mathrm{d}\boldsymbol{\xi}_2$$

式(6.3.8)则可写为

$$\left\langle|T(\boldsymbol{f})|^2\right\rangle = |T_0(\boldsymbol{f})|^2|T_A(\boldsymbol{f})|^2 + p\iint|T_A(\boldsymbol{\xi}_1-\boldsymbol{\xi}_2)|^2$$

$$\times H_0^*(\boldsymbol{\xi}_1)H_0(\boldsymbol{\xi}_2)H_0(\boldsymbol{\xi}_1+\lambda z\boldsymbol{f})H_0^*(\boldsymbol{\xi}_2+\lambda z\boldsymbol{f})\mathrm{d}\boldsymbol{\xi}_1\mathrm{d}\boldsymbol{\xi}_2 \tag{6.3.12}$$

上式中人为引入 p 的目的是将在零频处的传递函数归一化为 1。如果望远镜像差

很小，并且视宁度的相干直径 r_0 远小于望远镜口径 D，按照 Korff[4]的定性分析，式(6.3.12)可近似为

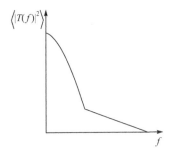

图 6.9 散斑传递函数的一维示意图

$$\left\langle \left|T(f)\right|^2\right\rangle \approx \left|T_{SE}(f)\right|^2 + \left(\frac{r_0}{D}\right)^2 T_d(f) \quad (6.3.13)$$

其中，$T_{SE}(f)$ 如第 5 章公式(5.1.33)中所示，表示短曝光情况下大气和望远镜的光学传递函数；$T_d(f)$ 为望远镜的光学传递函数的高频部分。由式(6.3.13)可知，散斑传递函数 $\left\langle \left|T(f)\right|^2\right\rangle$ 包含望远镜衍射极限的频率成分，其一维示意图如图 6.9 所示。

6.3.3 信噪比

散斑干涉术一个非常重要的参数是图像功率谱的信噪比。因为散斑干涉术在频域中进行，所以信噪比分析也在频域中进行。图像功率谱信噪比的定义[5]为

$$\frac{S}{N}(f) = \frac{\left|\left\langle i(f)\right\rangle\right|}{\left[\mathrm{var}\{i(f)\}\right]^{1/2}}$$

其中，$i(f)$ 是图像的傅里叶变换；$\langle\cdot\rangle$ 和 $\mathrm{var}\{\cdot\}$ 分别为随机变量的均值和方差。在散斑干涉术中，通常使用一组恒星散斑图像来分析其信噪比。根据文献[5]中的推导，在恒星散斑像功率谱的高频部分，其信噪比为

$$\frac{S}{N}(f) = \sqrt{M}\,\frac{n\left\langle\left|T(f)\right|^2\right\rangle\left|o(f)\right|^2}{1 + n\left\langle\left|T(f)\right|^2\right\rangle\left|o(f)\right|^2} \quad (6.3.14)$$

其中，n 是散斑像上的平均光子数；M 是所使用散斑像的帧数。

6.3.4 散斑全息

6.3.1.2 部分所描述的散斑干涉术仅仅得到了物体强度傅里叶变换的模，而丢失了物体强度傅里叶变换的相位，那么除了中心对称的物体，一般物体的强度分布无法确定。本小节讨论利用散斑全息的方法来确定一般物体的强度分布，即在被测天体的等晕区范围内存在一个点源的恒星(作为参考星)，同时拍摄二者所得到的散斑图像即为散斑全息图[2]，利用前述的散斑干涉技术去除大气湍流的影响后，在满足一定条件的情况下，在得到的物方强度(被测天体和参考星)傅里叶变换的模中可直接提取出被测天体的强度。根据傅里叶变换的自相关定理，物体强

度傅里叶变换的模的平方等于物体强度的自相关，散斑全息正是利用这一性质，将散斑干涉技术得到的物体强度傅里叶变换的模的平方看成物体强度的自相关，进而利用参考星将被测天体的强度分布分离出来。

　　为方便叙述和理解，下面在一维情况下讨论散斑全息的原理。如图 6.10(a)所示，$\delta(x)$ 为参考星，被测物体为 $O_1(x-a)$，则物方的总强度分布 $O(x)$ 为 $\delta(x)$ 和 $O_1(x-a)$ 的和，即

$$O(x) = \delta(x) + O_1(x-a) \qquad (6.3.15)$$

其自相关函数为

$$C_o(x') = \int_{-\infty}^{\infty} \delta(x)\delta(x+x')\mathrm{d}x + \int_{-\infty}^{\infty} O_1(x)O_1(x+x')\mathrm{d}x$$
$$+ O_1(x'-a) + O_1(-x'-a) \qquad (6.3.16)$$

　　如图 6.9(b)所示，若物体大小 d 满足 $d < \dfrac{2}{3}a$，被测物体 $O_1(x-a)$ 在自相关函数 $C_o(x')$ 中与其他成分没有交叠，我们就可以切出处于位置 a 的被测物体的强度分布。

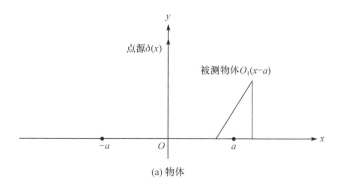

(a) 物体

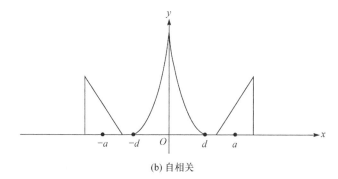

(b) 自相关

图 6.10　散斑全息

6.3.5 散斑干涉术的实现

散斑干涉术的基本光路[1]如图 6.11 所示，来自望远镜的光聚焦到其焦面上，在其焦面上光通过场镜，然后再通过色散校正棱镜和中心波长为 λ 的窄带滤波器后成像到光子计数 CCD 上。恒星像中的散斑可以在较宽的光谱带宽出现，但是光谱带宽不能太宽，否则散斑开始消失。如 6.3.1.1 节讨论可知，散斑像中的某些散斑具有大约 λ/D 的角分辨率。高灵敏度的光子计数 CCD 记录下来一系列散斑像，然后用散斑干涉理论来处理得到的具有像高频信息的功率谱。

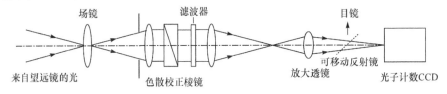

图 6.11　散斑干涉术的基本光路图

6.3.6 散斑成像——相位问题及其解决办法

如前所述，经典散斑干涉术仅得到了物体空间功率谱函数 $|o(f)|^2$，或者说仅仅得到了实际物体的自相关函数，而不是它本身的强度分布，因而存在相位丢失问题。如果有某种办法能提取出物体的傅里叶谱 $o(f)$ 的相位信息，则被测物体的实际像就可以通过傅里叶逆变换得到。下面介绍两种相位恢复方法。

6.3.6.1　Knox-Thompson 算法

散斑干涉第一个成功恢复物体傅里叶谱 $o(f)$ 的相位的方法是 Knox-Thompson 算法[6]，它是利用图像的交叉功率谱恢复相位的一种方法。

交叉功率谱的定义为

$$P(f_1, f_2) = \left\langle i(f_1) i^*(f_2) \right\rangle \tag{6.3.17}$$

若 $f_1 = f_2 = f$，则为经典的功率谱 $|i(f)|^2$。按成像公式的傅里叶变换谱表达式

$$i(f) = o(f)T(f)$$

则

$$\left\langle P(f_1, f_2) \right\rangle = \left\langle T(f_1) T^*(f_2) \right\rangle o(f_1) o^*(f_2) \tag{6.3.18}$$

上式中 $\left\langle T(f_1) T^*(f_2) \right\rangle$ 叫做交叉功率谱传递函数。当 $|f_1 - f_2| \geqslant \dfrac{r_0}{\lambda z}$ 时，

$$\left\langle T(f_1) T^*(f_2) \right\rangle = \left\langle T(f_1) \right\rangle \left\langle T^*(f_2) \right\rangle = 0$$

这是由于 $|f_1 - f_2| \geqslant \dfrac{r_0}{\lambda z}$ 时，$T(f_1)$ 和 $T(f_2)$ 为完全不相关的随机变量。因此，只有

当 $|f_1 - f_2| < \dfrac{r_0}{\lambda z}$ 时，$\left\langle T(f_1)T^*(f_2)\right\rangle$ 才不等于零。如果我们令 $f_1 = f$，$f_2 = f + \Delta f$，那么 $|\Delta f|$ 必须在空间频率域中小于视宁度的截止频率，即 $|\Delta f| < \dfrac{r_0}{\lambda z}$。现在我们考虑式(6.3.18)的相位问题。大气导致望远镜瞳面上的相位满足高斯分布，那么由高斯随机变量的性质可得下列表达式[7]

$$\left\langle T(f)T^*(f+\Delta f)\right\rangle = \left\langle \left|T(f)\right|\left|T^*(f+\Delta f)\right|\exp\left(\mathrm{i}\phi_{\mathrm{T}}(\Delta f)\right)\right\rangle$$

$$= \left\langle \left|T(f)\right|\left|T^*(f+\Delta f)\right|\right\rangle \exp\left(-\frac{1}{2}\sigma_{\phi_{\mathrm{T}}}^2\right) \qquad (6.3.19)$$

其中，$\phi_{\mathrm{T}}(\Delta f)$ 是交叉功率谱传递函数的相位；$\sigma_{\phi_{\mathrm{T}}}^2$ 是 $\phi_{\mathrm{T}}(\Delta f)$ 的方差。根据公式(6.3.19)可知，$\left\langle T(f_1)T^*(f_2)\right\rangle$ 为实数，那么由公式(6.3.18)可得被测物体的相位为

$$\phi_{\mathrm{o}}(f) - \phi_{\mathrm{o}}(f+\Delta f) = \arg\left[\left\langle P(\Delta f)\right\rangle\right] \qquad (6.3.20)$$

其中，$\phi_{\mathrm{o}}(f)$ 是物体像傅里叶谱的相位；$\arg[\cdot]$ 表示取相位操作。式(6.3.20)为物体像傅里叶谱相位的差分方程。利用两条非平行路径上 $\phi_{\mathrm{o}}(f)$ 的差值，以及适当的起始值，可以对差分方程进行求解，从而可递推出整个路径上的 ϕ_{o}。标准的起始值设为 $\phi_{\mathrm{o}}(0)=0$，可以选择不同的路径进行求解，图 6.12 中给出了从 A 点到 B 点的三条路径。

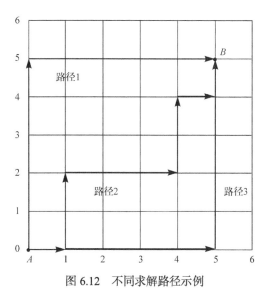

图 6.12　不同求解路径示例

6.3.6.2　三阶相关算法

三阶相关算法[8]是另一种恢复物体傅里叶谱相位的方法,比 Knox-Thompson 算法适用范围更广、抗干扰性更强。三阶相关算法利用了图像的三阶自相关,又称为图像双重谱(bispectrum),其表达式如下:

$$C(\pmb{x}_1, \pmb{x}_2) = \int I(\pmb{x})I(\pmb{x}+\pmb{x}_1)I(\pmb{x}+\pmb{x}_2)\mathrm{d}\pmb{x} \tag{6.3.21}$$

其傅里叶变换被称为双重谱,可写为

$$c(\pmb{f}_1, \pmb{f}_2) = i(\pmb{f}_1)i(\pmb{f}_2)i^*(\pmb{f}_1+\pmb{f}_2) \tag{6.3.22}$$

利用成像公式的傅里叶谱表达式,式(6.3.22)可写为

$$c(\pmb{f}_1, \pmb{f}_2) = o(\pmb{f}_1)o(\pmb{f}_2)o^*(\pmb{f}_1+\pmb{f}_2)T(\pmb{f}_1)T(\pmb{f}_2)T^*(\pmb{f}_1+\pmb{f}_2) \tag{6.3.23}$$

对大量图像进行平均,则

$$\langle c(\pmb{f}_1, \pmb{f}_2)\rangle = o(\pmb{f}_1)o(\pmb{f}_2)o^*(\pmb{f}_1+\pmb{f}_2)\left\langle T(\pmb{f}_1)T(\pmb{f}_2)T^*(\pmb{f}_1+\pmb{f}_2)\right\rangle \tag{6.3.24}$$

上式中的表达式 $\left\langle T(\pmb{f}_1)T(\pmb{f}_2)T^*(\pmb{f}_1+\pmb{f}_2)\right\rangle$ 称为双重谱传递函数。当 $|\pmb{f}_1-\pmb{f}_2| < \dfrac{r_0}{\lambda z}$ 时,双重谱传递函数和(6.3.19)一样也为实数;但是当 $|\pmb{f}_1-\pmb{f}_2| > \dfrac{r_0}{\lambda z}$ 时,双重谱传递函数 $\left\langle T(\pmb{f}_1)T(\pmb{f}_2)T^*(\pmb{f}_1+\pmb{f}_2)\right\rangle$ 并不为零,即

$$\left\langle T(\pmb{f}_1)T(\pmb{f}_2)T^*(\pmb{f}_1+\pmb{f}_2)\right\rangle \neq \left\langle T(\pmb{f}_1)\right\rangle\left\langle T(\pmb{f}_2)\right\rangle\left\langle T^*(\pmb{f}_1+\pmb{f}_2)\right\rangle$$

双重谱传递函数则包含大于 $\dfrac{r_0}{\lambda z}$ 的高频成分。其原因是, $\pmb{f}_1, \pmb{f}_2$ 与 $\pmb{f}_1+\pmb{f}_2$ 形成闭合相位回路(phase closure),当存在闭合相位回路时,大气湍流引起的相位畸变的和为零,于是上述双重谱传递函数始终为实数。这样,公式(6.3.24)的相位则为

$$\arg\left[\langle c(\pmb{f}_1, \pmb{f}_2)\rangle\right] = \arg\left[o(\pmb{f}_1)o(\pmb{f}_2)o^*(\pmb{f}_1+\pmb{f}_2)\right] \tag{6.3.25}$$

令 $\vec{f}_1=\vec{f}$, $\vec{f}_2=\Delta\vec{f}$,则式(6.3.25)可写成

$$\phi_o(\pmb{f}) + \phi_o(\Delta\pmb{f}) - \phi_o(\pmb{f}+\Delta\pmb{f}) = \arg\left[\langle c(\pmb{f}, \Delta\pmb{f})\rangle\right] \tag{6.3.26}$$

若上式中不存在 $\phi_o(\Delta\pmb{f})$,则式(6.3.26)与式(6.3.20)一样,为 $\phi_o(\Delta\pmb{f})$ 的差分方程。 $\phi_o(\Delta\pmb{f})$ 存在使问题复杂化。然而,对重建图像,我们存在自由度选定 $\phi_o(\Delta\pmb{f})$,可以选定 $\phi_o(\Delta\pmb{f})$ 为一个线性相位,或者说为一个倾斜的平面相位,那么它的效应仅仅是令重建图像在空间中移动了一个位置(根据傅里叶相移定理,频域中的相移对应着空间域中的位移)。这样就和 Knox-Thompson 算法完全相同,设定初值 $\phi_o(0)=0$,然后选择两个独立路径对式(6.3.26)进行求解,则可恢复物体的像强

度傅里叶谱的相位，最后通过逆傅里叶变换重建出清晰的物体的像。

6.4　强度干涉术

本章 6.2 节讨论了振幅干涉术，即光场之间的相关性，实际上，光场强度的涨落也存在相关性，这就是本节要讨论的强度干涉术。强度干涉反映了不同光场强度涨落之间的相关性，强度涨落的相关性与振幅二阶相干函数有关。

6.4.1　强度涨落与二阶相干函数

假设位于不同位置 r_1 和 r_2 的两架望远镜分别收集来自同一天体的辐射，望远镜焦面上的光场复振幅分别为 $U_1(r_1,t)$ 和 $U_2(r_2,t)$，对应的瞬时光场强度分别为 $I_1(r_1,t)=U_1^*(r_1,t)U_1(r_1,t)$，$I_2(r_2,t)=U_2^*(r_2,t)U_2(r_2,t)$。类比相干函数的定义，我们可以定义这两点的强度相干函数为

$$\gamma^{(2)}(r_1,r_2,\tau)=\frac{\langle I_1(r_1,t)I_2(r_2,t)\rangle}{\langle I_1(r_1,t)\rangle\langle I_2(r_2,t)\rangle} \tag{6.4.1}$$

$\gamma^{(2)}(r_1,r_2,\tau)$ 又称为强度二阶相关函数。

望远镜焦面上的强度涨落可以分别表示为

$$\Delta I_1(r_1,t)=I_1(r_1,t)-\langle I_1(r_1,t)\rangle, \quad \Delta I_2(r_2,t)=I_2(r_2,t)-\langle I_2(r_2,t)\rangle$$

两点的强度起伏的相关可以表示为

$$\begin{aligned}
&\langle \Delta I_1(r_1,t)\Delta I_2(r_2,t+\tau)\rangle\\
&=\left\langle\left[I_1(r_1,t)-\langle I_1(r_1,t)\rangle\right]\left[I_2(r_2,t+\tau)-\langle I_2(r_2,t+\tau)\rangle\right]\right\rangle\\
&=\left\langle I_1(r_1,t)I_2(r_2,t+\tau)-I_1(r_1,t)\langle I_2(r_2,t+\tau)\rangle\right.\\
&\quad\left.-I_2(r_2,t+\tau)\langle I_1(r_1,t)\rangle+\langle I_1(r_1,t)\rangle\langle I_2(r_2,t+\tau)\rangle\right\rangle\\
&=\langle I_1(r_1,t)I_2(r_2,t+\tau)\rangle-\langle I_1(r_1,t)\rangle\langle I_2(r_2,t+\tau)\rangle
\end{aligned} \tag{6.4.2}$$

其中，τ 表示光波到达两架望远镜的时间差。考虑式(6.4.2)右边第一项，令 $A=\langle I_1(r_1,t)I_2(r_2,t+\tau)\rangle$，并用光场的复振幅表示瞬时强度，可得

$$A=\left\langle U_1^*(r_1,t)U_1(r_1,t)U_2^*(r_2,t+\tau)U_2(r_2,t+\tau)\right\rangle \tag{6.4.3}$$

由于从天体传播到地面上的光场是天体不同部分发出的光波叠加的结果，根据中值极限定理(central limit theorem)，望远镜接收到的光波辐射是一个多变量的联合高斯随机过程。因此，根据式(6.3.9)，式(6.4.3)可以表示为

$$A = \left\langle U_1^*(r_1,t)U_1(r_1,t) \right\rangle \left\langle U_2^*(r_2,t+\tau)U_2(r_2,t+\tau) \right\rangle$$

$$+ \left\langle U_1^*(\bar{r}_1,t)U_2(r_2,t+\tau) \right\rangle \left\langle U_2^*(r_2,t+\tau)U_1(r_1,t) \right\rangle$$

$$= \left\langle I_1(r_1,t) \right\rangle \left\langle I_2(r_2,t+\tau) \right\rangle$$

$$+ \sqrt{\left\langle \left| U_1(r_1,t) \right|^2 \right\rangle} \sqrt{\left\langle \left| U_2(r_2,t+\tau) \right|^2 \right\rangle} \gamma(r_1,r_2,\tau) \sqrt{\left\langle \left| U_1(r_1,t) \right|^2 \right\rangle}$$

$$\sqrt{\left\langle \left| U_2(r_2,t+\tau) \right|^2 \right\rangle} \gamma(r_2,r_1,-\tau)$$

$$= \left\langle I_1(r_1,t) \right\rangle \left\langle I_2(r_2,t+\tau) \right\rangle + \left\langle I_1(r_1,t) \right\rangle \left\langle I_2(r_2,t+\tau) \right\rangle \left| \gamma(r_1,r_2,\tau) \right|^2$$

上式的推导利用了 $\gamma(r_1,r_2,\tau) = \gamma^*(r_2,r_1,-\tau)$。将 A 代入强度涨落相关公式(6.4.2)，可以得到

$$\left\langle \Delta I_1(r_1,t_1) \Delta I_2(r_2,t+\tau) \right\rangle = \left\langle I_1(r_1,t) \right\rangle \left\langle I_2(r_2,t+\tau) \right\rangle \left| \gamma(r_1,r_2,\tau) \right|^2 \quad (6.4.4)$$

式(6.4.4)是测量恒星角直径的恒星强度干涉仪的基本公式，表明不同位置光场的相干函数可以通过测量两点光场强度涨落的相关得到。

根据强度二阶相关函数的定义，将式(6.4.2)和式(6.4.4)代入式(6.4.1)，可以得到

$$\gamma^{(2)}(r_1,r_2,\tau) = \frac{\left\langle I_1(r_1,t)I_2(r_2,t+\tau) \right\rangle}{\left\langle I_1(r_1,t) \right\rangle \left\langle I_2(r_2,t+\tau) \right\rangle}$$

$$= \frac{\left\langle I_1(r_1,t) \right\rangle \left\langle I_2(r_2,t+\tau) \right\rangle + \left\langle \Delta I_1(r_1,t) \Delta I_2(r_2,t+\tau) \right\rangle}{\left\langle I_1(r_1,t) \right\rangle \left\langle I_2(r_2,t+\tau) \right\rangle}$$

$$= 1 + \left| \gamma(r_1,r_2,\tau) \right|^2 \quad (6.4.5)$$

上式表明，强度干涉的二阶相关函数等于光场振幅复相干度的模平方与 1 的和。因此，通过测量强度干涉的二阶相干函数，就可以得到光场振幅复相干度的绝对值，这就是强度干涉术的基本原理。但是，由于强度干涉的操作是进行强度相关，因此强度干涉不涉及相干函数的相位信息。正是因为如此，强度干涉不受大气湍流的影响，不需要振幅干涉中精密设计的延迟线来调整光场的相位以产生干涉条纹。

6.4.2　强度干涉的物理基础

为了解释强度涨落，假设同一位置不同时间的光场振幅分别为 $U_1(r_1,t)$，$U_1(r_1,t+\tau)$，其中 τ 为时间延迟。根据 6.4.1 节的结论，即公式(6.4.2)，该点的不同时刻的强度涨落起伏的相关可以表示为

$$\langle \Delta I_1(t) \Delta I_1(t+\tau) \rangle = \langle I_1(t) I_2(t+\tau) \rangle - \langle I_1(t) \rangle \langle I_2(t+\tau) \rangle$$

对于完全相干光，即使时间延迟很长，由于光场是完全相干的，不同时间的光场的强度完全一样，因此，强度的涨落为零，于是强度涨落的相关为零。在实际中，相干性好的激光，强度的涨落就可以忽略不计，其涨落的相关则可近似为零。

对于来自恒星的光，从恒星发出时，可以近似认为是非相干光，但是，当星光传播很远的距离入射到干涉仪上时，星光就成为部分相干光。因此，星光强度的涨落不为零，不同位置处的强度涨落就存在一定的相关性，即式(6.4.4)不为零。正因为如此，对于源自恒星的光，通过测量强度涨落的相关，就可以获得光场的复相干度的模。

6.4.3　强度干涉的量子解释

强度干涉术首先在天文观测的射频波段得到了应用和推广，在光学波段的应用则时间较晚。这主要是因为强度干涉是由光场强度的随机涨落变化引起的，对于光学波段，广泛采用的光电探测器的原理都是基于光电效应的，而光电效应是一种量子效应，天文学家对这一非经典的探测过程是否能够探测到光场强度的随机涨落存在很大疑问。

后来，汉柏瑞-布朗(Hanbury Brown)和特维斯(Twiss)在实验室证明了，尽管光电探测器的工作过程是一种量子行为，光电探测器产生的光电子数目依然可以用于表征强度的涨落，也就是说光电探测器测量的结果可以用于强度干涉术。本节给出光强涨落的量子解释，主要的阐述遵循文献[9]。

首先，我们考虑一个用于接收辐射的光电探测器，光电探测器接收的随时间变化的光场复振幅为 $U(t)$，对应的光场强度为 $I(t) = U^*(t)U(t)$，则在 Δt 的时间间隔内入射到光电探测器上的积分强度为 $E(t, \Delta t) = \int_t^{t+\Delta t} I(t') dt'$。根据探测器上的积分强度，曼德尔(Mandel)给出了在 Δt 的时间间隔内产生 N 个光电子的概率为

$$p(N, t, \Delta t) = \frac{[\eta E(t, \Delta t)]^N e^{-\eta E(t, \Delta t)}}{N!} \tag{6.4.6}$$

其中，η 为光电探测器的量子效率。式(6.4.6)只是描述了特定的随机起伏光场入射的情况，实际上，入射到光电探测器上的积分强度也是随机起伏的。为此，Mandel 给出了在入射光场随机起伏情况下产生 N 个光电子的平均概率

$$\langle p(N, t, \Delta t) \rangle = \int_0^\infty \frac{[\eta E(t, \Delta t)]^N e^{-\eta E(t, \Delta t)}}{N!} p(E) dE \tag{6.4.7}$$

其中，$p(E) \equiv p(E, t, \Delta t)$ 是积分强度的概率密度。上式被称为 Mandel 公式或者

泊松变换公式。式(6.4.7)右边被积函数中的 $\dfrac{\left[\eta E(t,\Delta t)\right]^N \mathrm{e}^{-\eta E(t,\Delta t)}}{N!}$ 为泊松分布的概率函数，该泊松分布的均值为

$$\langle N \rangle = \eta E(t,\Delta t)$$

根据 Mandel 公式(6.4.7)，在 Δt 的时间间隔内，光电探测器产生的光电子数数目的涨落可以表示为

$$\left\langle \Delta N^2 \right\rangle = \left\langle \left(N - \langle N \rangle \right)^2 \right\rangle = \left\langle N^2 \right\rangle - \langle N \rangle^2 \tag{6.4.8}$$

根据泊松统计分布的性质，容易得到 $\langle N \rangle = \displaystyle\sum_{N=0}^{\infty} N \left\langle p(N,t,\Delta t) \right\rangle = \eta \left\langle E(t,\Delta t) \right\rangle$，

$\left\langle N^2 \right\rangle = \displaystyle\sum_{N=0}^{\infty} N^2 \left\langle p(N,t,\Delta t) \right\rangle = \eta \left\langle E(t,\Delta t) \right\rangle + \eta^2 \left\langle \left[E(t,\Delta t) \right]^2 \right\rangle$。将 $\langle N \rangle$ 和 $\left\langle N^2 \right\rangle$ 代入公式(6.4.8)，可以得到的光电子数目的涨落为

$$\begin{aligned}
\left\langle \Delta N^2 \right\rangle &= \eta \left\langle E(t,\Delta t) \right\rangle + \eta^2 \left\langle \left[E(t,\Delta t) \right]^2 \right\rangle - \eta^2 \left[\left\langle E(t,\Delta t) \right\rangle \right]^2 \\
&= \eta \left\langle E(t,\Delta t) \right\rangle + \eta^2 \left\{ \left\langle \left[E(t,\Delta t) \right]^2 \right\rangle - \left[\left\langle E(t,\Delta t) \right\rangle \right]^2 \right\} \\
&= \langle N \rangle + \eta^2 \left\langle \left[\Delta E(t,\Delta t) \right]^2 \right\rangle
\end{aligned} \tag{6.4.9}$$

其中，$\left\langle \left[\Delta E(t,\Delta t) \right]^2 \right\rangle = \left\langle \left[E(t,\Delta t) \right]^2 \right\rangle - \left[\left\langle E(t,\Delta t) \right\rangle \right]^2$。可以发现，光电子数目的涨落主要由两部分贡献，一部分是光子噪声的贡献，即 $\langle N \rangle$，另一部分的贡献来源于入射到光电探测器上的光波积分强度的变化，即 $\eta^2 \left\langle \left[\Delta E(t,\Delta t) \right]^2 \right\rangle$，这就是著名的爱因斯坦能量涨落公式。

下面我们来讨论两个光电探测器产生光电子数目涨落的相关。对于两个位于不同位置的光电探测器，在 Δt 的时间间隔内光子数涨落的相关可以表示为

$$\begin{aligned}
\left\langle \Delta N_1 \Delta N_2 \right\rangle &= \left\langle \left[N_1 - \langle N_1 \rangle \right] \left[N_2 - \langle N_2 \rangle \right] \right\rangle \\
&= \left\langle N_1 N_2 \right\rangle - \langle N_1 \rangle \langle N_2 \rangle
\end{aligned} \tag{6.4.10}$$

根据

$$\langle N_1 \rangle \equiv \sum_{N=0}^{\infty} N_1 \left\langle p_1(N_1,t_1,\Delta t) \right\rangle = \eta_1 \left\langle E_1(t_1,\Delta t) \right\rangle$$

$$\langle N_2 \rangle \equiv \sum_{N=0}^{\infty} N_2 \left\langle p_2(N_2,t_2,\Delta t) \right\rangle = \eta_2 \left\langle E_2(t_2,\Delta t) \right\rangle$$

可以得到

$$\langle N_1 \rangle \langle N_2 \rangle = \eta_1 \eta_2 \langle E_1(t_1, \Delta t) \rangle \langle E_2(t_2, \Delta t) \rangle$$

$$\langle N_1 N_2 \rangle = \sum_{N_1=0}^{\infty} \sum_{N_2=0}^{\infty} N_1 N_2 \langle p_1(N_1, t_1, \Delta t) p_2(N_2, t_2, \Delta t) \rangle$$

$$= \left\langle \sum_{N_1=0}^{\infty} N_1 p_1(N_1, t_1, \Delta t) \sum_{N_2=0}^{\infty} N_2 p_2(N_2, t_2, \Delta t) \right\rangle$$

$$= \eta_1 \eta_2 \langle E_1(t_1, \Delta t) E_2(t_2, \Delta t) \rangle$$

将 $\langle N_1 N_2 \rangle$、$\langle N_1 \rangle$ 和 $\langle N_2 \rangle$ 代入式(6.4.10)，可得

$$\langle \Delta N_1 \Delta N_2 \rangle = \eta_1 \eta_2 \langle E_1(t_1, \Delta t) E_2(t_2, \Delta t) \rangle - \eta_1 \eta_2 \langle E_1(t_1, \Delta t) \rangle \langle E_2(t_2, \Delta t) \rangle$$

$$= \eta_1 \eta_2 \left[\langle E_1(t_1, \Delta t) E_2(t_2, \Delta t) \rangle - \langle E_1(t_1, \Delta t) \rangle \langle E_2(t_2, \Delta t) \rangle \right]$$

$$= \eta_1 \eta_2 \langle \Delta E_1(t_1, \Delta t) \Delta E_2(t_2, \Delta t) \rangle \tag{6.4.11}$$

其中，$\Delta E_1(t_1, \Delta t) = E_1(t_1, \Delta t) - \langle E_1(t_1, \Delta t) \rangle$，$\Delta E_2(t_2, \Delta t) = E_2(t_2, \Delta t) - \langle E_2(t_2, \Delta t) \rangle$，下角标 1 和 2 分别表示位于不同位置的两个探测器。如果两个探测器的积分时间很短，在积分时间内可以近似认为探测器上入射的光强保持不变，即 $E(t, \Delta t) \approx I(t) \Delta t$，则光子数的涨落可以进一步表示为

$$\langle \Delta N_1 \Delta N_2 \rangle = \eta_1 \eta_2 \Delta t^2 \left(\langle I_1(\mathbf{r}_1, t) I_2(\mathbf{r}_2, t+\tau) \rangle - \langle I_1(\mathbf{r}_1, t) \rangle \langle I_2(\mathbf{r}_2, t+\tau) \rangle \right)$$

$$= \eta_1 \eta_2 \Delta t^2 \langle \Delta I_1(\mathbf{r}_1, t) \Delta I_2(\mathbf{r}_2, t+\tau) \rangle \tag{6.4.12}$$

将式(6.4.4)代入式(6.4.12)，可得两个光电探测器产生的光电子数目涨落的相关与相干函数的关系为

$$\langle \Delta N_1 \Delta N_2 \rangle = \eta_1 \eta_2 \Delta t^2 \langle \Delta I_1(\mathbf{r}_1, t) \Delta I_2(\mathbf{r}_2, t+\tau) \rangle$$

$$= \eta_1 \eta_2 \Delta t^2 \langle I_1(\mathbf{r}_1, t) \rangle \langle I_2(\mathbf{r}_2, t+\tau) \rangle \left| \gamma(\mathbf{r}_1, \mathbf{r}_2, \tau) \right|^2 \tag{6.4.13}$$

由此可见，尽管光电探测器的探测原理基于光电效应，是一种非经典的量子行为，但是光电探测的光电子数目的涨落依旧反映了入射到光电探测器上光场的涨落，因此入射到两个光电探测器上的光强的涨落的相关可以通过两个光电探测器产生的光电子数目涨落的相关测出。这说明光电探测器的探测结果可以用于光学波段的强度干涉术。

6.4.4　恒星强度干涉仪

本节简要阐述用于光学波段天文观测的恒星强度干涉仪，即汉柏瑞-布朗强度干涉仪。

1956 年，汉柏瑞-布朗利用英国军方两架抛物面反射镜，在 9 m 的基线距离

上实现了对恒星在光学波段的强度干涉。他在天文观测中发现，正如式(6.4.4)所描述的那样，入射到光电探测器上的光场的相位对采用强度涨落相关性测量恒星的角直径的方法没有任何影响，因为强度涨落的相关只取决于相干函数的模的平方。而大气湍流主要影响望远镜所接收天体辐射的相位，因而大气湍流对强度涨落相关也没有影响。布朗和合作者们利用这个装置测量了天狼星的角直径。

上述天文观测的实验装置虽然十分简易、粗糙，但是它的成功观测验证了恒星强度干涉仪的正确性，有力地推动了恒星强度干涉仪在光学波段进行天文观测的进程。

随后，汉柏瑞-布朗和合作者们开始在澳大利亚纳悉尼北部的拉布里建设光学波段用于天文观测的恒星强度干涉仪。图 6.13 为汉柏瑞-布朗建造的恒星强度干涉仪的结构示意图。干涉仪主要由两个直径约为 6.5 m 的反射镜和位于反射镜环形轨道圆心的信号塔和控制站组成。两个反射镜均由 252 块对边距为 38 cm，厚度为 2 cm 的六角形镜面拼接而成，反射镜的焦距为 11 m。每个反射镜的焦点上都放置了干涉滤光片和一个直径为 45 mm 光电倍增管。两个反射镜分别固定在两个推车上，两个推车都可以沿着直径为 188 m 圆形铁轨运动，这也决定了汉柏瑞-布朗强度干涉仪的最大基线长度为 188 m。反射镜接收到的信号通过顶部的电缆传递给控制站。

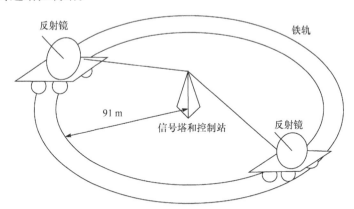

图 6.13　汉柏瑞-布朗恒星强度干涉仪结构示意图

在天文观测过程中，为了保持两个光电倍增管的同步性，两个反射镜在天顶角方向跟踪天体是通过在铁轨上滑行实现的，这样可以保持两个反射器的基线始终和天体的方向垂直。

恒星强度干涉仪接收到天体的光波辐射后，将光信号转化为电信号并进行后续的处理与分析。恒星强度干涉仪的工作流程如图 6.14 所示。

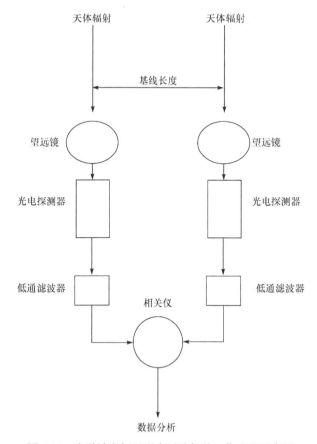

图 6.14 光学波段恒星强度干涉仪的工作流程示意图

汉柏瑞-布朗的恒星强度干涉仪,在光学波段实现了 32 个恒星角直径的测量,极大地推动了强度干涉术在天文观测中的应用。

对比振幅干涉术和强度干涉术,可以发现强度干涉术具有独特的优点。强度干涉仪的结构非常简单,不需要考虑各路光场的相位差异,只要光电探测器将光场强度转化为电信号,就可以通过电子技术获得相关的测量结果。而振幅干涉术,例如长基线光干涉,结构非常复杂,需要采用精密设计的延迟线尽量保证各路光程相同,需要消除一切可能引起光程不同的因素,如大气湍流扰动、大气色散等。

本章主要阐述了天文观测中常用的振幅干涉术、散斑干涉术和强度干涉术。

(1) 振幅干涉术主要包括迈克耳逊恒星干涉仪和长基线光干涉。迈克耳逊恒星干涉仪是最早成功应用于天文观测的干涉仪器。它通过移动两个子孔径间的距离,在望远镜的焦面上观测到干涉条纹的变化。它可以测量天体的角直径,还可以通过分析条纹可见度和条纹位置,给出光场的复相干度,进而根据范西特-泽尼克原理给出天体的强度分布。迈克耳逊恒星干涉仪的基线长度限制了干涉仪的分辨率，为此，天文学家提出了长基线光干涉。为了使基线距离内不同位置的光场实现干涉，长基线光干涉需要使不同子孔径收集的光波满足时间相干性，因而需要很多关键技术消除一切可能引起光程差的因素，其中最重要的就是延迟线光学系统。

(2) 散斑干涉术是一种利用望远镜焦面上恒星的短曝光散斑图提取恒星衍射极限像的后处理技术。由于大气折射率的随机起伏，入射到望远镜上光场的相位不再均匀。大气湍流的影响可以看成是将望远镜口径分成了许多大气相干长度大小的子孔径。不同子孔径之间的相位不同，但是每个子孔径内的相位可以近似认为一致，散斑就是通过这些子孔径光束之间干涉形成的。因此，每个散斑都包含了恒星像的高频信息。利用散斑干涉术对一系列恒星散斑图进行后处理，可以得到恒星像的傅里叶变换模平方的样本平均。在此基础上，对恒星的交叉功率谱辅以相位递推算法就可以提出恒星傅里叶频谱的相位，进而通过对恒星的傅里叶频谱做傅里叶逆变换就可以得到恒星的近衍射极限像。

(3) 强度干涉术是一种利用不同子孔径之间强度涨落的相关性测量恒星角直径的技术。强度涨落的相关正比于复相干度的模方，同时与入射光场的相位无关，因此，大气湍流对强度干涉术的影响可以忽略不计。由于强度涨落是入射光场的涨落引起的，在光学波段，入射光场的涨落转化为光电探测器产生光电子数目的涨落，通过测量光电子数目涨落的相关，就可以利用强度干涉术测量恒星的角直径。汉柏瑞-布朗的恒星强度干涉仪是最早应用于天文观测的强度干涉仪，它在天文观测中的成功应用有力地证明了强度干涉术的正确性和可行性。

习　题

1. 解释天文干涉技术可以突破单一望远镜衍射极限分辨率的原因。
2. 阐述迈克耳逊恒星干涉仪测量恒星角直径的原理。
3. 阐述长基线光干涉中延迟线光学系统的基本结构、功能和工作原理。
4. 阐述恒星散斑图形成的原因。
5. 证明光电探测器产生的光电子数目的涨落正比于复相干度的模方。
6. 强度干涉术和振幅干涉术区别在哪里？为什么强度干涉术可以忽略光场的相位信息，而振幅干涉术不能忽略光场的相位信息？

参 考 文 献

[1] Labyrie A, Lipson S G, Nisenson P. An Introduction to Optical Stellar Interferometry. Cambridge University Press, 2006.

[2] Labeyrie A. Attainment of diffraction limited resolution in large telescope by Fourier analyzing speckle patterns in star images. Astron Astrophys, 1970, 6: 85-87.

[3] Dainty J. Laser Speckle and Related Phenomena. N Y: Springer-Verlag, 1984.

[4] Korff D. Analysis of a method for obtaining near diffraction-limited information in the presence of atmospheric turbulence. J. Opt. Soc. Am. , 1973, 63: 971-980.

[5] Michael C. Roggemann, Improving the resolution of ground-based telescopes. Reviews. of Modern Physics, 1997, 69(2): 437-505.

[6] Knox K T. Image retrieval from astronomical speckle patterns. J. Opt. Soc. Am. ,1976, 66: 1236-1239.

[7] Goodman J W. Statistical Optics. New York, NY: John Wiley & Sons, 1985.

[8] Bartelt H, Lohmann A W, Wirnitzer B. Phase and amplitude recovery from bispectra. Applied Optics, 1984, 23(18): 3121-3129.

[9] Wolf E. Introduction to the theory of coherence and polarization of light. Cambridge University Press, 2007.

索　引